To my Korean readers,

with a lot of sympathy and friendship -

This is the book where I have put all my thoughts and passions!

Hope you like it!

very best!

Carlo Rovelli

한국의 독자들께

이 책은 저의 모든 생각과 열정을 담은 한 권입니다.
마음속 깊은 감사와 우정을 보내며.

카를로 로벨리

보 이 는 세 상 은 실 재 가 아 니 다

Reality is not what it seems

카를로 로벨리의 존재론적 물리학 여행

카를로 로벨리 지음 | **김정훈** 옮김 | **이중원** 감수

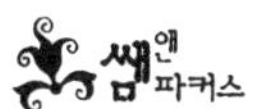

일러두기

- 이 책은 Carlo Rovelli의 《La realtà non è come ci appare》를 대본으로 삼아 영역판 《Reality Is Not What It Seems》를 참고하여 번역하였으며, 본문에서 인용된 그리스어와 라틴어 고전 문헌은 원어에서 직접 옮기되 인용의 맥락을 고려하여 의역하였다.
- 독자의 이해를 돕기 위한 주석은 각주로 처리했으며, 옮긴이주는 [●]로 저자주는 [◆]로 구분하였다. 원문의 명백한 오류는 바로잡았으며, 영역판의 오류는 따로 지적하지 않았다.

저자의 말

연구자로 살아오는 동안 친구들과 주변의 호기심 많은 사람들이 양자중력 연구가 뭐 어떤 건지 설명해달라는 요청을 제게 해왔습니다. 공간과 시간에 관해 새롭게 생각하는 방식들을 연구한다는 것이 어떻게 가능하지? 이러한 연구에 대해 대중적으로 설명해주는 책을 써달라는 요청을 저는 계속해서 받아왔습니다. 우주론이나 끈이론에 관한 책들은 넘쳐나지만 공간과 시간의 양자적 본성에 관한 연구, 특히 루프양자중력에 관한 연구를 소개하는 책은 아직 없었기 때문입니다. 그러나 저는 연구에 집중하고 싶었기 때문에 오랫동안 주저했습니다. 그러다 몇 년 전에 이 주제에 대한 전문 서적을 완성하고 나서, 이제는 대중적인 책을 쓸 단계가 되었다고 느꼈습니다. 많은 과학자들의 공동 작업 덕분에 이 분야가 충분히 성숙했기 때문입니다. '우리가 탐험하는 세계의 풍경은 정말 매혹적이잖아. 왜 그걸 숨겨두겠어?' 하고 생각했죠.

하지만 저는 여전히 이 기획을 미루었습니다. 머릿속에서 책이 '보이지'가 않았거든요. '시간과 공간이 없는 세계를 어떻게 설명하지?' 2012년 어느 날 밤, 이탈리아에서 프랑스로 혼자 운전하면서 돌아오다가, 저는 시간과 공간의 개념들이 계속 수정되어 가고 있는 양상을 이해하기 쉽게 설명하는 단 하나의 길은, 아예 처음으로 돌아가 이야기를 시작하는 것임을 깨달았습니다. 그러니까 데모크리토스에서부터 시작해 쭉 거쳐서 공간의 양자들까지 가는 거죠. 어쨌든 저는 이야기를 그렇게 이해하니까요. 저는 운전을 하면서 머릿속에서 책

전체를 구상하기 시작했는데, 점점 흥분이 커져가다가, 경찰의 사이렌 소리를 듣고 차를 세우고서야 생각이 멈췄습니다. 이탈리아인 경찰관이 정중하게 묻더군요. 그렇게 속도를 높이다니 미친 게 아니냐고요. 저는 그에게 내가 오랫동안 찾던 아이디어를 막 발견해서 그랬다고 설명했습니다. 경찰관은 딱지를 떼지 않고 보내주면서 내 책에 행운을 빌어주었습니다. 그게 바로 이 책입니다.

이 책은 2014년 초에 이탈리아어로 출판되었습니다. 저는 얼마 뒤 한 이탈리아 신문에 기초 물리학에 대한 글을 몇 번 기고했습니다. 유명 이탈리아 출판사인 아델피Adelphi에서 그 글들의 내용을 확장해서 책을 내보자는 제안을 해왔습니다. 그렇게 해서 출간된 작은 책이 《모든 순간의 물리학》•이었는데, 놀랍게도 국제적인 베스트셀러가 되었고, 덕분에 전 세계의 수많은 훌륭한 독자들과 소통할 수 있는 멋진 통로가 열렸습니다. 《모든 순간의 물리학》은 지금 이 책 이후에 쓴 것으로, 이 책에서 찾아볼 수 있는 몇 가지 주제들을 종합한 것이기도 합니다. 《모든 순간의 물리학》을 읽고서 더 많은 것을 알기를 원하는 분, 그 책에서 소개한 이상한 세계를 더 깊이 여행하고 싶은 분은 이 책에서 더 많은 것들을 발견할 수 있을 것입니다.

이 책에서 기존에 확립된 물리학에 대해 설명하는 부분은, 제가 이해하는 특정한 관점에서 제시된 것이기는 하지만, 대체로 논란의 여지는 없습니다. 하지만 양자중력에 대한 현재의 연구를 기술하는 부분에서는 그 분야에 대한 제 나름의 이해를 제시했습니다. 이 부분은 우리가 이미 이해한 것과 우리가 아직 이해하지 못하는 것 사이

• 국역본: 카를로 로벨리, 《모든 순간의 물리학》, 김현주 역, 쌤앤파커스, 2016.

의 경계 지대이고, 합의를 이루기에는 아직 먼 부분입니다. 동료 물리학자들 몇몇은 내가 여기에 쓴 내용에 동의하겠지만, 다른 학자들은 동의하지 않을 것입니다. 지식의 미개척 영역에서 진행되는 연구가 다 그렇기는 하지만, 그래도 저는 솔직하게 밝혀두고 넘어가고 싶습니다. 이 책은 확실한 사실들에 관한 책이 아닙니다. 이 책은 미지를 향해 나아가는 모험에 관한 책입니다.

요컨대 이 책은 인류가 해온 가장 눈부신 여행 가운데 하나를 기록한 여행기입니다. 그것은 실재에 대한 우리의 제한되고 편협한 시각에서 벗어나, 사물의 구조에 대한 점점 더 광대한 이해로 향해가는 여행입니다. 비록 완전치는 않지만, 사물에 대한 우리의 상식적 시각에서 벗어나는 마법 같은 여행입니다.

마르세유에서

카를로 로벨리Carlo Rovelli

들어가는 말

해변을 따라 걸으며

우리는 우리 자신에게 사로잡혀 있습니다. 우리의 역사, 우리의 심리, 우리의 철학, 우리의 신들을 연구합니다. 우리의 지식 대부분은 인간을 중심에 놓고서 그 주위를 돕니다. 마치 우리가 우주에서 가장 중요한 존재라도 되는 것처럼 말이죠. 제가 물리학을 좋아하는 까닭은 우리가 더 멀리까지 볼 수 있도록 물리학이 창문을 열어주기 때문입니다. 집 안으로 신선한 공기가 들어오는 느낌이죠.

물리학이 열어준 창밖으로 보이는 것은 언제나 우리를 놀라게 합니다. 우리는 우주에 관해 아주 많은 것을 알아왔습니다. 수 세기가 지나는 동안 우리는 얼마나 많은 잘못된 생각을 가졌었는지를 깨닫게 되었죠. 우리는 지구가 평평하다고, 세계의 움직이지 않는 중심이라고 생각했습니다. 우주는 작고 언제나 변치 않는다고 생각했고요. 우리는 인간이 다른 동물들과는 친족 관계가 없는 별도의 종이라고 믿었습니다. 그러나 지금 쿼크, 블랙홀, 빛의 입자, 공간의 파동에 대해, 우리 몸의 모든 세포의 특이한 분자 구조에 대해 알게 되었죠. 인류는 세상이 자신의 침실과 놀이터만으로 이루어진 것이 아니라는 것을 알고서 깜짝 놀라는 자라나는 어린이와 같습니다. 세상은 엄청나게 크고, 세상에는 발견할 거리가 수천 가지나 있으며, 처음 알던 것과 아주 다른 수많은 생각들이 있다는 것을 알고 놀란 것이죠. 우주는 다면적이며 끝이 없고, 우리는 계속해서 그 새로운 면을 만납니다. 우리가 세계에 관해서 더 많이 알아갈수록 그 다양성과 아름다움과 단순함에 더욱 놀라게 됩니다.

그러나 우리가 더 많은 것을 발견할수록, 아직 모르는 것이 아는 것보다 더 많다는 것을 깨닫게 됩니다. 망원경이 더 강력할수록, 우리가 보는 천체는 더 이상하고 더 예측하지 못한 모습으로 나타납니다. 물질의 세부를 더 가까이서 바라볼수록 그 심원한 구조에 대해 더 많은 것을 발견합니다. 오늘날 우리는 140억 년 전 모든 은하들을 낳은 대폭발인 빅뱅까지도 볼 수 있게 됐습니다. 그런데 이제는 이미 빅뱅 너머의 무언가를 흘끗거리기 시작했습니다. 공간이 굽어 있음을 알게 되었지만, 바로 그 공간이 진동하는 양자 알갱이들로 짜인 것임을 예견하고 있습니다.

세계의 기본 문법에 대해 우리가 아는 것은 계속해서 성장하고 있습니다. 만일 20세기에 물리적 세계에 대해 알게 된 것을 한데 모은다면, 그 단서들은 물질과 에너지에 대해, 공간과 시간에 대해 우리가 학교에서 배운 것과는 근본적으로 다른 무언가를 가리킬 겁니다. 양자적 사건들의 무리가 만들어내는, 시간도 없고 공간도 없는 세계의 기본 구조가 모습을 드러냅니다. 양자장이 한 사건과 다른 사건 사이에 정보를 교환하며 공간, 시간, 물질과 빛을 만들어냅니다. 실재는 알갱이와 같은 사건들의 연결망이고, 이 사건들을 연결하는 역학은 확률적입니다. 한 사건과 다른 사건 사이에는 공간, 시간, 물질과 에너지가 확률 구름 형태로 녹아 있는 것이죠.

이 이상하고 새로운 세계는 기초 물리학에서 제기된 열린 문제인 양자중력에 대한 연구에서 서서히 밝혀지고 있습니다. 이는 20세기의 두 위대한 발견인 일반상대성이론과 양자론을 통해 세계에 대해 이해한 바를 정합적으로 종합하는 문제입니다. 이 책은 양자중력에 대해서, 그리고 그 연구가 밝혀내고 있는 이상한 세계에 대해서 다룹니다.

이 책에서 다루는 것은 한창 진행 중인 연구입니다. 사물의 기본 특성에 관해서 우리가 배워가고 있는 것, 우리가 알고 있는 것, 그리고 막 이해하기 시작한 것에 대해 이야기합니다. 이 책은 일단, 오늘날 우리의 세계에 관한 이해를 정리할 수 있는 열쇠가 되는 몇 가지 아이디어들의 먼 기원에 관한 이야기로 시작합니다. 그러고는 20세기의 위대한 두 가지 발견인 아인슈타인의 일반상대성이론과 양자역학의 핵심 내용을 설명합니다. 그리고 플랑크 인공위성이 우주표준모형을 확증한 일과 세른CERN[•]이 많은 이들이 기대했던 초대칭 입자 검출에 실패한 일처럼, 자연이 우리에게 준 최근의 신호들을 고려하면서, 오늘날 양자중력 연구에서 나타나는 오늘날의 세계상에 대해 이야기합니다. 나아가 공간의 알갱이 구조, 미시적 규모에서 시간의 사라짐, 빅뱅 물리학, 블랙홀의 열의 기원, 물리학의 토대에서 정보가 하는 역할까지 살펴볼 것입니다.

플라톤의 《국가》 7권에 유명한 이야기가 있죠. 어두운 동굴 속에 사람들이 갇혀 있는데, 앞에 있는 동굴 벽을 향해 묶여 있어서 뒤쪽에 있는 횃불이 벽에 비춰주는 그림자만을 볼 수 있습니다. 그들은 그 그림자가 실재라고 생각하죠. 그런데 어느 날 그들 중 한 사람이 풀려나서 동굴 밖으로 나와 햇빛과 넓은 세계를 발견합니다. 처음에는 쏟아지는 빛에 눈이 부셔 혼란스러워합니다. 아직 눈이 적응하지 못했던 것이죠. 그러나 마침내 그가 볼 수 있게 되자, 그는 흥분해서 동료들에게 돌아가서는 자신이 보았던 것을 이야기해줍니다. 그러나 동료들은 그의 말을 믿지 않죠. 우리도 모두 무지와 편견이라는 족쇄에 묶여 깊은 동굴에 갇혀 있습니다. 우리의 미약한 감각들이 보여주는 것은 그림자뿐입니다. 더 보려고 하면 오히려 혼란스러워집니다.

• 유럽입자물리연구소의 별칭. 'CERN'이라는 이름은 1952년 임시로 운영된 유럽원자핵연구협의회(Conseil Européen pour la Recherche Nucléaire)의 약자에서 비롯되었다.

익숙하지 않기 때문이죠. 그러나 우리는 시도합니다. 이것이 과학입니다. 과학적 사고는 세계를 탐구하고 다시 그려내면서 우리에게 점점 더 나은 그림을 줍니다. 그것은 세계를 더 효과적으로 생각하는 길을 가르쳐줍니다. 과학은 사고방식에 대한 부단한 탐구입니다. 과학의 힘은 선입견을 무너뜨리고 실재의 새로운 영역을 밝혀내고 세계에 대한 새롭고 더 강력한 이미지를 만들어내는 예지적 능력에 있습니다. 이러한 모험은 축적된 지식 전체에 의존하지만, 그 모험의 정수는 변화입니다. 더 멀리 보세요. 세계는 끝이 없고 무지갯빛입니다. 우리는 가서 보기를 원합니다. 우리는 세계의 신비와 아름다움에 푹 빠져 있고, 언덕 너머에는 아직 가보지 못한 지역이 있습니다. 우리가 광대한 무지의 심연 위에 매달려 불안정과 불확실 속에 있다는 사실이 삶을 헛되고 무의미한 것으로 만들지는 않습니다. 오히려 삶을 더 소중한 것으로 만들죠.

저는 이러한 모험의 놀라움을 전해주고 싶어서 이 책을 썼습니다. 물리학을 알지는 못하지만, 세계의 기본적 짜임새에 대해 오늘날 우리가 무엇을 이해하고 무엇을 이해하지 못하는지, 그리고 우리가 어디를 찾고 있는지를 알고 싶어 하는 독자들을 위해 이 책을 썼습니다. 그리고 물리학의 관점에서 바라본 실재의 광경의 숨 막힐듯한 아름다움을 전하고자 이 책을 썼습니다.

또한 저는 세계 곳곳에 있는 여행 동무들인 동료 연구자들과, 이 여정에 함께하고 싶어 하는 과학에 대한 열정을 지닌 젊은이들을 위해서도 이 책을 썼습니다. 저는 상대성이론과 양자론의 두 빛이 함께 조명하는 물리적 세계 구조의 전체적인 광경을 그려보고자 하였고, 그 두 빛이 어떻게 결합될 수 있는지를 보이고자 했습니다. 이것은 단지 기존의 사실을 널리 알리려는 책만은 아닙니다. 이것은 추상적인 전문용어 때문에 전체적인 조망이 어려운 연구 분야에서, 하나의 정합적인 관점을 만들어내려는 책이기도 합니다. 과학은 실험, 가설, 방정식, 계산 그리고 긴 토론으로 이루어져 있지만, 이것들은 음악가의 악기처럼 그저 도구일 뿐입니다. 결국 음악에서 중요한 것은 음악 그 자체이고, 과학에서 중요한 것은 과학이 제시하는 세계의 이해입니다. 지구가 태양 주위를 돈다는 발견의 의미를 이해하기 위해서 코페르니쿠스의 복잡한 계산을 이해할 필요는 없습니다. 지구의 모든 생물들이 같은 조상을 가지고 있다는 발견의 의미를 이해하기 위해서 다윈이 쓴 책의 복잡한 논증들을 따라갈 필요는 없습니다. 과학이란 점점 더 넓은 관점으로 세계를 읽는 일이니까요.

저는 이 책에서 세계에 대한 새로운 이미지를 찾는 일의 현재 상태를, 그 본질적인 마디들과 논리적 연결에 초점을 맞추면서, 제가 이해한 대로 이야기하려 합니다. 이 책은 "그런데 사물들이 진짜로는 어떻다고 생각해?" 하고 묻는 친구에게 제가 해줄 이야기입니다. 긴 여름밤 해변을 따라 걸으면서요.

CONTENTS

첫 번째 강의

기원을 찾아서

이 책은 26세기 전, 밀레토스에서의 이야기로 시작합니다. 양자중력에 대한 책이 왜 그렇게 옛날 사건과 옛날 사람의 생각으로 시작하느냐고요? 공간의 양자에 대해 알고 싶어 하는 독자들은 이런 항의를 좀 접어두었으면 좋겠습니다. 아이디어가 자라나온 뿌리부터 시작하면 이해하기가 훨씬 쉽거든요. 그리고 세계를 이해하는 데 효과적이라고 밝혀진 상당수의 아이디어들은 2천 년 이상 전에 생겨났어요. 우리가 그 탄생을 잠깐 살펴보면 그 아이디어들이 더 명확해지고, 이후의 단계들이 더 간단하고 자연스럽게 이해될 겁니다.

하지만 또 다른 이유가 있습니다. 고대에 처음으로 제기된 어떤 문제들은 우리가 세계를 이해하는 데 지금도 결정적으로 중요하기 때문입니다. 공간 구조에 관한 몇몇 가장 최신 아이디어는 그때 도입된 개념과 논점을 이용합니다. 저는 이런 먼 과거의 아이디어에 관해 이야기하면서 양자중력에 핵심이 될 물음들을 꺼내놓겠습니다. 이렇게 하면 양자중력을 다룰 때에, 과학적 사고의 기원에까지 거슬러 올라가는 아이디어와 철저히 새로운 아이디어들 사이를 구별할 수 있을 겁니다. 앞으로 보게 되겠지만, 고대의 과학자들이 제기한 문제들과 아인슈타인과 양자중력이 찾아낸 해답들 사이에는 놀랍도록 가까운 연결 관계가 있습니다.

01

알갱이들

전해지는 얘기에 따르면, 기원전 450년 밀레토스를 떠나 압데라로 가는 배에 한 남자가 타고 있었습니다.(그림 1-1) 지식의 역사에서 결정적으로 중요한 여행이었습니다.

아마도 이 남자는 귀족계급이 폭력적으로 권력을 되찾아가던 밀레토스의 정치적 소요를 피해 달아나고 있었던 것 같습니다. 밀레토스는 부유하고 번창한 그리스 도시였습니다. 아테네와 스파르타의 황금기 이전 그리스 세계의 중심 도시였죠. 번화한 상업 중심지로서, 흑해에서 이집트에 이르는 백여 개의 식민지와 상업 전초지를 지배하고 있었습니다. 메소포타미아에서 온 대상隊商들과 지중해 전역에서 온 배들이 밀레토스에 도착했고, 여러 아이디어들이 퍼져나갔습니다.

그 전 세기에는 밀레토스에서 인류에게 근본적으로 중요한 사고의 혁명이 일어났었습니다. 일군의 사상가들이 세계에 관해 질문을 던지는 방식과 대답을 찾는 방식을 다시 만들었던 것이죠. 이 사상가들 중 가장 위대한 이가 아낙시만드로스Anaximandros, BC.610~BC.546였습니다.

태곳적부터, 아니면 적어도 우리에게 전해진 기록 문서를 인류가

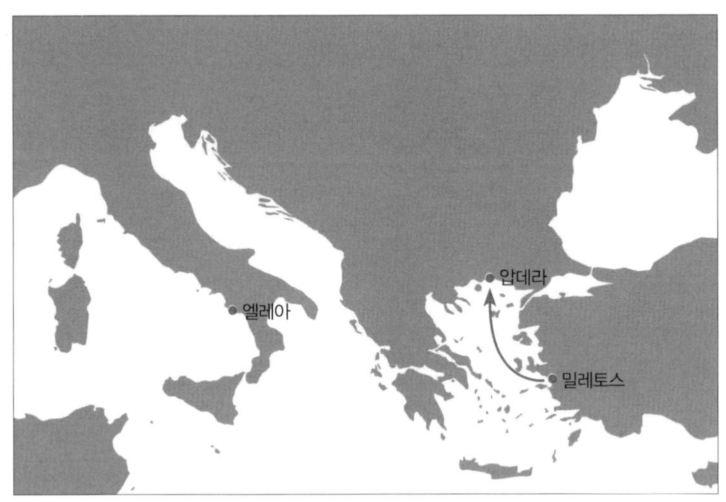

1-1 원자론 학파의 창시자 레우키포스의 여정(기원전 450년경)

남기기 시작한 이래로, 사람들은 세계가 어떻게 존재하게 되었는지, 세계가 무엇으로 이루어져 있는지, 세계는 어떻게 질서 지어져 있는지, 왜 자연 현상들이 일어나는지와 같은 것들을 물었습니다. 수천 년 동안 사람들이 내놓은 대답들은 모두 서로 비슷했습니다. 신령들, 신들, 신화적인 상상 존재들과 그 밖의 비슷한 것들에 대한 정교한 이야기들을 이용한 대답들이었지요. 설형문자판에서부터 중국 고대 문헌까지, 피라미드의 상형문자 기록에서 수족Sioux 인디언들의 신화까지, 고대 인도의 문헌에서 성서까지, 아프리카인들의 이야기에서 호주 원주민의 이야기까지, 이 모든 것들은 다채로우나 기본적으로 아주 단조로운 흐름이었습니다. 깃털 달린 뱀과 거대한 암소, 돌로 된 알에서 태어나거나, "빛이 있으라." 말하고 심연 위에 숨을 불어넣어 세상을 창조하는, 진노하고 논쟁하고 상냥하기도 한 신들의 이야기입니다.

그런데 기원전 5세기 시작 무렵 밀레토스에서는 탈레스, 그의 제자 아낙시만드로스, 헤카타이오스Hekataios, BC.550~BC.475 그리고 그들의 학파들이 대답을 구하는 다른 길을 찾습니다. 이 엄청난 사고의 혁명은 새로운 양식의 지식과 이해를 개시하고, 과학적 사고의 첫새벽을 알립니다.

밀레토스 학파는 판타지나 고대 신화 또는 종교에서 답을 구하는 대신에 관찰과 이성을 면밀하게 사용함으로써, 그리고 무엇보다 비판적인 사고를 날카롭게 발휘함으로써, 우리의 세계관을 거듭 바로잡고, 통상적인 시각으로는 볼 수 없는 실재의 새로운 면들을 발견하여 배울 수 있다는 것을 이해하고 있었습니다.

어쩌면 정말로 결정적인 것은 다른 방식의 사고를 발견했다는 사실일 겁니다. 제자들은 더 이상 스승의 생각을 존경하고 따르지 않아도 되고, 개선할 수 있는 부분은 기꺼이 버리거나 비판하면서 자유롭게 스승의 생각 위에 자신의 생각을 쌓아올렸습니다. 이것은 학파의 사상을 전적으로 고수하거나 전부 반대하는 것 사이에 나 있는 새로운 중도中道입니다. 이는 이후의 철학적이고 과학적인 사고의 발전에 열쇠가 됩니다. 이 순간부터 지식은, 과거의 지식을 자양으로 삼지만 동시에 비판을 통해 지식과 이해를 개선할 수 있다는 가능성에 힘입어 아찔한 속도로 성장하기 시작합니다. 헤카타이오스가 쓴 역사책의 눈부신 도입부는 우리 자신의 오류 가능성을 의식하고 있으면서 이러한 비판적 사고의 핵심으로 들어갑니다. "나는 나에게 참되게 보이는 것들을 기록했으니, 그리스인들의 설명에는 모순되고 터무니없는 것들이 가득해 보였기 때문이다."

전설에 따르면 헤라클레스는 테나로 곶Cape Tenaro에서 하데스로 내려갔다고 합니다. 헤카타이오스는 테나로 곶을 찾아가, 실제로는 그곳에 하데스로 가는 지하 통로나 다른 길이 없다는 것을 확인하고서,

전설이 거짓이라고 판단을 내립니다. 이것은 새로운 시대의 새벽을 알리는 일이 됩니다.

지식에 대한 이 새로운 접근 방식은 빠르고 인상 깊은 효과를 발휘합니다. 그 몇 년 뒤에 아낙시만드로스는 지구가 하늘에 떠 있으며 지구 아래로도 하늘이 계속된다는 것을 이해합니다. 지상의 물이 증발해서 빗물이 된다는 것도요. 그는 세계의 다양한 물체들은 그가 '아페이론apeiron', 무한정자라고 부르는 단일한 단순 성분을 통해 이해될 수 있다고 생각합니다. 동물과 식물은 진화하고 환경 변화에 적응하며, 인간은 다른 동물로부터 진화해왔을 것이라는 확신도 합니다. 이렇게 점차적으로 세계를 이해하는 문법의 기초가 세워집니다. 그리고 이는 실질적으로 오늘날 여전히 우리 자신의 것이기도 합니다.

밀레토스는 신흥 그리스 문명과 고대 메소포타미아와 이집트 왕국이 만나는 지점에 위치하여 그들의 지식을 자양분으로 삼았으나, 전형적으로 그리스적인 자유와 정치적 유동성에 몰두하였습니다. 왕궁이나 강력한 사제 계급이 없고 개별 시민들은 열린 아고라에서 자신들의 운명에 대해 토론을 벌이는 사회적 여건 속에서, 밀레토스는 처음으로 인간이 자기 자신의 법을 집단적으로 결정하는 장소가 됩니다. 여기에서 역사상 최초의 의회가 소집됩니다. 이오니아 동맹의 대표들이 만나는 장소인 파니오니움Panionium에서죠. 그리고 오직 신들만이 세계의 신비를 설명할 수 있다는 생각에 인간이 처음으로 의심을 던진 곳도 이곳입니다. 토론을 통해 공동체를 위한 최선의 결정에 이를 수 있다, 토론을 통해 세계를 이해할 수 있다, 이것이 바로 밀레토스의 위대한 유산입니다. 정말이지 철학과 자연과학 그리고 지리적, 역사적 연구의 요람인 도시입니다. 지중해 시대와 근대의 모든 과학과 철학의 전통이 기원전 6세기 밀레토스의 사상가들의 사색 속에 결정적인 뿌리를 내리고 있다고 해도 과언이 아닙니다.[1]

이 찬란했던 밀레토스는 곧 비참한 종말을 맞습니다. 페르시아 제국의 침략, 반제국 봉기의 실패에 이어, 기원전 494년 도시는 무참히 파괴되고 많은 수의 주민들이 노예로 끌려갑니다. 아테네에서는 시인 프리니코스Phrynichus가 〈밀레토스의 함락〉이라는 비극을 썼는데, 공연을 본 아테네인들이 너무도 비통해하는 바람에 재상연이 금지될 정도였습니다. 그러나 20년 뒤 그리스인들은 페르시아의 위협을 물리칩니다. 밀레토스는 재건되어 다시 인구가 늘고 상업과 사상의 중심지의 지위를 되찾아 그 사상과 정신을 다시 한 번 빛냅니다.

우리가 이 장을 시작하면서 언급했던 그 남자는, 밀레토스에서 압데라로 가는 배에 올랐을 때 이러한 정신에 감화되어 있었을 게 틀림없습니다. 그의 이름은 레우키포스Leukippos, BC.440~?입니다. 그의 삶에 대해서는 거의 알려져 있지 않습니다.[2] 그는 《대우주론*The Great Cosmology*》이라는 책을 썼습니다. 레우키포스는 압데라에 도착하여 과학과 철학의 학파를 세우고 곧이어 한 젊은 제자를 받아들이게 되는데, 이후 모든 시대의 사상에 바로 이 젊은이의 긴 그림자가 드리워지게 됩니다. 그가 바로 데모크리토스Democritus, BC.460~BC.380입니다.(사진 1-2)

1–2 데모크리토스는 그의 스승 레우키포스와 함께 고대 원자론의 방대한 체계를 세웠다.

이 두 사상가가 함께 고대 원자론의 장엄한 대성당을 짓습니다. 레우키포스가 선생이었죠. 훌륭한 학생인 데모크리토스는 모든 분야의 지식에 관한 수십 권의 책을 썼는데, 고대에 깊은 존경을 받았습니다. 당대 사람들이 그의 작품을 익히 알고 있었죠. 세네카Seneca,

BC.54~AD.39는 그를 "고대인 중 가장 명석한 이"라고 불렀습니다.[3] 키케로Cicero, BC.106~BC.43는 "천재성의 위대함뿐만 아니라 영혼의 위대함에 있어서 데모크리토스와 비교할 수 있는 사람이 누가 있는가?" 하고 묻습니다.[4]

그렇다면 레우키포스와 데모크리토스는 무엇을 발견했던 것일까요? 밀레토스인들은 이성을 사용해서 세계를 파악할 수 있다는 것을 이해했습니다. 다양한 자연 현상들이 단순한 무언가에서 기인하는 것이 틀림없다고 확신하고는, 바로 이 무언가가 무엇일지를 이해하려고 시도하였습니다. 만물을 이루고 있는 일종의 근본 물질을 생각해냈습니다. 밀레토스인 중 아낙시메네스는Anaximenes, BC.585~BC.525 이 근본 물질이 응축되거나 희박해짐으로써, 세계를 구성하는 한 원소에서 다른 원소로 바뀐다고 생각했습니다. 처음으로 물리학이 싹튼 것이었습니다. 거칠고 초보적이긴 하지만 올바른 방향이었죠. 세계의 숨은 질서를 파악하기 위해서는 어떤 발상이, 그것도 거대한 발상이, 거대한 비전이 필요했던 것입니다. 레우키포스와 데모크리토스가 바로 그런 발상을 생각해냈던 것이죠.

데모크리토스 체계의 기본 발상은 아주 단순합니다. 우주 전체는 끝없는 공간으로 이루어져 있으며, 그 속에서 무수한 원자들이 돌아다닙니다. 공간은 한계가 없습니다. 위도 아래도 없습니다. 중심도 경계도 없죠. 원자들은 모양 외에는 그 어떤 성질도 갖지 않습니다. 무게도 색도 맛도 없습니다. "관례상 달고, 관례상 쓰고 관례상 뜨겁고 관례상 차갑고, 관례상 색이 있는 것이지, 실상은 원자와 진공일 뿐이다."●

원자는 나눌 수 없습니다. 실재의 기본 알갱이로서 더 이상 나눌 수 없습니다. 모든 것이 이 알갱이로 이루어져 있죠. 원자들은 공간 속을 자유로이 돌아다니다가 서로 부딪칩니다. 서로 붙기도 하고 서로 밀치고 당기기도 합니다. 비슷한 원자들은 서로 끌어당겨 모입니다.

이것이 세계의 짜임입니다. 이것이 실재입니다. 그 밖의 모든 것은 원자의 이러한 운동과 조합이 무작위로 우연히 만들어낸 부산물일 뿐입니다. 세계를 이루는 무한히 다양한 물질들도 오로지 원자의 이러한 조합에서 파생된 것이죠.

원자들이 응집할 때에 유일하게 중요한 것은 원자의 모양과 배열 그리고 그것들이 조합되는 순서입니다. 알파벳 문자를 여러 가지 다른 방식으로 조합해서 희극이나 비극, 웃긴 이야기나 서사시를 쓰듯이, 한없이 다양한 세계도 기본적인 원자들을 조합해서 만들어집니다. 이 알파벳 비유는 데모크리토스 자신이 든 것입니다.[5]

원자들의 끝없는 춤에는 완결도 목적도 없습니다. 자연계의 다른 모든 것들처럼 우리도 이 무한한 춤의 수많은 산물 중 하나입니다. 그러니까 우연한 조합의 산물이라는 거죠. 자연은 끊임없이 형식과 구조를 실험합니다. 그리고 우리는 다른 동물들처럼 무궁한 시간에 걸친 무작위의 우연한 선택의 산물입니다. 우리의 삶은 원자들의 조합이며, 우리의 생각은 미세한 원자들로 이루어져 있고, 우리의 꿈은 원자들의 산물입니다. 우리의 희망과 우리의 감정은 원자들의 조합으로 형성된 언어로 쓰여 있습니다. 우리가 보는 빛도 원자들로 이루어져 우리에게 이미지를 제공합니다. 바다도 도시도 별들도 모두 원자로 이루어져 있습니다. 엄청나게 거대한 비전이죠. 믿을 수 없으리만치 단순하고 믿을 수 없으리만치 강력한 비전입니다. 바로 이 비전 위에 앞으로 문명의 지식이 세워질 것입니다.

● 섹스투스 엠피리쿠스가 이 구절을 인용하고 설명하는 앞뒤 맥락을 볼 때, 여기서 '관례상(νόμῳ)'이라고 하는 것은 사회의 습관적인 규범이나 생활방식을 의미하기보다는 '감각에 나타난 것', '감각을 통한 믿음'을 의미한다.

이러한 비전을 토대로 데모크리토스는 방대한 체계를 설명하는 수십 권의 책을 써, 물리학, 철학, 윤리학, 정치학, 우주론을 다룹니다. 그는 언어의 본질, 종교, 인간 사회의 기원과 그 밖의 다른 많은 주제들에 대해 씁니다.(그의 《소우주론*Little Cosmology*》의 첫머리는 인상적입니다. "이 책에서 나는 모든 것을 다룬다.") 이 책들은 모두 소실되었습니다. 우리가 그의 사상에 대해서 알고 있는 것이라고는, 고대의 다른 저자들이 인용하고 언급한 구절들과 그의 사상의 요약문들을 통한 것들뿐입니다.[6] 이렇게 해서 밝혀진 사상은 이성적이고 유물론적인, 일종의 강한 인본주의입니다.[7] 데모크리토스는 자연주의적 명확함으로 신화적 사고의 잔재들을 일소하여 계몽된 자연에 면밀한 주의를 기울입니다. 그리고 이를 인간성에 대한 진지한 숙고와 삶에 대한 깊은 윤리적 관심과 결합합니다. 이는 18세기 계몽주의의 가장 좋은 측면들을 2천여 년이나 앞서 얻은 일이었죠. 데모크리토스의 윤리적 이상은 이성을 신뢰하고 감정에 휩싸이지 않음으로써 절제와 균형을 통해 마음의 평안에 다다르는 것이었습니다.

플라톤과 아리스토텔레스는 데모크리토스의 생각을 익히 알고 있었고 그것에 맞서 싸웠습니다. 그들은 다른 사상을 옹호하느라고 그렇게 했던 것인데요, 그 가운데 어떤 것들은 이후 몇 세기 동안 지식의 성장에 걸림돌이 되기도 했습니다. 두 사람 모두 데모크리토스의 자연주의적 설명을 거부했고, 목적론적으로 세계를 이해하려는 시도를 옹호했습니다. 그러니까 일어나는 모든 일에는 목적이 있다고 믿는 것이죠. 이런 방식의 생각은 자연을 이해하는 데 효과적이지 않다는 사실이 이후의 역사를 통해 드러나게 됩니다. 그들이 세계를 좋음과 나쁨의 견지에서 이해하려고 한 것은 인간과 무관한 문제들과 인간적인 주제들을 혼동했던 것이었습니다.

아리스토텔레스는 데모크리토스의 사상에 관해 폭넓게 이야기합니다. 플라톤은 한 번도 데모크리토스를 인용하지 않지만, 오늘날 학자들은 이것이 의도적인 선택이지 그의 작품들을 몰랐기 때문이 아니라고 생각합니다. 이를테면 소위 '자연학자들'에 대한 비판과 같이 플라톤의 여러 텍스트에는 데모크리토스의 사상에 대한 비판이 은연중에 들어 있습니다. 플라톤은 《파이돈*Phaidon*》의 한 구절에서 소크라테스로 하여금 모든 '자연학자들'을 비난하게 하는데, 이는 이후 지속적인 반향을 불러일으킵니다. 플라톤은 '자연학자들'이 지구가 둥글다고 설명했을 때, 지구가 둥근 것이 뭐가 '좋은' 건지, 지구의 둥글음에 무슨 유익이 있는지를 알고 싶었고, 그 때문에 싫어했던 것이라고 불평을 합니다. 《파이돈》의 소크라테스는 어떻게 해서 처음에는 자연학에 열광했다가 결국 환멸을 느끼게 되었는지를 자세히 이야기합니다.

> 나는 그가 우선 지구가 평평한지 둥근지를 말해주리라고 기대했고, 다음에는 반드시 그런 모양이어야 하는 이유도 설명해주리라고 기대를 했었어. 더 좋은 것이 무언지 그리고 지구가 이런 모양을 하는 것이 더 좋다는 것을 이야기하면서 말이야. 그리고 지구가 세계의 중심에 있다고 말한다면 중심에 있는 것이 지구에게 왜 더 좋은지를 그가 설명해주리라고 기대했지.[8]

위대한 플라톤도 여기서는 정말로 헛짚고 말았습니다!

분할의 한계

20세기 후반의 가장 위대한 물리학자 리처드 파인만Richard Feynman, 1918~1988은 그의 놀라운 물리학 입문 강의 첫머리에 이렇게 썼습니다.

> 만약 대격변이 일어나 모든 과학 지식이 소실되었는데, 딱 한 문장만을 다음 세대에 전해줄 수 있다면, 가장 적은 단어로 가장 많은 정보를 담을 수 있는 문장은 어떤 것이 될까요? 저는 원자 가설 또는 원자 사실, 아니면 뭐라고 불러도 좋습니다만, **모든 것은 원자로, 즉 서로 조금 떨어져 있을 때에는 끌어당기지만 서로 압착되면 밀쳐내면서 영구 운동을 하며 돌아다니는 작은 입자들로 이루어져 있다**는 것이라고 생각합니다. 여러분이 약간의 상상력과 생각을 더하면 이 한 문장에서 세계에 관한 막대한 양의 정보를 볼 수 있습니다.[9]

모든 것이 원자로 이루어져 있다는 이런 생각에 데모크리토스는 현대 물리학의 도움이 없이도 이미 다다랐던 것입니다. 어떻게 했던 걸까요?

데모크리토스는 관찰에 기초한 논증을 펼쳤습니다. 예를 들면 그는 나무 바퀴가 닳고 빨래가 마르는 것이 나무 입자나 물 입자가 천천히 날아가서 일어나는 현상이라고 (제대로 맞게) 상상했습니다. 그렇지만 그는 철학적인 종류의 논증도 했습니다. 여기에 초점을 맞추어봅시다. 양자중력까지 죽 이어질 수 있는 잠재력이 있는 논증이니까요.

데모크리토스는 물질이 연속적으로 이어진 덩어리일 수 없다는 것을 알아차렸습니다. 그런 주장에는 모순이 있기 때문이죠. 우리는 아리스토텔레스의 보고 덕분에 데모크리토스가 이를 어떻게 추론했는지를 알 수 있습니다.[10] 데모크리토스는 다음과 같이 말합니다. 물질을 무한히 나눌 수 있다고, 다시 말해 무한한 횟수로 쪼갤 수 있다고 상상해봅시다. 그 다음 이제 한 조각의 물질을 무한하게 쪼갠다고 상상해봅시다. 무엇이 남을까요?

크기•가 있는 작은 입자들이 남을까요? 아닙니다. 왜냐하면 만일 그렇다면 그 물질 조각이 아직 무한히 쪼개진 것이 아니게 될 테니까요. 그러므로 크기가 없는 점만이 남을 겁니다. 그런데 이제 이 점들을 한데 모아서 애초의 그 물질 조각을 만들어봅시다. 크기가 없는 점 두 개를 한데 모아도 크기가 있는 사물을 만들 수는 없습니다. 세 개로도 안 되고 네 개로도 안 되죠. 사실 아무리 많은 점을 모아봐도 크기를 얻을 수 없습니다. 점은 크기가 없으니까요. 따라서 우리는 물질이 크기가 없는 점으로 이루어졌다고 생각할 수 없습니다. 아무리 많은 점을 모아도 크기를 지닌 것을 결코 얻을 수 없으니까요. 데모크리토스는 단 하나의 가능성밖에 없다고 결론 내립니다. 그 어떤 물질이든 유한한 수의 낱낱의 조각들로 이루어져 있는데, 그 조각들은 유한한 크기를 가졌으면서도 더 이상 분할할 수 없는 것이라고 말입니다. 바로 원자인 것이죠.

이런 정교한 논증 방식의 기원은 데모크리토스 이전까지 거슬러 올라갑니다. 그것은 이탈리아 남부 실렌토Cilento 지역, 오늘날 벨리아Velia라고 부르는 도시에서 비롯되었습니다. 이 도시는 기원전 5세기

• 'una dimensione estesa'는 직역하면 '연장된 차원'이다. '연장'이라는 용어는 주로 철학에서 사용되는 표현이며 일반적으로는 잘 쓰이지 않아서 번역어로 택하지 않았다. 일상적인 사물의 경험에서는 삼차원의 부피가 되겠지만, 데모크리토스의 논증을 자연스럽게 전달하기 위해 차원에 중립적인 '크기'로 번역하였다.

경에는 그리스의 번성한 식민지로서 엘레아Elea라고 불렸죠. 이곳에는 파르메니데스Parmenides, BC.515?~BC.445?라고 하는 철학자가 살았는데요, 그는 밀레토스의 합리주의와, 사물의 실상이 겉으로 보이는 것과 어떻게 다른지를 이성으로 알 수 있다는 밀레토스의 사상을 엘레아로 가지고 왔습니다. 파르메니데스는 순수한 이성만을 통한 진리의 길을 탐구했습니다. 그 길을 따라 그는 모든 외관이 가상이라고 선언하였고, 그리하여 사고의 방향은 점점 형이상학 쪽으로 향해갑니다. 언젠가 '자연과학'으로 불리게 될 것으로부터 멀어지게 되죠.

제자인 제논Zēnōn, BC.490~BC.430도 엘레아 출신인데요. 그는 이러한 근본적인 합리주의를 지지하는 정교한 논증들을 제시하여, 외관에 대한 신뢰를 철저하게 논박합니다. 이러한 논증 중에는 '제논의 역설'로 알려지게 된 일련의 역설들이 있습니다. 이 역설들은 어떻게 해서 모든 외관이 가상인지를 보여주려는 것으로, 운동이라는 평범한 개념이 불합리하다는 것을 논증합니다.[11]

제논의 역설 중 가장 유명한 것은 짧은 우화의 형식으로 된 아킬레스와 거북이의 역설입니다. 거북이가 아킬레스에게 달리기 경주 도전을 합니다. 자기가 10미터 앞에서 출발하겠다면서 말이죠. 아킬레스가 결국 거북이를 따라잡을까요? 제논은 엄격하게 논리에 따르면 아킬레스가 절대로 거북이를 따라잡을 수 없다고 논증합니다. 거북이를 따라잡으려면 아킬레스가 10미터를 가야 하는데 그러려면 일정한 시간이 걸리겠지요. 이 시간 동안 거북이는 몇 센티미터를 나아갔을 겁니다. 이제 그 몇 센티미터를 따라잡기 위해 아킬레스는 시간을 좀 더 들여야 할 텐데, 그동안 또 거북이는 좀 더 앞으로 나아갈 것이고, 이런 식으로 무한히 계속될 것입니다. 따라서 아킬레스가 거북이를 따라잡으려면 그런 일이 무한한 횟수로 필요합니다. 그리고 무한한 횟수는 무한한 양의 시간이라고 제논은 논증합니다. 결과적으로 엄밀한 논리에 따라, 아킬레스가 거북이를 따라잡는 데에 무한한 시간이 걸리게 될 것이고, 우리는 그런 장면을 결코 볼 수 없을 겁니다. 하지만 우리는 아킬레스가 원하기만 하면 거북이란 거북이는 다 따라잡는 모습을 볼 수 있을 테니, 결국 우리가 눈으로 보는 것은 비이성적인 것, 따라서 가상이라는 결론이 따라 나옵니다.

솔직해 말해, 이 논증은 거의 설득력이 없습니다. 어디에 오류가 있는 걸까요? 한 가지 가능한 답은, 어떤 것을 무한한 수로 모으면 마침내 무한한 것이 된다는 생각이 참이 아니기 때문에 제논이 틀렸다는 것입니다. 끈 조각 하나를 반으로 자르고 그 반을 또 반으로 자르고 이렇게 무한히 반복해봅시다. 마지막에는 무한한 수의 작은 끈 조각이 남겠죠. 하지만 이것들을 다 합쳐도 유한한 길이가 될 겁니다. 애초의 끈 조각 길이밖에는 되지 않을 테니까요. 따라서 무한한 수의 끈 조각을 붙여도 유한한 길이의 끈이 될 수가 있습니다. 무한한 수의 시간들을 더해도 유한한 길이의 시간이 될 수가 있는 것이죠. 영웅 아킬레스가 거북이를 무한한 횟수로 따라잡아야 하더라도, 거리는 점점 줄어들고 따라잡은 시간도 점점 더 적은 유한한 시간이 들어서 마침내는 거북이를 유한한 시간 내에 따라잡을 수 있게 됩니다.◆ 역설이 풀린 것 같네요. 해결책은 연속체라는 생각, 즉 무한히 많이 더하더라도 유한한 시간이 되는 임의적인 작은 시간이 존재할

◆ 수학 용어로 말하면, 수렴하는 무한합이 존재한다는 것이다. 위에서 든 끈의 예에서 $\frac{1}{2} + \frac{1}{4} + \frac{1}{8} + \frac{1}{16}$ ……은 1로 수렴한다. 제논의 시대에는 수렴하는 무한합을 이해하지 못했다. 하지만 후에 아르키메데스가 그것을 이해하고 면적을 계산하는 데 이용했다. 뉴턴이 이것을 많이 이용했지만, 이러한 수학적 대상이 개념적으로 명확하게 된 것은 19세기 볼차노(Bolzano)와 바이어슈트라스(Weierstrass)에 이르러서였다. 하지만 아리스토텔레스는 그러한 방식으로 제논에게 대답을 할 수 있다는 것을 이미 이해하고 있었다. 가무한과 실무한에 대한 아리스토텔레스의 구별에 해결의 열쇠가 들어 있는 것이다. 가분성(可分性)에 한계가 없다는 것과 어떤 것을 이미 무한 번 나누어버렸을 가능성 사이의 차이가 그것이다.

수 있다는 생각입니다. 아리스토텔레스가 처음으로 직관적으로 파악한 이러한 가능성은 이후 근대 수학에 의해 정교하게 발전되었죠.

그러나 이것이 실재의 세계에서 올바른 해답일까요? 임의적으로 짧은 끈이 정말로 존재할까요? 우리가 정말로 끈 조각을 임의적인 크기로 자를 수 있을까요? 무한히 작은 시간이 정말로 존재할까요? 무한히 작은 공간이 정말로 존재할까요? 바로 이것이 양자중력이 마주해야 하는 문제입니다.

전해지는 바에 따르면 제논은 레우키포스를 만나서 그의 스승이 되었다고 합니다. 따라서 레우키포스는 제논의 수수께끼를 잘 알고 있었죠. 그러나 그는 그 문제들을 푸는 다른 방식을 고안했습니다. 레우키포스는 무한대로 작은 것은 존재하지 않는다고 주장합니다. 그러니까 가분성可分性에는 더 이상 내려갈 수 없는 한계가 있다는 겁니다. 우주는 연속적이지 않고 알갱이로 되어 있습니다. 무한히 작은 점들로는 도저히 크기가 있는 것을 만들어낼 수가 없습니다.(위에서 언급했듯, 아리스토텔레스가 전하는 데모크리토스의 논증에서처럼 말이죠.) 따라서 노끈의 길이는 유한한 크기를 가진 대상들의 유한한 수로 이루어져야만 합니다. 노끈은 무한히 자를 수가 없습니다. 물질은 연속적이지 않습니다. 유한한 크기의 개별 원자들로 이루어져 있는 것이죠.

이러한 추상적인 논증이 옳건 틀리건, 오늘날 우리가 아는 바로는, 그 결론만큼은 사실입니다. 물질은 실제로 원자적 구조를 갖고 있죠. 물 한 방울을 둘로 나누면 물 두 방울이 됩니다. 이 두 방울을 각각 나누고 또 나누고 계속 나눌 수 있습니다. 그러나 이 일을 무한히 계속할 수는 없습니다. 어떤 시점에 이르면 단 하나의 분자만 남게 되고, 거기서 끝입니다. 단일 물 분자보다 더 작은 물방울은 존재하지 않습니다.

오늘날 우리는 이 사실을 어떻게 아는 걸까요? 수 세기 동안 단서들을 축적해온 거지요. 화학에서 많은 단서가 나왔습니다. 화학 물질들은 몇 가지 원소들의 조합으로 구성되어 있으며, 주어진 정수비에 따라 형성됩니다. 화학자들은 물질이 원자들의 일정한 조합으로 이루어진 분자들로 구성된다는 발상을 고안해냈습니다. 예를 들어 물, H_2O는 수소 둘과 산소 하나의 비율로 이루어져 있는 것이죠.

하지만 이런 것들은 단서일 뿐입니다. 지난 세기 초만 해도 여전히 많은 과학자들과 철학자들은 원자 가설을 믿을 만하다고 여기지 않았습니다. 그중에는 저명한 물리학자이자 철학자인 에른스트 마흐Ernst Mach, 1838~1916가 있었는데, 공간에 대한 아이디어로 아인슈타인에게 큰 영향을 준 사람이었죠. 비엔나의 왕실 과학원에서 물리학자 루트비히 볼츠만Ludwig Boltzmann, 1844~1906의 강의가 끝나자 마흐는 "나는 원자가 존재한다고 믿지 않는다!"라고 공공연히 선언했습니다. 이때가 1897년이었습니다. 마흐처럼 다른 많은 이들도 화학적 표기법을 그저 화학 반응의 법칙을 요약하는 관례적인 방법이라고 이해했습니다. 수소 원자 두 개와 산소 원자 하나로 이루어진 물 분자가 실제로 존재한다고는 생각하지 않았죠. 그들은 이렇게 말했습니다. '원자는 보이지 않는다. 그리고 결코 보이지 않을 것이다.' 그러고는 물었습니다. '그래서 결국 원자의 크기가 얼마나 될 것인가?' 데모크리토스는 자기가 생각한 원자의 크기를 결코 측정할 수가 없었는데…….

물질이 원자로 이루어져 있다는 소위 '원자 가설'의 결정적 증명을 보기 위해서는 1905년까지 기다려야 했습니다. 레우키포스와 데모크리토스의 원자 가설의 결정적인 증명은, 물리학을 공부했지만 과학자로서 일자리를 찾지 못해 베른의 특허 사무소 직원으로 일하며 생계를 꾸려가던 스물다섯 살의 반항적이고 침착성 없는 한 남자에 의해 이뤄졌습니다. 앞으로 이 책에서 이 젊은 과학자에 대해 많이 이야기하게 될 것입니다. 특히 그가 당시 가장 저명한 물리학 학

1-3 알베르트 아인슈타인은 2300년 전 레우키포스와 데모크리토스가 제기한 문제를 결정적으로 마감했다.

술지인 〈물리학연보Annalen der Physik〉에 보낸 논문 세 편에 대해 많은 이야기를 할 것입니다. 그중 첫 논문에는 원자가 존재한다는 결정적인 증명이 담겨 있었고 원자들의 크기가 계산되어 있었습니다. 2300년 전에 레우키포스와 데모크리토스가 제기한 문제를 결정적으로 마감한 것이었죠.

이 스물다섯 살 젊은이의 이름은, 그렇습니다, 아인슈타인Albert Einstein, 1879~1955입니다.(사진 1-3)

그는 어떻게 그 일을 해낸 것일까요? 아이디어는 놀랍도록 간단합니다. 아인슈타인과 같은 예리함과 충분한 수학 지식이 있는 사람이라면 누구나 할 수 있는 생각이었습니다. 아이디어는 이렇습니다. 공기나 액체 속에 떠있는 먼지 알갱이나 꽃가루 같은 아주 작은 입자들을 주의 깊게 관찰해보면 그것들이 떨리면서 춤추는 것이 보입니다. 입자들은 이런 떨림에 의해 무작위로 갈지자로 움직여서는 천천히 표류하여 점점 출발점에서 멀어져갑니다. 유체 속에서 입자의 이런 운동을 '브라운운동'이라고 부릅니다. 19세기에 이러한 현상을 상세히 기술한 생물학자 로버트 브라운Robert Brown, 1773~1858의 이름을 딴 것이죠. 그림 1-4는 이러한 방식으로 움직이는 입자의 전형적인 궤적을 나타낸 것입니다. 마치 작은 입자를 옆쪽에서 무작위로 때리고 있는 것처럼 보입니다. 입자는 사실 맞고 있는 '것처럼'이 아니라, 정말로 맞고 있는 겁니다. 어떨 때는 오른쪽에서 어떨 때는 왼쪽에서 개별 공기 분자가 입자에 부딪치고, 거기에 맞아서 입자가 떨리는 것이죠.

중요한 부분은 바로 다음부터입니다. 공기 분자의 수는 엄청나게 많습니다. 평균적으로 입자의 왼쪽에서 부딪치는 횟수만큼 오른쪽에서도 부딪칩니다. 만일 공기의 분자가 무한히 작고 무한히 많다면, 오른쪽과 왼쪽의 충돌 효과는 균형을 이루어 매 순간 상쇄될 것이고 결국 입자는 움직이지 않겠지요. 그러나 분자들의 크기가 유한하기 때문에, 그래서 무한한 수가 아니라 유한한 수로 있기 때문에, 요동Fluctuation(바로 이것이 키워드죠.)이 생기게 됩니다. 다시 말해 충돌이 정확히 균형을 이루지 않는 것입니다. 오직 평균적으로만 균형을 이룰 뿐입니다. 잠시, 분자들의 수가 아주 적고 크기는 크다고 상상해 봅시다. 분명히 입자는 이따금씩만 충격을 받겠지요. 오른쪽에서 받기도 했다가 왼쪽에서 받기도 했다가 할 겁니다. 한 충돌과 다른 충돌 사이에서 입자는 여기저기로 상당한 정도로 움직일 겁니다. 아이들이 운동장을 뛰어다니면서 공을 차는 것과 비슷한 모양이겠죠. 반면에 분자가 작으면 작을수록 충돌 사이의 간격이 짧아질 것이고, 다른 방향에서 받는 충격들이 더 잘 균형을 이루어 서로 더 잘 상쇄될 겁니다. 그러면 입자는 덜 움직이는 것이죠.

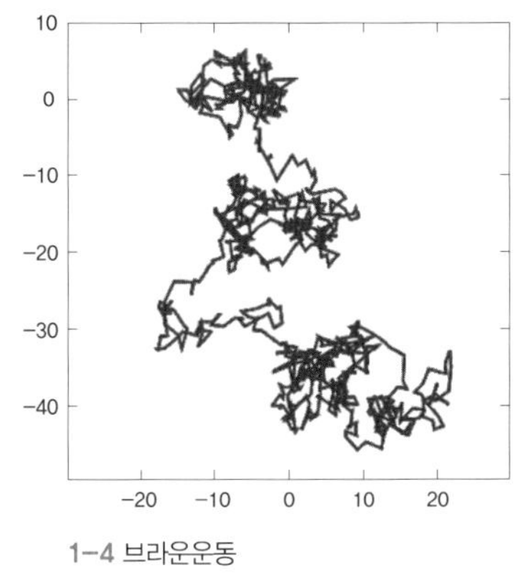

1–4 브라운운동

실제로 약간의 수학만 있으면 관찰되는 입자의 움직임의 크기로부터 분자의 크기를 역산할 수 있습니다. 아인슈타인이 스물다섯의 나이에 한 일이 그것입니다. 유체 속에서 표류하는 입자들을 관찰하고 그것들이 얼마나 '표류'하는지, 즉 얼마나 벗어나는지 측정해서 그는 데모크리토스의 원자, 물질을 이루는 기본 알갱이의 크기를 계산해냅니다. 그리고 데모크리토스의 통찰이 정확했다는 것을 2300년이 지나서야 증명합니다. 물질은 알갱이로 되어 있는 것입니다.

사물의 본성

> 루크레티우스의 숭고한 시는
> 세계가 없어지는 날까지 그치지 않으리라
>
> — 오비디우스, 《사랑》, I, 15, 23-4

저는 데모크리토스의 서적들이 전부 유실된 일이 고대 고전 문명의 몰락이 가져온 가장 큰 지적인 비극이라고 종종 생각하곤 합니다.◆ 아래에 있는 그의 작품 목록을 한번 보시죠. 우리가 얼마나 방대한 고대의 과학적 성찰을 잃어버렸는지를 생각하면 실망스럽지 않을 수가 없습니다.

아쉽게도 우리에게 남겨진 것은 데모크리토스의 원본이 아니라 아

◆ 디오게네스 라에르티오스의 기록에 따르면, 데모크리토스의 저서들은 다음과 같다. 《대우주론》, 《소우주론》, 《우주지》, 《행성에 관하여》, 《자연에 관하여》, 《인간의 본성에 관하여》, 《지성에 관하여》, 《감각에 관하여》, 《영혼에 관하여》, 《맛에 관하여》, 《색에 관하여》, 《원자의 다양한 움직임에 관하여》, 《형태 변화에 관하여》, 《천체 현상의 원인들》, 《대기 현상의 원인들》, 《불과 불타는 것에 관하여》, 《청각 현상의 원인들》, 《자석에 관하여》, 《씨앗과 식물과 열매의 원인들》, 《동물에 관하여》, 《하늘에 대한 기술》, 《지리학》, 《극(極)에 대한 기술》, 《기하학에 관하여》, 《기하학적 실재들》, 《원과 구의 접선에 관하여》, 《수론》, 《무리수 선분과 입체에 관하여》, 《투영》, 《천문학》, 《천문표》, 《광선에 관하여》, 《반사된 상에 관하여》, 《리듬과 하모니에 관하여》, 《시에 관하여》, 《노래의 아름다움에 관하여》, 《화음과 불협화음에 관하여》, 《호메로스에 관하여》, 《표현과 언어의 정확함에 관하여》, 《말에 관하여》, 《이름에 관하여》, 《가치에 관하여 또는 미덕에 관하여》, 《현자의 특징이 되는 성향에 관하여》, 《의학》, 《농업에 관하여》, 《그림에 관하여》, 《전략론》, 《대양의 주항(周航)》, 《역사에 관하여》, 《칼데아의 사상》, 《프리기아의 사상》, 《바빌로니아의 신성 문헌에 관하여》, 《메로에의 신성한 문헌에 관하여》, 《질병으로 인한 열과 감기에 관하여》, 《아포리아에 관하여》, 《법적 문제들》, 《피타고라스》, 《추론의 규준에 관하여》, 《확증》, 《윤리의 논점들》, 《행복에 관하여》, 이 모든 것이 소실되었다.

리스토텔레스가 재구성한 것들입니다. 혹시 데모크리토스의 작품들이 모두 살아남아 전해지고 아리스토텔레스의 작품이 전해지지 않았다면, 우리 문명의 지성사가 더 나았을지도 모르겠습니다.

그러나 일신교가 지배했던 수 세기 동안의 시대는 데모크리토스의 이성적이고 유물론적인 자연주의가 살아남는 것을 허락지 않았습니다. 390~391년 테오도시우스Theodosius 황제가 기독교를 제국의 유일하고 의무적인 종교로 선언하는 칙령을 내린 이래로 이교도를 잔인하게 탄압하는 시대가 이어졌습니다. 아테네와 알렉산드리아에 있던 고대의 학교들은 폐쇄되고, 기독교 교리에 맞지 않는 모든 문서들이 방대하고 조직적으로 파괴됩니다. 기독교는, 비록 이교도이지만 영혼의 불멸을 믿었던 플라톤과 아리스토텔레스는 용인할 수 있었습니다. 그러나 데모크리토스는 아니었죠.

하지만 그 재앙 속에서도 문헌 하나가 살아남아 우리에게 온전히 전해졌습니다. 우리는 이 글을 통해 고대 원자론에 대해 조금이나마 알 수 있고, 무엇보다도 그 과학의 정신을 알 수 있습니다. 그것은 라틴어 시인 루크레티우스Lucretius Carus, BC.99~BC.55의 웅대한 시 《데 레룸 나투라*De rerum natura*(사물의 본성에 관하여, 혹은 우주의 본성에 관하여)》입니다.

루크레티우스는 데모크리토스의 제자의 제자인 에피쿠로스Epikuros, BC.341~BC.271의 철학을 고수합니다. 에피쿠로스는 과학적 문제보다는 윤리적 문제에 더 관심이 있었으며, 데모크리토스만큼의 사상적 깊이는 없었습니다. 때로 그는 데모크리토스의 원자론을 피상적으로 해석하기도 합니다. 하지만 자연세계에 대한 그의 시각만큼은 기본적으로 압데라의 대철학자의 시각입니다. 루크레티우스는 에피쿠로스의 사상과 데모크리토스의 원자론을 시로 옮겼습니다. 그리하여 이 심오한 사상이 암흑시대의 지적 재앙으로부터 살아남을 수 있었던 것입니다.

루크레티우스는 원자, 바다, 자연, 하늘에 대해 노래합니다. 그는 철학적 물음, 과학적 아이디어, 정교한 논증을 빛나는 운문으로 표현합니다.

> 나는 자연이 어떤 힘으로 태양의 궤도와 달의 행로를 이끄는지를 설명하리라. 해마다 태양과 달이 하늘과 땅 사이에서 자신의 뜻대로 경주를 한다고 우리가 생각하지 않도록, 또는 신들의 어떤 계획에 따라 돈다고 생각하지 않도록[…][12]

이 시의 아름다움은 웅대한 원자론적 시각에 스며들어 있는 경이감에 있습니다. 그것은 우리가 별들과 바다와 똑같은 물질로 이루어져 있다는 앎으로부터 생겨난 사물의 깊은 통일성에 대한 느낌입니다.

> 우리는 모두 천상의 씨앗으로부터 생겨났다. 모두 다 같은 아버지를 가졌으니, 모든 것을 키우는 어머니 대지는 내리는 습기의 방울을 그로부터 받아들인다. 그렇게 잉태하여 빛나는 작물, 무성한 나무와 인간 종족을 낳고, 모든 세대의 짐승을 낳는다. 양식을 내어주니, 모든 것이 제 육신을 먹이고 달콤한 삶을 영위하며 자손을 낳고[…][13]

이 시에는 빛나는 고요와 평온의 느낌이 있습니다. 이는 우리에게 어려운 일을 요구하고 우리를 벌하는 변덕스러운 신들이 존재하지 않는다는 인식에서 비롯됩니다. 자연의 창조적 힘의 눈부신 상징인 비너스에게 바치는 훌륭한 첫 구절은 가볍고 경쾌한 기쁨으로 넘칩니다.

> 당신을, 여신이시여, 바람이 당신을 피합니다. 당신께서 오심을 하늘의 구름이 피합니다. 당신을 위해 땅의 솜씨가 달콤한 꽃을 피워냅니다. 바다의 수면이 당신께 미소 짓고, 평온한 하늘이 흩뿌려진 빛으로 반짝입니다.[14]

우리가 부분으로 속해 있는 삶에 대한 깊은 수용이 있습니다.

> 그대들은 어찌 보지 못하는가? 자연이 외치며 원하는 것은, 육체가 고통에서 벗어나며, 영혼이 걱정과 두려움을 벗고 즐거운 감각을 누리는 것뿐임을![15]

그리고 피할 수 없는 죽음에 대한 평온한 수용이 있습니다. 죽음은 모든 악을 지워버리는 것이며, 두려워할 까닭이 없습니다. 루크레티우스에게 종교란 무지이며, 이성은 빛을 밝히는 횃불입니다.

루크레티우스의 문헌은 수 세기 동안 잊혀졌다가 1417년 1월 독일의 한 수도원 도서관에서 인문주의자 포조 브라치올리니Poggio Bracciolini, 1380~1459에 의해 발견됩니다. 포조는 여러 교황을 모신 비서였는데, 프란체스코 페트라르카Francesco Petrarca, 1304~1374의 위대한 재발견을 좇아서 고대의 서적을 열성적으로 찾는 사람이었습니다. 포조가 재발견한 퀸틸리아누스Quintilianus, 35~100의 책은 유럽 전체의 법학 연구를 변화시켜 놓았습니다. 또 그가 발견한 비트루비우스Vitruvius, ?~?의 건축에 관한 논고는 궁전 건축 양식을 바꾸어놓았습니다. 그러나 포조의 가장 큰 업적은 루크레티우스를 재발견한 것입니다. 포조가 발견한 책은 소실되었지만, 친구인 니콜로 니콜리Niccolò Niccoli, 1364~1437가 만든 사본은 피렌체의 라우렌시오 도서관Biblioteca Laurenziana에 지금도 보존되어 있습니다. "라우렌시오 사본 35.30"으로 알려져 있죠.

포조가 루크레티우스의 책을 되찾았을 때, 확실히 유럽은 새로운 것을 받아들일 비옥한 토양이 이미 마련되어 있었습니다. 이미 단테 시대부터 아주 새로운 어조를 들을 수 있었지요.

당신의 눈이 나의 심장을 꿰뚫고
잠든 마음을 깨웠네요.
보세요, 나의 괴로운 삶을,
애끓는 사랑으로 한숨만 짓는.[16]

《사물의 본성에 관하여》의 재발견은 이탈리아와 유럽의 르네상스에 깊은 영향을 미쳤고,[17] 그 메아리는 이후 갈릴레오Galileo Galilei, 1564~1642에서[18] 케플러Johannes Kepler, 1571~1630를[19] 거쳐, 베이컨Francis Bacon, 1561~1626에서 마키아벨리Niccolò Machiavelli, 1469~1527에까지 이르는 저자들의 글에서도 직간접적으로 울려 퍼졌습니다. 포조의 발견 한 세기 뒤인 셰익스피어의 작품에서는 원자들이 유쾌한 모습으로 등장합니다.

머큐쇼 아, 그러면, 매브 여왕이 나타났던 거로군.
그녀는 요정들의 산파인데
시의원 검지 위의 마노瑪瑙 보다
크지 않은 몸집으로
원자들atomies의 작은 무리가 끄는 마차 타고
잠들어 누운 이들의 코 위를 지나가지.[20]

몽테뉴Montaigne의 《수상록*Essais*》에는 최소 백여 군데에 루크레티우스를 인용한 대목이 있습니다. 그러나 루크레티우스의 직접적인 영향은 뉴턴Isaac Newton, 1643~1727과 돌턴John Dalton, 1766~1844과 스피노자Baruch de Spinoza, 1632~1677와 다윈에게까지, 나아가 아인슈타인에게까지 이릅니다. 유체 속에 잠겨 있는 미세 입자들의 브라운운동이 원자의 존재를 드러낸다는 아인슈타인의 바로 그 아이디어는 루크레티우스에게까지 거슬러 올라갈 수 있습니다. 《사물의 본성에 관하여》의 다음 한 대목에서 루크레티우스는 원자의 아이디어를 뒷받침하는 논증("생생한 증거")을 제시합니다.

> 우리의 눈앞에는 생생한 증거가 있다. 태양의 빛이 작은 틈으로 들어와 어두운 방을 가로지르는 것을 잘 살펴보라. 밝은 빛살 속에서 수많은 작은 입자들이 움직이며 뒤섞이는 것을 그대는 볼 것이다. 마치 영원한 싸움 속에서 끝없는 전투를 치르듯 쉬지도 않고 끝없이 모였다가 흩어진다. 이로부터 그대는 원자들이 어떻게 허공 속에서 움직이는지를 추론할 수 있으리라.[…]
> 주목하라. 태양의 빛살 속에서 떠돌며 섞이는 게 보이는 그 알갱이들은 그 아래에 있는 질료의 보이지 않는 숨은 운동을 보여준다는 것을. 그대가 입자들이 궤도를 바꾸고 뒤로 튕겨 나고 때로는 이쪽 때로는 저쪽 온갖 방향으로 돌아다니는 것을 볼 것이니 말이다.
> 이는 원자들이 스스로 움직이고, 원자들이 충돌하여 작은 물체들이 생기고, 이 충돌에 의해 그 움직임이 결정되기 때문이다.[…]
> 이렇게 하여 원자들로부터 우리가 태양의 빛살 속에서 본 물체들의 움직임이 생겨나는 것이다. 그 이상한 움직임을 만들어낸 충돌은 보이지 않지만.[21]

아인슈타인은 데모크리토스가 처음 착상하고 루크레티우스가 제시한 "생생한 증거"를 되살려서, 그것을 수학으로 옮겨 원자의 크기를 계산해냄으로써 아주 견고하게 만들었던 것입니다.

가톨릭교회는 루크레티우스를 금지시키려고 시도했습니다. 1516년 12월, 피렌체 종교회의에서는 학교에서 루크레티우스를 읽는 것을 금지했습니다. 1551년, 트리엔트 공의회Council of Trient에서는 그의 서적을 금서로 지정했습니다. 그러나 너무 늦은 일이었습니다. 중세 기독교 근본주의가 없애버렸던 세계관 전체가 재등장했고, 이제 유럽은 다시 눈을 뜨고 보게 되었지요. 유럽에 되돌아온 것은 단지 루크레티우스의 자연주의, 이성주의, 무신론, 유물론뿐만이 아니었습니다. 세계의 아름다움에 대한 밝고 평온한 관조만이 아니었습니다. 훨씬 그 이상이었습니다. 그것은 실재를 생각하는 복잡하고 정연한 사고구조였으며, 수 세기 동안 중세를 지배해온 사고와는 철저히 다른 새로운 사고방식이었습니다.[22]

단테가 훌륭하게 노래한 중세의 우주 질서는, 당시 유럽 사회의 위계가 반영된 우주의 영적이고 위계적인 조직을 바탕으로 해석된 것이었습니다. 우주는 지구를 중심으로 한 구형의 구조이고, 지구와 하늘 사이에는 건널 수 없는 거리가 있으며, 모든 자연 현상들은 목적론적이고 은유적으로 설명됩니다. 하느님을 경외하고 죽음을 두려워하며, 자연에는 관심을 기울이지 않습니다. 사물에 우선하는 형상들이 세계의 구조를 결정한다고 생각하고, 지식의 원천은 오직 계시와 전통뿐이라고 생각합니다.

그러나 루크레티우스가 노래한 데모크리토스의 세계에는 이러한 것들이 없습니다. 신들에 대한 두려움이 없고, 세계에는 종말도 목적도 없습니다. 우주에는 위계가 없고, 지구와 하늘 사이에도 아무런 구별이 없습니다. 그는 자연에 대한 깊은 사랑 속에 평온하게 빠져들어 우리가 자연의 깊은 한 부분임을 인식합니다. 남자, 여자, 동물, 식물, 구름은 모두 위계가 없이 놀라운 전체의 유기적인 조각들임을 인식합니다. 데모크리토스의 빛나는 낱말들에는 깊은 보편주의 universalismo의 감정이 곳곳에 배어 있습니다. "지혜로운 사람은 모든 땅에 갈 수 있으니, 훌륭한 영혼에게는 온 우주universo•가 조국이기 때문이다."[23]

또한 세계를 간단한 방식으로 생각할 수 있다는 패기가 있습니다. 우리는 자연의 비밀을 탐구하여 이해할 수 있다, 선조들이 알았던 것보다 더 많은 것을 알 수 있다는 패기죠. 그리고 데모크리토스의 세계에는 특별한 개념적 도구들도 있습니다. 나중에 갈릴레오, 케플러, 뉴턴이 바로 그 도구들로 이론을 세우게 되죠. 공간 속의 자유로운 직선운동이라는 아이디어, 원소가 되는 물체들이 존재하고 그것들이 상호작용하여 세계가 만들어진다는 아이디어, 공간이 세계를 담는 용기와 같다는 아이디어가 그 도구들입니다.

그리고 사물의 가분성에는 한계가 있다는 간단한 아이디어가 있습니다. 세계가 알갱이로 이루어져 있다는 것이죠. 데모크리토스의 이 아이디어는 원자 가설의 뿌리가 되지만, 양자역학으로 더 강력한 힘으로 돌아올 것이고, 양자중력의 중추가 되어 다시금 더 강력해질 것입니다.

르네상스 자연주의에서부터 나타나기 시작한 모자이크 조각들을 맞추는 법을 처음으로 알아내어, 데모크리토스의 웅대한 시각을 엄청나게 강력한 형태로 근대 사상의 중심부에 복구해낸 사람은 한 영국인이었습니다. 전 세대에 걸쳐 가장 위대한 과학자인 그가 다음 장의 첫 주인공입니다.

• 데모크리토스의 단편의 그리스어 원문은 'ὁ ξύμπας κόσμος'(온 우주)이다. 저자가 말하는 보편주의는 이 그리스어 표현의 이탈리아 번역 'universo'에서 착안한 것으로, 철학의 보편주의나 그리스도교의 보편구원론과는 무관하다.

02

고전들

아이작과 작은 달

앞 장에서 플라톤과 아리스토텔레스가 과학의 발전에 해만 끼친 것처럼 그려졌다면, 이제는 그런 인상을 바로잡고자 합니다. 아리스토텔레스의 자연 연구, 예컨대 식물학과 자연학은 자연 세계의 세밀한 관찰에 근거한 놀라운 과학적 업적입니다. 이 위대한 철학자가 보여준 개념적인 명료함, 자연의 다양성에 대한 주목, 놀라운 지성과 개방적 정신은 이후 수 세기 동안 그의 권위를 높여주었습니다. 우리가 아는 최초의 체계적인 물리학은 아리스토텔레스의 물리학이며, 그것은 결코 나쁜 물리학이 아닙니다.

아리스토텔레스는 《자연학*Physica*》이라는 제목의 책에서 자신의 물리학을 제시합니다. 물리학이라는 학문의 명칭을 따와서 이 책의 제목을 지은 것은 아닙니다. 아리스토텔레스의 책 제목에서 물리학이라는 학문의 이름이 생겨난 것이죠. 아리스토텔레스에게 자연학이란 다음과 같은 것입니다. 먼저, 하늘과 지구를 구별해야만 합니다.

하늘에서는 모든 것이 수정 같은 물질로 이루어져 있는데, 원 운동을 하면서 커다란 동심원을 그리며 지구 주위를 영원히 돌고, 구형의 지구는 모든 것의 중심에 위치합니다. 다음으로, 지구에서는 강제된 운동과 본성적 운동 사이를 구별해야 합니다. 이 강제적 운동은 밀침 때문에 생기고 밀침이 끝나면 운동도 끝납니다. 본성적 운동은 위아래 수직으로 움직이는 것으로 물질과 위치에 의존합니다. 각 물질에는 '본성적 자리'가 있습니다. 그러니까 물질마다 고유한 높이가 있어서 언제나 거기로 돌아가려고 하는 것이죠. 흙은 바닥에, 물은 그보다 좀 더 위에, 공기는 좀 더 높은 곳에, 그리고 불은 훨씬 더 높은 곳에 위치합니다. 여러분이 돌을 하나 들었다가 떨어뜨리면 돌은 아래쪽으로 움직이는데, 본성적 자리로 되돌아가려고 하기 때문입니다. 물속의 공기 방울, 공기 중의 불, 그리고 아이들의 풍선도 위쪽으로 움직이는데, 각각 본성적 자리를 찾아가는 것이지요.

이 이론을 비웃거나 무시하면 안 됩니다. 아주 건전한 물리학이니까요. 그것은 유체 속에 있거나 중력과 마찰의 영향을 받는 물체들의 운동을 올바르게 잘 기술합니다. 그러니까 우리가 일상 경험에서 만나는 실제 사물들의 운동을 잘 기술하고 있는 것이죠. 흔히 말하듯 틀린 물리학이 아닙니다.◆ 근사치로는 맞는 물리학이죠. 그러나 뉴턴의 물리학 또한 일반상대성이론의 근사치입니다. 그리고 아마도 우리가 오늘날 알고 있는 모든 것도 우리가 아직 모르는 어떤 것의 근사치일 겁니다. 아리스토텔레스의 물리학은 여전히 조야하고 양적이지 않지만(그 이론으로는 계산을 할 수가 없거든요.), 일관되고 이성적이며

◆ 아리스토텔레스 물리학에 대한 나쁜 평판은 갈릴레오의 논박에서 비롯된다. 갈릴레오는 앞으로 나아가야 했기에 아리스토텔레스를 비판했다. 아무래도 논박이다 보니 갈릴레오는 아리스토텔레스를 비하하고 비웃으며 공격했다.

올바른 질적인 예측을 가능케 합니다. 그 이론이 수 세기 동안 운동을 이해하는 가장 유용한 모델로 남아 있었던 건 그럴만 했기 때문입니다.

어쩌면 미래의 과학 발전에서 훨씬 더 중요한 사람은 플라톤일지도 모르겠습니다. 그는 피타고라스Pythagoras, BC.582~BC.497의 직관과 피타고라스주의의 가치를 이해한 사람이었습니다. 밀레토스를 넘어 더 앞으로 나아갈 수 있는 열쇠가 바로 수학이었지요. 피타고라스는 밀레토스에서 멀지 않은 작은 섬 사모스Scmos에서 태어났습니다. 피타고라스의 첫 번째 전기를 쓴 이암블리코스Iamblichos와 포르피리우스Porphyrius는 어떻게 해서 젊은 피타고라스가 노老 아낙시만드로스의 제자가 되었는지를 보고합니다. 모든 것이 밀레토스에서 기원하는 셈이죠. 피타고라스는 널리 여행을 다녔는데, 아마도 이집트와 바빌론까지 갔던 듯합니다. 그 뒤 결국 이탈리아 남부 크로토네Crotone에 정착하여 종교적이면서도 정치적이고 학문적인 교파를 세웁니다. 이 교파는 작은 마을의 정치에 중요한 역할을 했지만 전 세계에 중요한 유산을 남겼습니다. 수학의 이론적인 유용성을 발견한 것이죠. 그는 이렇게 주장했다고 알려집니다. "수가 형태와 사고를 지배한다."[1]

플라톤은 피타고라스주의에서 성가시고 쓸모없는 신비주의적 인습을 벗겨버렸습니다. 그는 피타고라스주의를 흡수하고 증류하여 유용한 메시지를 추출해냅니다. '수학은 세계를 이해하고 기술하는 최적의 언어다.'라는 것이죠. 이 통찰의 영향력은 엄청나며, 서구 과학이 성공한 이유 중 하나가 됩니다. 플라톤은 자신이 세운 학교의 입구에 이런 구절을 새겨놓았다고 합니다. "기하학을 모르는 자는 이곳에 들어올 수 없다."

플라톤은 이러한 확신에 따라 아주 중요한 질문을 던집니다. 바로 그 질문으로부터 긴 우회로를 돌아 근대 과학이 출현하게 됩니다. 플라톤은 수학을 공부한 제자들에게 하늘에서 보이는 천체들의 움직임을 지배하는 수학적 법칙을 발견할 수 있겠는지를 묻습니다. 금성과 화성과 목성은 밤하늘에서 쉽게 관찰할 수 있습니다. 그것들은 다른 별들 사이에서 앞으로 갔다가 뒤로 갔다가 약간 무작위로 움직이는 것처럼 보입니다. 그것들의 움직임을 기술하고 예측할 수 있는 수학을 발견하는 것이 가능할까요?

플라톤 학파의 에우독소스Eudoxus, BC.390~BC.337가 이 문제를 연구하기 시작하고, 이후 수 세기에 걸쳐 아리스타르코스Aristarchos, BC.310~BC.230와 히파르코스Hipparchos, BC.190~BC.120 같은 천문학자들이 뒤를 이어 고대 천문학을 극히 높은 과학적 수준으로 올려놓습니다. 우리가 이러한 과학의 승리에 대해 알 수 있는 것은 지금까지 살아남은 단 한 권의 책 덕분입니다. 바로 프톨레마이오스Ptolemaios, 83~168의 《알마게스트*Almagest*》죠. 프톨레마이오스는 기원후 1세기에 로마 제국 치하 알렉산드리아Alexandria에 살았던 천문학자였습니다. 당시는 그리스 세계의 몰락과 제국의 기독교화로 인해 과학은 이미 쇠락하여 거의 사라질 지경이었습니다.

프톨레마이오스의 책은 과학의 위대한 책입니다. 엄밀하고 정확하고 복잡한 이 책은, 겉으로 보기에 무작위로 움직이는 행성들의 운동을 예측할 수 있는 수학적인 천문학 체계를 제시했습니다. 인간의 시력이라는 한계가 있었음에도 예측이 거의 완벽할 정도로 정확했습니다.

이 책은 피타고라스의 직관이 옳았다는 하나의 증거입니다. 수학을 통해 세계를 기술할 수 있고 미래를 예측할 수 있는 것이죠. 겉으로 봐서는 이리저리 무질서하게 움직이는 행성들의 운동도, 그리스 천문학자들의 수 세기의 작업 결과를 요약하여 체계적이고 정교한 방식으로 제시한 수학 공식을 써서 정확히 예측할 수 있었던 것입니다. 오늘날에도 프톨레마이오스의 책을 펴서 조금만 공부를 하면 그 기법들을 배워, 이를테면 미래의 하늘에서 화성의 위치를 계산할 수 있습니다. 책이 쓰인 지 2천 년이 지난 오늘날에도 말이죠. 이러한 마법 같은 일이 정말로 가능하다는 깨달음이 근대 과학의 기초가 되었는데, 이는 적잖이 피타고라스와 플라톤 덕택이라고 할 만합니다.

고대 과학이 몰락하고 난 뒤 지중해 지역에서는 어느 누구도 프톨레마이오스를 이해하지 못했습니다. 유클리드Euclid, BC.330?~BC.275?의 《기하학원론*Elements*》처럼 재앙을 피한 소수의 다른 주요 과학 저작들도 이해하지 못했죠. 그러나 풍부한 상업적 문화적 교류 덕분에 그리스의 지식이 전파된 인도에서는 이러한 책들이 연구되고 이해되었습니다. 그러한 지식이 인도에서 다시 서양으로 돌아오게 된 것은 그것을 이해하고 보존할 수 있었던 학식 있는 페르시아와 아랍 과학자들 덕분이었습니다. 그러나 천 년이 넘는 세월 동안 천문학은 그 어떤 의미 있는 진보도 하지 않았습니다.

포조 브라치올리니가 루크레티우스의 사본을 발견한 시기 즈음에, 이탈리아 인문주의의 들뜬 분위기와 고대 문헌에 대한 열광은, 이탈리아에 건너와 볼로냐Bologna와 파도바Padova에서 공부하고 있던 한 폴란드 젊은이를 도취시켰습니다. 라틴식으로 표기한 그의 이름은 바로 니콜라우스 코페르니쿠스입니다. 젊은 코페르니쿠스는 프톨레마이오스의 《알마게스트》를 연구하고는 그 책과 사랑에 빠집니다. 그는 위대한 프톨레마이오스의 발자취를 따라 천문학 연구에 인생을 바치기로 결심합니다.

시대가 이제 무르익었습니다. 프톨레마이오스 이후 천 년도 더 지나, 인도와 아랍과 페르시아의 수많은 천문학자들이 하지 못한 도약을 코페르니쿠스가 하려는 참입니다. 단순히 프톨레마이오스의 체계를 배우고 적용하고 약간 수정하는 것이 아니라 바닥까지 뜯어고

치려는 용기를 갖고서 철저하게 개량한 것이었습니다. 지구 주위를 도는 천체들을 기술하는 대신에, 코페르니쿠스는 프톨레마이오스의 《알마게스트》의 일종의 수정 개정판을 씁니다. 하지만 이 개정판에서는 태양이 중심에 있고 지구는 다른 행성들과 더불어 태양 주위를 돌지요.

코페르니쿠스는 이런 식으로 하면 계산이 훨씬 더 잘 맞으리라고 기대했습니다. 하지만 실제로는 프톨레마이오스의 계산보다 더 잘 맞지 않는 것으로 밝혀졌습니다. 그러나 그의 아이디어만큼은 올바른 것이었습니다. 다음 세대에 요하네스 케플러는 실제로 코페르니쿠스의 체계가 더 잘 기능하도록 만들 수 있음을 보여주었습니다. 케플러는 새로운 정확한 관측들을 공들여 분석하여 몇 가지 새롭고 간단한 수학적 법칙으로 태양 주위의 행성들의 움직임을 정확하게 기술할 수 있다는 것을 보여주었습니다. 이는 고대에 얻었던 그 어떤 것보다도 훨씬 더 정확했습니다. 1600년대에 와서야 처음으로 인류는 천 년 이상 전에 알렉산드리아에서 했던 것보다 뭔가를 더 잘할 수가 있게 된 것입니다.

케플러가 추운 북쪽에서 하늘 위의 운동들을 계산하는 동안, 이탈리아에서는 갈릴레오 갈릴레이와 더불어 새로운 과학이 도약을 시작합니다. 원기 왕성하고 논쟁을 좋아하며 지적이고 창의성이 넘치는 이탈리아인이었던 갈릴레오는 네덜란드에서 새로운 발명품 하나를 들여옵니다. 망원경이죠. 그리고 그는 인류사를 바꿔놓는 동작을 합니다. 바로 망원경을 하늘 쪽으로 돌린 것입니다.

그는 사람들이 믿을 수 없는 것들을 봅니다. 토성의 고리, 달의 산, 금성의 위상位相 변화, 목성 궤도를 도는 달들……. 이러한 현상 하나하나가 코페르니쿠스의 생각을 더욱 개연성 있는 것으로 만들어줍니다. 과학적 도구들이 인류의 근시안적인 눈을 열어, 상상할 수 있었던 것보다 더 광대하고 더 다채로운 세계를 보도록 만들어주기 시작한 것이죠.

하지만 코페르니쿠스의 체계가 옳다고 믿고 지구가 행성이라고 확신한 갈릴레오의 진정 위대한 발상은 코페르니쿠스의 그러한 우주론적 혁명으로부터 논리적인 연역을 하는 것이었습니다. 그는 이렇게 추론합니다. '만일 천체의 움직임이 정확한 수학적 법칙을 따른다면, 그리고 지구가 행성이어서 천체의 한 부분이라면, 지구상에 있는 물체들의 움직임을 지배하는 정확한 수학적 법칙 또한 존재할 수밖에 없다.'

자연의 합리성을 확신하고 자연은 수학을 통해서 이해될 수 있다고 확신한 갈릴레오는 지구상에서 물체를 자유롭게 놓아둘 때, 즉 떨어뜨릴 때 그 물체들이 어떻게 움직이는지를 연구하려고 결심합니다. 그는 관련된 수학적 법칙이 존재한다는 확신으로 시행착오를 통해 그 법칙을 찾는 일에 착수합니다. 인류 역사상 최초로 실험이 이루어집니다. 실험과학이 갈릴레오에게서 시작된 것이죠. 그의 실험은 간단합니다. 물체를 떨어뜨리는 겁니다. 즉 물체가 아리스토텔레스가 말한 본성적 운동을 하도록 놓아두고서, 떨어지는 속도를 정확히 측정하는 것입니다.

그 결과는 중대합니다. 사람들은 모두 물체가 항상 같은 속도로 떨어진다고 생각했지만 사실은 그렇지 않았던 것입니다. 낙하 초기에 속도는 점점 증가합니다. 이 단계에서 일정한 것은 낙하 속도가 아니라 가속도입니다. 즉 속도가 증가하는 비율이 일정한 것입니다. 그리고 마법처럼 이 가속은 모든 물체에서 똑같은 것으로 드러납니다. 갈릴레오는 이 가속도의 첫 번째 어림 측정을 마치고 그것이 일정하다는 것을 알아냅니다. 그 값은 약 9.8m/s^{2}입니다. 그러니까 물체가 낙하하는 동안 속도가 1초에 9.8m/s만큼 증가한다는 말이죠. 이

숫자를 잘 기억해두세요. 이것이 지구상의 물체들에 대해서 발견된 최초의 수학적 법칙인 낙하법칙입니다.◆

여태까지는 행성의 움직임에 대한 수학적 법칙만이 발견되어 있었죠. 그러나 이제는 수학적 완벽함이 더 이상 천체에만 국한되지 않게 된 것입니다.

그러나 가장 위대한 성과는 아직 나타나지 않았으니, 바로 아이작 뉴턴이 이룩할 성과입니다. 뉴턴은 갈릴레오와 케플러의 성과를 깊이 연구하고는 그것들을 결합하여 숨어 있는 다이아몬드를 찾아냅니다. 근대 과학의 토대가 된 책인《자연 철학의 수학적 원리들 *Philosophiae Naturalis Principia Mathematica*》에서 뉴턴 자신이 말하고 있는 '작은 달'을 가지고 하는 추론을 따라가 봅시다.

뉴턴은 지구에 목성만큼 많은 달이 있다고 상상해보자고 합니다. 실제 달에 더해서 다른 달들도 상상해봅시다. 특히 지구에서, 가장 가까운 거리에서 산꼭대기 바로 위쯤에서 지구 주위를 도는 작은 달을 상상해봅시다.

이 작은 달이 움직이는 속도는 얼마일까요? 케플러가 발견한 공전 반경과 주기, 즉 궤도를 한 바퀴 도는 데에 걸리는 시간 사이의 법칙이 있습니다.◆◆ 우리는 실제 달의 공전 반경을 알고 있고(히파르코스 Hipparchos가 고대에 측정했습니다.) 공전 주기(한 달이죠.)도 알고 있습니다. 우리는 작은 달의 공전 반경도 알고 있습니다.(지구의 반지름이죠. 고대

◆ $x(t)=\frac{1}{2}at^2$

◆◆ 공전 주기의 제곱은 공전 궤도의 반지름의 세제곱에 비례한다. 이 법칙은 태양의 주위를 도는 행성들뿐만이 아니라(케플러) 목성의 달들에서도 성립하는 것으로 밝혀졌다(호이겐스). 뉴턴은 귀납을 통해서, 지구 주위를 도는 가상의 작은 달에서도 이 법칙이 성립한다고 가정한다. 비례 상수는 공전의 중심이 되는 대상에 따라 정해진다. 이 때문에 실제 달의 공전 데이터를 통해서 작은 달의 주기를 계산할 수가 있는 것이다.

에 에라토스테네스Eratosthenes, BC.273?~BC.192?가 측정했습니다.) 간단한 비례식을 통해 작은 달의 공전 주기를 계산할 수 있습니다. 결과는 한 시간 반입니다. 작은 달은 지구 주위를 한 시간 반에 한 번씩 돌겠네요.

그런데, 공전하는 물체는 직선으로 움직이지 않습니다. 계속 방향을 바꾸지요. 그리고 방향의 변화는 가속입니다. 따라서 작은 달은 지구 중심 쪽으로 가속이 되는 겁니다. 이 가속은 쉽게 계산할 수 있습니다.◆

뉴턴은 간단한 계산을 통해 결과를 얻어냅니다. 그 결과는…… 9.8m/s²입니다! 갈릴레오가 낙하 실험에서 측정한 것과 정확히 똑같은 수치입니다!

우연일까요? 뉴턴은 그럴 리 없다고 추론합니다. 결과(지구 중심을 향해 9.8m/s²로 가속)가 똑같다면 원인도 같아야만 하죠. 그러므로 작은 달이 지구 주위를 돌게 만드는 힘은 지상에서 물체가 바닥에 떨어지도록 만드는 힘과 같아야만 하는 것입니다.

물체가 떨어지도록 만드는 이 힘을 우리는 '중력'이라고 부릅니다. 뉴턴은 작은 달이 지구 주위를 돌도록 만드는 힘도 똑같은 중력이라고 생각합니다. 이 중력이 없으면 작은 달은 일직선으로 날아가 버릴 테죠. 그렇다면 실제로 하늘에 떠 있는 달이 지구 주위를 도는 것도 중력 때문일 게 틀림없습니다! 그리고 목성 주위를 공전하는 달들은 목성이 끌어당기는 것이고, 태양 주위를 도는 행성들은 태양이 끌어당기는 것이겠죠! 이런 끌어당김이 없다면 모든 천체들은 일직선으로 움직일 테니까요. 그러니까 우주는 물체들이 서로 '힘'으로 끌어당기고 있는 넓은 공간인 것입니다. 거기에는 보편적인 힘, 중력이

◆ $a=\frac{v^2}{r}$, 여기서 v는 속도이고 r은 공전 반경이다.

있습니다. 모든 물체가 다른 모든 물체를 끌어당기고 있는 것이죠.

하나의 광대한 시각이 모습을 갖춥니다. 천 년이 지난 뒤 하늘과 지구 사이에 있던 구분이 갑자기 사라집니다. 아리스토텔레스가 가정했던 사물의 '본성적 자리'는 없습니다. 세계의 중심도 없습니다. 자유롭게 놓인 사물들은 본성적 자리를 찾아가는 것이 아니라 영원히 직선으로 움직입니다.

뉴턴은 작은 달의 간단한 계산에서 중력의 힘이 거리에 따라 어떻게 달라지는지를 추론해내고, 그 힘의 크기를 구합니다.◆ 여기서 '중력gravity'을 뜻하는 문자 'G'는 오늘날 우리가 '뉴턴 상수'라 부릅니다. 이 힘은 지구상에서는 물체들을 낙하하게 만듭니다. 하늘에서는 행성과 위성들을 제 궤도에 붙들어놓습니다. 둘 다 똑같은 힘이죠.

이는 아리스토텔레스적인 세계의 개념적 구조를 전복한 것입니다. 중세 전체를 지배한 세계관이 무너진 것이죠. 예컨대 단테의 우주를 생각해봅시다. 아리스토텔레스에게서처럼, 지구는 우주의 중심에 있는 구체이고 천구들이 그 주위를 돌고 있습니다. 그러나 이제는 아닙니다. 우주는 별들이 산재해 있는 광대하고 무한한 공간이며, 한계도 중심도 없습니다. 우주 안에서 물체들은 다른 물체가 일으킨 힘의 영향을 받지 않는다면 자유로운 직선 운동을 합니다. 비록 기존의 관습적인 용어로 표현되었지만, 뉴턴의 글에서는 고대 원자론에 대한 관련성이 분명히 드러납니다.

하느님이 태초에 물질을 이런저런 크기와 모양과 여러 속성들을 지니고 공간과 균형을 이루고 있는, 무게가 있는 불가입적이

◆ $F=G\frac{M_1M_2}{r^2}$

뉴턴	공간	시간	입자

2-1 세계는 무엇으로 이루어져 있는가?

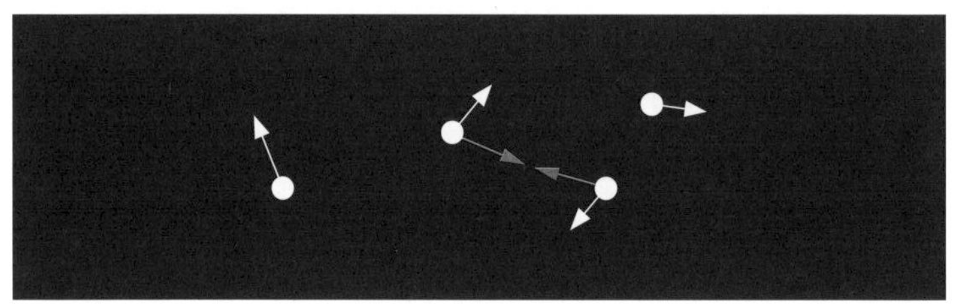

2-2 **뉴턴의 세계** 시간이 흐름에 따라, 끌어당기는 힘의 영향을 받으며 공간 속에서 움직이는 입자들

> 고 단단한 움직이는 고체 입자들로 만들었다는 것이 내게는 그럴 법하게 보인다.[2]

그림 2-1과 2-2에서 보듯 뉴턴 역학의 세계는 단순합니다. 다시 태어난 데모크리토스의 세계죠. 광대하고 균질하며 언제나 동일한 공간으로 이루어진 세계, 그 속에서 입자들이 영원히 움직이며 상호작용하는, 그리고 그밖에는 아무것도 없는 그런 세계입니다. 레오파르디Leopardi가 노래한 세계입니다.

> [⋯] 여기 앉아 바라보니 울타리 너머
> 끝없는 공간이, 인간을 넘은
> 침묵이, 그리고 깊고 잔잔한 평화,
> 생각 속에 내려앉는데[⋯]

그러나 뉴턴의 시각은 데모크리토스의 경우보다 엄청나게 더 강력합니다. 이제는 세계의 질서에 대한 마음속의 이미지만이 아니기 때문이죠. 그것은 이제 수학과, 피타고라스의 유산과, 알렉산드리아 천문학자들의 수리물리학의 강력한 전통과 결합합니다. 뉴턴의 세계는 수학적으로 표현된 데모크리토스의 세계인 것입니다.

뉴턴은 새로운 과학이 고대의 과학에 진 빚을 기꺼이 인정합니다. 예를 들어, 《세계의 체계*De mundi systemate*》의 첫 대목에서 뉴턴은 코페르니쿠스 혁명의 기초에 있는 아이디어의 기원을 고대로 (올바르게) 돌리고 있습니다. "세계의 가장 높은 부분에는 별들이 움직이지 않고 고정되어 있다는 것과, 지구가 태양 주위를 돈다는 것은 고대 철학자들의 견해였다."고 말입니다. 뉴턴은 과거에 누가 무엇을 했는지는 조금 혼동하기는 하지만, 때로는 적절히 때로는 맥락에서 벗어나게 필롤라오스Philolaos, 사모스의 아리스타르코스, 아낙시만드로스, 플라톤, 아낙사고라스Anaxagoras, 데모크리토스, 그리고(!) '로마의 왕, 학문이 깊은 누마 폼필리우스Numa Pompilius'를 인용합니다.

뉴턴의 이 새로운 지성적 구조물의 힘은 기대 이상임이 드러납니다. 19세기 이래 근대 세계의 모든 기술이 뉴턴의 공식에 주로 의존하고 있습니다. 3세기가 지났지만, 오늘날 우리가 다리를 짓고 기차를 만들고 마천루를 세우고 엔진과 유압장치를 만드는 것도 여전히 뉴턴 방정식에 기초한 이론들 덕분입니다. 비행기를 띄우고 일기예보를 하고 보이지 않는 행성의 존재를 예측하고 화성에 우주선을 보내는 법을 아는 것도 그 덕분입니다. 근대 세계는 뉴턴의 작은 달이 아니었다면 태어나지 않았을 것입니다.

하나의 새로운 세계관이자, 볼테르와 칸트에게 계몽의 열광을 일으킨 하나의 사고방식이며, 미래를 예측하는 효과적인 방식이기도 한 이것이야말로 뉴턴 혁명의 막대한 유산이었으며 지금도 계속 이어지고 있는 유산입니다.

이렇게 해서 드디어 실재를 이해하는 열쇠가 발견된 것 같습니다. 세계는 거대하고 무한한 공간으로만 이루어져 있고, 그 속에서는 시간의 흐름에 따라 입자들이 서로를 힘으로 끌어당기며 움직입니다. 우리는 이러한 힘을 기술하는 정확한 방정식들을 쓸 수 있습니다. 이 방정식들은 엄청나게 효과적임이 증명되었고요. 19세기 사람들은 뉴턴이 가장 영리하고 통찰력 있는 사람일뿐만 아니라 가장 운이 좋은 사람이라고 말했습니다. 자연의 근본 법칙들의 체계는 오직 하나밖에 없는데, 그가 바로 그것을 발견하는 행운을 얻었기 때문입니다. 모든 것이 분명해보였습니다.

그러나 정말 그게 다일까요?

마이클: 장과 빛

뉴턴은 자신의 방정식이 자연에 존재하는 모든 힘들을 기술하지는 않는다는 것을 알았습니다. 중력 말고도 물체에 작용하는 다른 힘들이 있는 것이죠. 물체들은 낙하할 때에만 움직이는 것은 아니니까요. 뉴턴이 해결하지 못한 첫째 문제는 우리 주위에서 일어나고 있는 것들을 규정하는 다른 힘들을 이해하는 것이었습니다. 이 일은 19세기에 들어서서야 이루어지기 시작하는데, 두 가지 놀라운 사실이 밝혀집니다.

첫 번째 놀라운 것은 우리가 보는 거의 모든 현상들은 중력과는 다른 단일한 힘에 의해 지배된다는 것입니다. 오늘날 우리가 '전자기력'이라고 부르는 힘입니다. 물질을 뭉치게 하여 고체가 형성되도록 하는 것이 바로 이 힘이죠. 분자 속의 원자들을 뭉치게 하고, 원자 속의 전자들을 뭉치게 하는 것도 이 힘입니다. 이것이 화학작용과 생체작용을 일어나게 합니다. 우리 뇌의 뉴런 속에서 작동하는 것도 이 힘이고, 우리가 지각하는 세계에 대한 정보처리와 우리가 생각하는 방식을 지배하는 것도 이 힘입니다. 그리고 마찰을 일으켜 미끄러지는 물체를 정지시키고, 낙하산 착륙을 부드럽게 만들며, 전기 모터와 연소기관을◆ 돌리고, 불을 켜고 라디오를 들을 수 있게 해주는 것도 이 힘입니다.

두 번째이자 가장 놀라운 것은 제가 하고 있는 이야기에서 결정적으로 중요한 것입니다. 이 힘을 이해하려면 뉴턴의 세계에 중요한 수정을 가해야 합니다. 이 수정으로부터 근대 물리학이 태어났고, 이 책의 나머지를 이해하려면 계속 집중을 해야 하는 가장 중요한 개념입니다. 바로 '장場, field'이라는 개념입니다.

전자기력이 어떻게 작동하는지에 대한 이해는 두 사람의 영국인에 의해 이루어졌습니다. 과학 역사상 가장 이질적인 조합이죠. 바로 마이클 패러데이Michael Faraday, 1791~1867와 제임스 클라크 맥스웰James Clerk Maxwell, 1831~1879입니다.(사진 2-3)

마이클 패러데이는 정규 교육을 받지 않은 가난한 런던 사람이었습니다. 그는 처음에는 제본소에서 일하다가 이후 한 실험실에서 일을 하게 됩니다. 그곳에서 그는 출중한 능력을 보여 스승의 신임을 얻었고, 19세기 물리학계에서 가장 훌륭한 실험과학자이자 위대한 선지자로 성장합니다.

그는 수학을 몰랐음에도, 물리학 역사상 가장 훌륭한 책 가운데 하나를 씁니다. 사실상 방정식도 하나 없이 말이죠. 그는 정신의 눈

◆ 연소기관이 방출하는 에너지는 화학 에너지이므로, 궁극적으로는 전자기 에너지인 것이다.

2-3 과학 역사상 가장 이질적인 조합으로 근대 물리학의 길을 연 마이클 패러데이와 제임스 클라크 맥스웰

으로 물리학을 보고, 정신의 눈으로 세계를 창조했던 것입니다. 제임스 클라크 맥스웰은 부유한 스코틀랜드 귀족 출신으로 19세기의 가장 훌륭한 수학자 중 한 사람입니다. 사회적 출신뿐만 아니라 지적인 스타일도 몹시 달랐지만 두 사람은 서로를 이해하는 데에 성공합니다. 그리고 두 종류의 천재성을 결합하여 함께 근대 물리학의 길을 엽니다.

18세기 초반에 전기와 자기에 대해 알려진 것은 재미 삼아 하는 몇 가지 놀이 정도가 고작이었습니다. 유리 막대기로 종잇조각들을 끌어당긴다거나, 자석들끼리 밀고 당기거나 하는 정도였죠. 전기와 자기의 연구는 18세기를 거치면서 서서히 진행되었습니다. 그리고 19세기에 이르면 우리는 전깃줄감개, 바늘, 칼, 철장으로 가득한 런던의 한 실험실에서 작업을 하고 있는 패러데이를 보게 됩니다. 전기력과 자기력을 지닌 물체들이 어떻게 끌어당기고 밀어내는지를 탐구하는 모습이죠. 충실한 뉴턴주의자인 그는 대전帶電된 물체들과 자성磁性을 띤 물체들 사이에서 작용하는 힘을 이해하려고 애씁니다. 천천히 수작업으로 그러한 물체들을 다루던 중에, 패러데이는 근대 물리학의 기초가 될 한 가지 직관에 이르게 됩니다. 뭔가 새로운 것을 '본' 것이죠.

패러데이의 직관은 이것입니다. '우리는 뉴턴이 가정했던 것처럼 힘들이 떨어져 있는 물체들 사이에 직접 작용한다고 생각해서는 안 된다. 그보다는 공간에 퍼져 있는 어떤 실체가 존재한다고 생각해야만 한다. 그것은 전기와 자기를 띤 물체에 의해 변형되고, 그 다음에 물체들에게 (밀거나 당기면서) 작용한다.' 패러데이는 이 실체가 존재함을 직관하는데, 이것이 바로 오늘날 우리가 '장'이라고 부르는 것입니다.

그렇다면 '장'이란 무엇일까요? 패러데이는 아주 가는 (무한히 가는) 선들의 다발이 공간을 채우고 있다고 상상합니다. 우리 주위의 모든 것을 채우고 있는 보이지 않는 거대한 거미줄인 셈이죠. 그는 이 선들을 '역선力線, lines of force'이라고 불렀습니다. 이 선들이 어떤 식으로 '힘을 나르기' 때문이죠. 마치 밀고 당기는 케이블처럼, 역선들은 전기력과 자기력을 한 물체에서 다른 물체로 전달합니다.(그림 2-4)

예를 들어 천으로 문지른 유리 막대기 같은 전하를 띤 물체가 주변의 전기장과 자기장을 비틀고, 그러고 나면 이 장들이 그 장 속에 들어 있는 대전된 각 대상에 힘을 만들어냅니다. 그리하여 떨어져 있는 두 대전된 물체는 서로 직접 끌어당기거나 밀어내거나 하는 것이 아니라, 그들 사이에 있는 장이라는 매체를 통해서만 그렇게 하는 것입니다.

여러분이 양손에 자석 두 개를 들고서 서로 붙여도 보고 떨어뜨려도 보면, 자석들이 끌어당기고 밀어내는 힘이 느껴질 겁니다. 패러데

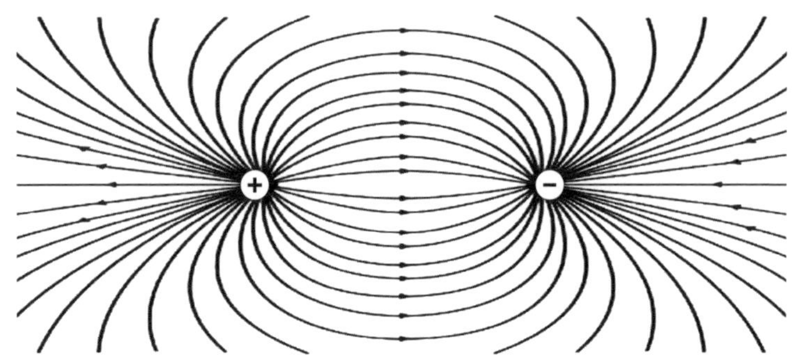

2-4 장의 선들이 공간을 채우고 있다. 그 선들을 통해서 전하를 띤 두 대상들이 상호작용한다. 장의 역선이 두 물체의 힘을 '나른다.'

이와 똑같은 직관을 경험하는 것은 어렵지 않습니다. 이러한 효과들을 통해서 자석들 사이에 들어 있는 장을 '느낄' 수 있는 것이죠.

이는 떨어져 있는 물체들 사이에 작동하는 힘이라는 뉴턴적인 개념과는 근본적으로 다른 아이디어입니다. 그러나 뉴턴도 아주 흥미를 느꼈을 겁니다. 실제로 뉴턴은 자신이 도입한 것이면서도 바로 이 떨어져 있으면서 끌어당긴다는 생각에 관해 당혹스러워했습니다. '지구가 어떻게 그렇게 멀리 떨어져 있는 달을 끌어당길 수 있는 걸까? 태양은 어떻게 지구와 접촉하지도 않고서 끌어당길 수 있는 걸까?' 뉴턴은 친구 벤틀리Bentley에게 보낸 편지에서 이렇게 썼습니다.

> 무생물인 물체가 비물질적인 다른 어떤 것의 중재 없이 다른 물체에 작용을 가하고, 상호 간의 접촉 없이 다른 물체에 영향을 미친다는 것은 상상할 수도 없네.[3]

편지를 더 읽어 내려가면 이런 얘기까지 있습니다.

중력이 물질에 고유하게 내재하는 본질적인 것이어서 물체의 작용과 힘을 전달해줄 다른 어떤 것의 중개 없이도 한 물체가 멀리 떨어져 있는 다른 물체에 진공을 통해서 작용할 수 있다는 것은 내게는 정말 터무니없는 부조리라 생각되네. 철학적인 문제를 다룰 수 있는 충분한 사고력이 있는 사람이라면 아무도 그런 생각을 받아들이지 않을 거라고 나는 믿네. 중력은 어떤 법칙에 따라 항상 작용하는 동인動因에 의해 야기되는 것이어야 하네. 그러나 이 동인이 물질적인지 비물질적인 것인지는 독자의 생각에 맡겨 두었네.[4]

뉴턴은 자신의 걸작 자체를 부조리라고 생각한 겁니다. 다가올 수 세기 동안 과학의 최고 업적으로 칭송받을 바로 그 작품을 말이죠! 그는 자신의 이론에 들어 있는 원거리 작용의 배후에 뭔가 다른 것이 있어야만 한다는 것을 이해하고 있지만, 그게 무엇일지에 대해서는 알지 못합니다. 문제를 "독자의 생각에" 맡겨버립니다!

자신의 발견의 한계를 안다는 것은 천재들의 특징입니다. 역학의 법칙들과 만유인력을 발견하는 중대한 성과를 이룬 뉴턴의 경우에서조차 그렇죠. 뉴턴의 이론은 너무 잘 작동하고 너무 유용했기에, 두 세기 동안 아무도 굳이 의문을 제기하지 않았습니다. 뉴턴이 답을 찾지 못하고 남긴 문제를 풀 '독자'는 바로 패러데이였습니다. 그는 어떻게 물체들이 원거리에서 서로 끌어당기고 밀어낼 수 있는지를 합리적인 방식으로 이해하는 열쇠를 찾아냈습니다. 이후 아인슈타인이 패러데이의 멋들어진 해결책을 뉴턴의 중력이론에 적용하게 되죠.

'장'이라는 새로운 존재자를 도입하면서 패러데이는 뉴턴의 우아하고 단순한 존재론에서 근본적으로 벗어납니다. 세계는 더 이상 시

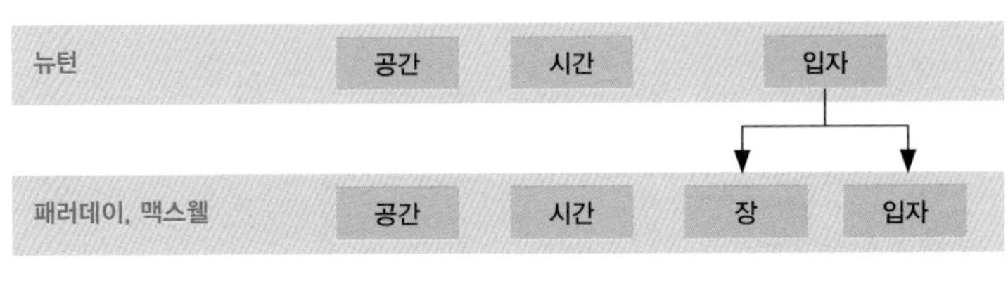

2-5 세계는 무엇으로 이루어져 있는가?

간의 흐름에 따라 공간 속에서 움직이는 입자들만으로 이루어져 있는 것이 아닙니다. 새로운 배우 '장'이 무대 위에 등장합니다. 패러데이는 자신이 내딛는 이 한걸음의 중요성을 알고 있었습니다.

패러데이의 저서에는 이 역선들이 실제로 존재하는 것일 수 있는지를 묻는 멋진 구절들이 있습니다. 이런저런 의심과 숙고 끝에 그는 그것들이 정말로 실재한다는 결론을 내리지만, "과학의 가장 깊은 질문들을 마주할 때 필수적인 망설임"[5]을 지닌 채로죠. 그는 두 세기 동안 뉴턴 물리학의 부단한 성공 이후에, 세계의 구조를 변경하는 수준의 제안을 하고 있음을 의식하고 있었습니다.(그림 2-5)

맥스웰은 패러데이의 아이디어가 금광임을 재빨리 알아차립니다. 그는 패러데이가 말로만 설명했던 통찰을 한 쪽 분량의 방정식들로 옮겨냅니다.◆ 오늘날 맥스웰 방정식으로 알려진 것들입니다. 이 방정식들은 전기장과 자기장의 작용을 기술합니다. 수학 버전으로 된 '패러데이 선'이죠.◆◆ 오늘날 맥스웰 방정식은 모든 전기 현상과 자기 현상을 기술하고 안테나와 라디오, 전기 엔진, 컴퓨터 등을 설계하는

◆ 이 방정식들은 맥스웰의 논문 원본에서는 한 쪽 분량이다. 오늘날에는 동일한 방정식을 한 줄의 절반도 안 되는 수식으로 쓸 수 있다. dF=0, d*F=J. 왜 그러한지는 곧 보게 될 것이다.

데에 일상적으로 사용됩니다. 이뿐만이 아닙니다. 원자들이 어떻게 작용하는지(전기력에 의해 서로 결합되죠), 돌을 구성하는 물질의 입자들은 왜 서로 붙어 있는지, 태양은 어떻게 작용하는지를 설명하기 위해서도 이 동일한 방정식들이 필요합니다. 이 방정식들은 놀랍도록 다양한 범위의 수많은 현상들을 기술합니다. 기껏해야 중력 정도를 제외하고는, 우리가 보는 거의 모든 것들이 맥스웰 방정식으로 잘 기술됩니다.

이것이 다가 아닙니다. 어쩌면 과학의 가장 아름다운 성취라고 할 만한 것이 남아 있죠. 맥스웰의 방정식은 빛이 무엇인지를 우리에게 말해주는 것입니다.

맥스웰은, 자신의 방정식에 따르면 패러데이의 역선들이 마치 바다의 파도처럼 물결칠 수 있음이 예측된다는 사실을 알아차립니다. 그는 패러데이의 역선들의 파동이 움직이는 속도를 계산합니다. 그리고 그 결과는…… 빛의 속도와 정확히 같다는 것이 밝혀집니다! 왜 그런 걸까요? 맥스웰은 빛이란 패러데이 선들의 빠른 진동에 다름 아니라고 이해합니다. 패러데이와 맥스웰은 전기와 자기가 어떻게 작용하는지를 밝혀냈을 뿐만 아니라 부수적으로 빛이 무엇인지도 일거에 알아낸 것이었습니다!

우리를 둘러싼 세계는 색으로 차 있습니다. 그런데 색이란 무엇일까요? 간단히 말해, 빛이라는 전자기파의 주파수(진동의 속도)입니다. 만일 빛 파동이 더 빨리 진동하면 빛은 더 파랗게 됩니다. 조금 더 느리게 진동하면 빛은 더 붉게 됩니다. 우리가 지각하는 색은 서로 다른 주파수의 전자기파를 식별하는 우리 눈의 수용체가 생성해낸 신

◆◆ 장을 공간의 각 지점에서의 벡터로(화살표로) 시각화하면, 화살표의 방향은 패러데이 선의 방향 즉, 패러데이 선의 접선을 가리키고, 화살표의 길이는 패러데이 선의 밀도에 비례한다.

경 신호의 심리물리적 반응입니다.

맥스웰이 패러데이 실험실의 코일과 작은 철장과 바늘들을 기술하기 위해 쓴 자신의 방정식이 빛과 색의 본질도 설명한다는 사실을 알게 되었을 때 어떤 느낌이었을까요?

빛은 이처럼 패러데이 선들의 거미줄의 빠른 진동일 뿐입니다. 바람 불 때의 호수 수면처럼 물결치죠. 그래서 우리가 패러데이 선들을 '못 본다'는 것은 사실이 아닙니다. 우리는 진동하는 패러데이 선들만 봅니다. '본다는 것'은 빛을 지각하는 것이고, 빛은 패러데이 선들의 움직임이니까요. 무언가가 옮겨주지 않고서는 그 어떤 것도 공간 속의 한곳에서 다른 곳으로 뛰어넘어 갈 수 없습니다. 바닷가에서 놀고 있는 어린아이가 우리 눈에 보인다면, 그건 아이들과 우리 사이에 이 진동하는 선들의 호수가 있어서 아이들의 영상을 우리에게 옮겨주기 때문입니다. 세계는 정말 놀랍지 않습니까?

이것만으로도 정말 엄청난 발견이지만, 이것이 전부가 아닙니다. 그 발견에는 인간에게 도움이 되는 구체적인 가치가 있습니다. 맥스웰은 자신의 방정식을 통해 패러데이의 선들이 훨씬 더 낮은 주파수로, 다시 말해 빛보다 느린 주파수로 진동할 수도 있다는 것을 깨닫습니다. 아무도 보지는 못했지만, 전하들의 운동에 의해서 발생하여 다른 전하들의 운동을 유도하는, 다른 파동들이 틀림없이 존재한다는 것이죠. 그래서 여기에서 전하를 흔들면 파동이 발생해 저기에서 전류를 흐르게 할 수가 있는 겁니다.

맥스웰이 이론적으로 예견한 이 파동들은 몇 년이 지나고서야 독일의 물리학자인 하인리히 헤르츠Heinrich Hertz, 1857~1894가 밝혀냅니다. 그러고 또 몇 년 뒤에 굴리엘모 마르코니Guglielmo Marconi, 1874~1937가 최초의 무선 전신을 발명합니다.

라디오, 텔레비전, 전화, 컴퓨터, 통신위성, 와이파이, 인터넷 등 현

2–6 **패러데이와 맥스웰의 세계** 시간에 따라 움직이는 입자들과 장들

대의 모든 통신 기술은 맥스웰의 예측을 응용한 것입니다. 원격 통신 엔지니어들은 맥스웰 방정식을 기초로 계산을 수행합니다. 통신 기술에 기반을 둔 현대 세계는 런던의 가난한 제본업자의 직관으로부터 출현합니다. 생생한 상상력으로 사고의 세계를 능숙하게 탐험하던 한 남자가 마음의 눈으로 어떤 선들을 본 것이었죠. 그리고 현대 세계는 또 이 비전을 방정식으로 옮겨낸 훌륭한 수학자의 작품이기도 합니다. 그는 그 선들의 파동이 지구의 이편에서 저편으로 눈 깜짝할 새에 소식을 전할 수 있다는 것을 이해한 것이었죠.

우리의 모든 전류 기술은 전자기파라는 어떤 물리적인 존재자의 사용에 토대를 두고 있습니다. 그것은 경험적으로 발견된 것이 아닙니다. 맥스웰이 예측해낸 것입니다. 패러데이가 코일과 바늘로부터 얻은 직관을 설명할 수 있는 수학적 기술을 찾으면서 알아낸 것이죠. 이것이 바로 이론 물리학의 탁월한 힘입니다.

세계는 달라졌습니다. 세계는 더 이상 공간 속의 입자들만이 아니라, 공간 속의 입자들과 장들로 이루어져 있습니다.(그림 2-6) 이것은 작은 변화처럼 보이지만, 수십 년 뒤에 한 유태인 청년, 한 세계 시민이 그로부터 놀라운 귀결들을 이끌어낼 것입니다. 이는 마이클 패러데이의 뜨거운 상상력 훨씬 너머까지 나아갈 것이며, 나아가 뉴턴의 세계를 그 바닥까지 뒤흔들어놓을 것입니다.

두 번째 강의

혁명의 시작

20세기 물리학은 뉴턴의 세계를 근본적으로 수정했습니다. 그 새로운 발걸음들이 오늘날 수많은 기술들의 기초가 되었습니다. 세계에 대한 우리의 이해는 두 가지 이론을 기초로 한층 깊어집니다. 바로 일반상대성이론과 양자역학입니다. 두 이론 모두 세계에 대한 우리의 관습적인 사고를 과감하게 재편하도록 요구합니다. 상대성이론에서는 공간과 시간에 대하여, 양자이론에서는 물질과 에너지에 대하여 다르게 생각하도록 요구하는 것입니다.

2부에서는 두 이론을 자세히 설명하면서 그 핵심적 의미를 밝히고 그 이론들이 가져온 개념적 혁명을 조명하고자 합니다. 바로 여기에서 20세기 물리학의 마법이 시작됩니다. 이 두 이론을 공부하고 깊이 이해하려는 시도는 황홀한 모험과도 같죠.

상대성이론과 양자이론은 오늘날 우리가 만들고 있는 양자중력이론의 기초를 제공합니다. 우리는 이 이론들을 바탕으로 더 앞으로 나아가려고 노력하는 것입니다.

03

알베르트

알베르트 아인슈타인의 아버지는 이탈리아에서 발전소를 건설했습니다. 알베르트가 어린 소년이었을 당시는 맥스웰 방정식이 만들어진 지 몇십 년밖에 되지 않았을 때였습니다. 그러나 이탈리아는 산업혁명에 돌입하고 있었고, 아인슈타인의 아버지가 만든 터빈이나 변압기는 이미 맥스웰 이론을 기초로 제작된 제품들이었죠. 새로운 물리학의 힘은 명백했습니다.

알베르트는 반항적인 소년이었습니다. 부모는 알베르트가 독일에서 고등학교를 다니도록 했지만, 알베르트는 독일의 학교 제도가 너무 경직되고 군국주의적이라고 생각했습니다. 그는 학교의 권위주의를 참을 수 없어 학업을 포기합니다. 그는 이탈리아 파비아Pavia에 있는 부모님에게로 가서 빈둥거리며 시간을 보냈습니다. 이후 스위스로 가서 공부를 계속했는데, 처음에는 가고 싶었던 취리히 폴리테크닉Zurich Polytechnic 입학에 실패했습니다. 대학 졸업 후 연구직을 얻지 못한 그는, 사랑하는 여인과 함께 살기 위해서 베른의 특허사무소에 취직합니다.

특허사무소는 물리학 전공자에게 맞는 직장은 아니었지만, 알베르트에게 혼자 생각하고 일할 수 있는 시간을 주었습니다. 그리고 그는 생각했고, 일했습니다. 어쨌든 그건 어렸을 때부터 그가 해왔던 일이니까요. 그는 학교에서 배우던 것을 공부하는 대신에 유클리드의 《기하학 원론*Elements*》과 칸트의 《순수이성비판*Kritik der reinen Vernunft*》을 읽곤 했습니다.

스물다섯 살 되는 해에 아인슈타인은 〈물리학연보Annalen der Physik〉에 논문 세 편을 보냅니다. 한 편씩만으로도 노벨상을 받고도 남을 만한 가치가 있는 논문들이었죠. 세 논문 각각 세계에 대한 우리의 이해를 떠받치는 기둥이 됩니다. 첫째 논문에 대해선 제가 앞에서 이미 말했습니다. 젊은 알베르트 아인슈타인이 원자의 크기를 계산하고, 물질이 알갱이로 이루어져 있다는 데모크리토스의 생각이 옳았다는 것을 23세기가 지난 뒤에야 증명한 것이었죠.

두 번째 논문이 아인슈타인을 가장 유명하게 만든 논문입니다. 바로 상대성이론을 소개하는 논문이죠. 이번 장에서는 이 상대성이론을 집중적으로 다루겠습니다.

사실 상대성이론에는 두 종류가 있습니다. 스물다섯의 아인슈타인이 보냈던 봉투에는 그중 첫 번째 이론에 대한 설명이 들어 있었습니다. 오늘날 '특수상대성이론'이라고 알려진 것이죠. 이 이론은 시간과 공간의 구조에 대한 중요한 해명을 담고 있습니다. 여기서는 아인슈타인의 가장 중요한 이론인 일반상대성이론으로 넘어가기 전에 먼저 특수상대성이론을 설명하도록 하겠습니다.

특수상대성이론은 섬세하고 개념적으로 어려운 이론입니다. 일반상대성이론보다 더 소화하기 어렵습니다. 독자 여러분은 다음 몇 쪽이 좀 난해하게 느껴지더라도 기죽지 마세요. 이 이론은 뉴턴의 세계관에 뭔가가 그저 빠져 있는 정도가 아니라, 세계관 자체를 근본적으로 변경해야 한다는 것을 최초로 보여주고 있으니까요. 그것도 상식에 완전히 배치되는 방식으로 말이죠. 이것이야말로 세계에 대한 우리의 직관적인 이해를 수정하는 진정한 첫 도약입니다.

연장된 현재

뉴턴과 맥스웰의 이론은 사실 서로 미묘하게 모순되는 것처럼 보입니다. 맥스웰 방정식은 빛의 속도를 결정합니다. 그러나 뉴턴 역학은 고정된 속도가 존재한다는 것과 양립할 수 없습니다. 뉴턴의 방정식에 들어 있는 것은 가속도이지 속도가 아니기 때문입니다. 뉴턴 물리학에서 속도란 오직 어떤 것이 다른 어떤 것에 대해서 갖는 속도일 뿐입니다. 갈릴레오가 강조했던 사실은 지구는 태양에 대해서 움직이는데, 이는 설령 우리가 그 움직임을 지각하지 못하더라도 그러하다는 겁니다. 우리가 보통 '속도'라고 칭하는 그것은 '지구에 대한' 속도이기 때문이죠. 우리가 말하는 속도는 상대적인 개념입니다. 그러니까 물체 자체의 속도라는 말은 의미가 없는 거죠. 속도라고 하는 것은 한 물체가 다른 물체에 대해 갖는 속도일 뿐입니다. 이것이 19세기에 물리학도들이 배웠던 것이고 오늘날에도 배우고 있는 것입니다. 그러나 만일 그렇다면, 맥스웰 방정식이 결정한 빛의 속도는 무엇에 대한 속도인 걸까요?

한 가지 가능성은 일종의 보편적인 매질이 존재하고, 그것에 상대적으로 빛이 움직이고 속도를 갖는 겁니다. 그러나 맥스웰 이론의 예측은 이런 매질과는 무관한 것으로 보입니다. 19세기 말에 시도한, 이 가설적인 매질에 대한 지구의 속도를 측정하려는 실험은 모두 실패했습니다.

그런데 아인슈타인이 이런 오해를 해결하는 올바른 길에 들어섰던 것은 무슨 실험을 해서가 아니라 그저 맥스웰 방정식과 뉴턴 역학 사이의 명백한 모순에 관해 성찰했기 때문이었습니다. 그는 뉴턴과 갈릴레오의 핵심적인 발견과 맥스웰의 이론을 서로 일관되게 만들 수 있는 길이 있는지를 자문했습니다.

그러다가 아인슈타인은 정말 놀라운 발견에 이르게 됩니다. 그것을 이해하기 위해 (책을 읽고 있는 시점을 기준으로 해서) 과거, 현재, 미래의 모든 사건들이 그림 3-1에서처럼 배치되어 있다고 상상해봅시다. 그런데, 아인슈타인이 발견한 것은 이 그림이 잘못되었다는 겁니다. 실제로는 그림 3-2에 그려진 것과 같다는 겁니다.

어떤 사건의 과거와 미래 사이에는 (예를 들어, 당신이 있는 곳을 기준으로 당신의 과거와 미래 사이, 그리고 당신이 이 책을 읽고 있는 바로 이 순간) 어떤 '중간 지대', 어떤 '연장된 현재'가 존재합니다. 과거도 미래도 아닌 지대죠. 이것이 특수상대성이론으로 발견한 것입니다.

당신의 과거 속에도 미래 속에도 있지 않은 이 중간 지대◆의 지속 시간은 아주 짧고, 그림 3-2에 도해했듯이, 당신을 기준으로 어디에서 사건이 발생하는지에 따라 달라집니다. 사건이 당신으로부터 멀리 떨어져 있을수록 연장된 현재의 지속 시간이 더 길어집니다. 독자의 코에서 몇 미터 떨어진 곳에서는 과거도 미래도 아닌 중간 지대의 지속 시간은 기껏해야 몇 나노초 정도로, 거의 없는 것과 다름이 없습니다.(나노초 단위로 1초를 세는 횟수는 1초 단위로 30년을 세는 횟수와 같습니다.) 이것은 우리가 도저히 알아차릴 수 없는 시간입니다. 바다 건너편에서는, 이 중간 지대의 지속 시간이 천 분의 1초입니다만,

◆ 기준 사건으로부터 공간꼴 간격(space-like distance)으로 떨어져 있는 사건들의 집합.

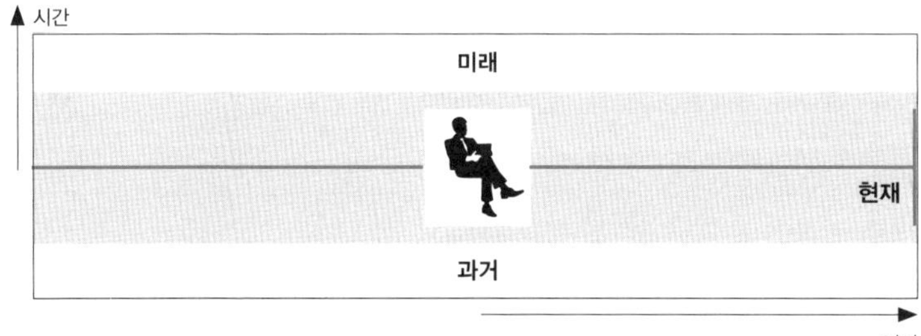

3-1 아인슈타인 이전의 시간과 공간

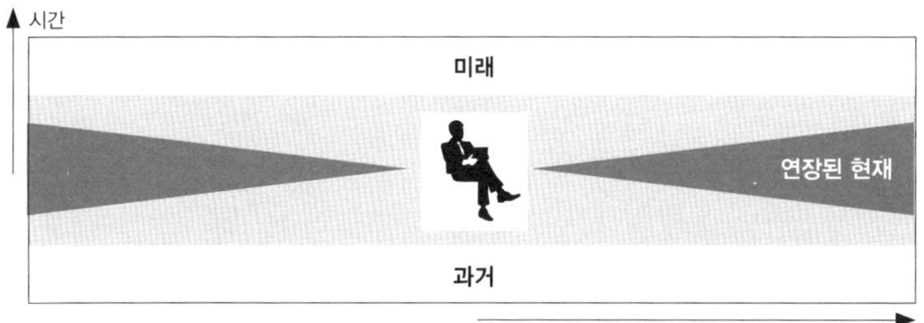

3-2 '시공'의 구조. 모든 관찰자에게 '연장된 현재'는 과거와 미래 사이의 중간 지대이다.

여전히 우리가 지각할 수 있는 시간은 아닙니다. 우리가 감각으로 지각하는 최소 시간은 10분의 1초대이거든요. 그러나 달에서는 연장된 현재의 지속 시간은 몇 초 정도이고, 화성에서는 15분 정도입니다. 이는 지금 이 순간에 화성에서는 이미 일어난 사건들이 있고 일어날 사건들도 있지만, 또한 우리의 과거에도 우리의 미래에도 있지 않은 일들이 발생하는 15분도 존재한다고 말할 수 있다는 의미입니다.

그것들은 다른 곳에 있습니다. 우리는 전에는 한 번도 이러한 다른 곳을 몰랐습니다. 우리 옆에서는 이 '다른 곳'이 너무 짧기 때문입니다. 우리는 그것을 알아차릴 만큼 재빠르지 못하니까요. 그러나 그것은 존재하고 실재하는 것입니다.

이 때문에 지구와 화성 사이에서는 원활하게 대화를 하는 것이 불가능합니다. 내가 화성에 있고 당신은 여기에 있다고 해보죠. 나는 질문을 하고 당신은 내가 말한 것을 듣자마자 대답을 합니다. 하지만 내가 질문을 던지고 난 뒤 15분이 지나서야 나는 당신의 대답을 듣게 됩니다. 이 15분은 당신이 내게 대답했던 그 순간에는 미래도 과거도 아닌 시간입니다. 아인슈타인이 자연에 관해서 이해한 핵심적인 사실은 이 15분을 피할 수 없다는 것입니다. 그것을 줄일 수 있는 방법이 없는 것이죠. 그것은 시간과 공간으로 이루어진 사건들의 짜임 속에 엮여들어 있는 것입니다. 우리가 과거로 편지를 보낼 수 없는 것처럼 그것을 단축할 수 없습니다.

이상하기는 하지만, 세상은 이렇게 되어 있습니다. 시드니에서는 사람들이 우리와 반대로 서 있다는 사실만큼이나 이상하죠. 하지만 사실이죠. 사람들은 사실에 익숙해집니다. 그러고 나면 정상적이고 합리적인 것이 됩니다. 바로 공간과 시간의 구조가 이처럼 만들어져 있습니다.

이는 화성에서 일어난 사건을 두고서 '바로 지금' 일어나고 있다고 하는 것이 말이 안 된다는 것을 의미합니다. '바로 지금'은 존재하지 않기 때문입니다.(그림 3-3)◆ 전문용어로 말해 아인슈타인은 '절대적 동시성'이 존재하지 않음을 이해했던 것입니다. 우주에는 '지금'

◆ 예리한 독자는 이 15분의 중간을 대답과 동시적인 것으로 볼 수 있다며 반대할 것이다. 물리학을 공부한 독자는 이것이 동시성을 정의하는 '아인슈타인의 관례'라는 것을 알아차릴 것이다. 동시성의 이러한 정의는 내가 어떻게 움직이는가에 의존하고, 따라서 두 사건 사이의 동시성이 아니라 오직 특정 물체의 운동 상태에 상대적인 동시성만을 정의한다. 그림 3-3을 보면 내가 관찰자의 과거로부터 벗어나 그의 미래 속으로 들어가는 지점들인 a와 b의 중간에 검은 점이 하나 있다. 그리고 내가 다른 경로를 따라 움직이는 경우에 관찰자의 과거로부터 벗어나 그의 미래 속으로 들어가는 지점들인 c와 d 중간에도 다른 검은 점이 하나 있다. 두 검은 점 모두 '동시성'의 이러한 관례적 정의에 따르면, 관찰자와 관련해서 동시적이지만, 그러나 그것들은 잇따라서 발생한다. 두 점들은 각각 관찰자에게 동시적이지만, 나의 서로 다른 두 운동에 상대적이다. 그래서 '상대적'이라는 용어를 쓰는 것이다.

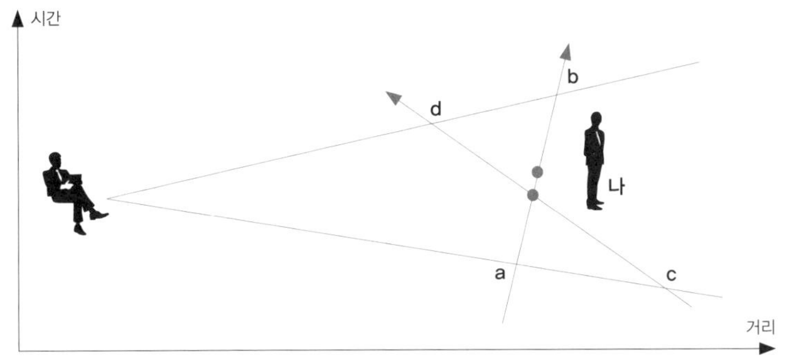

3-3 동시성의 상대성

존재하는 사건들의 집합이라는 것은 없다는 것이죠. 우주의 모든 사건들의 집합은 하나의 현재가 다른 현재를 뒤따르는 '지금'들의 연속으로 기술될 수 없습니다. 그림 3-2에서 도해했듯 더 복합적인 구조로 되어 있습니다. 그 그림은 물리학에서 '시공'이라고 부르는 것을 표현하고 있습니다. 모든 과거와 미래 사건들을 포함하지만 '과거도 미래도 아닌' 사건들까지도 포함한 집합입니다. 이 사건들은 단일한 순간을 형성하지 않습니다. 그 자체로 지속 기간을 지니고 있지요.

안드로메다은하에서는 이 '연장된 현재'의 지속이 (우리와 관련해서) 2백만 년입니다. 이 2백만 년 동안 일어나는 모든 일들은 우리와 관련해서 과거도 미래도 아니죠. 만일 어떤 우호적인 안드로메다 고등 문명이 우리에게 우주 함대를 보내기로 결정한다면, '지금' 함대가 이미 떠났는지 아직 안 떠났는지 묻는 것은 아무 의미가 없습니다. 유일하게 의미 있는 질문은 우리가 언제 함대로부터 첫 신호를 받는가 하는 것입니다.

1905년에 젊은 아인슈타인이 발견한 시공의 구조는 어떠한 구체적인 귀결을 가질까요? 사실상 우리의 일상생활에 직접 영향을 미치는 것은 없습니다. 그러나 간접적으로는 영향이 있고, 엄청난 귀결을 갖습니다. 그림 3-2에서처럼 시간과 공간이 밀접하게 연결되어 있다는 사실 때문에 뉴턴의 역학을 재구성해야 하는데, 아인슈타인은 이를 1905년과 1906년에 걸쳐 금세 완성합니다. 이 재구성의 첫째 결과는, 시간과 공간이 시공이라는 단일한 개념으로 합쳐지듯이, 전기장과 자기장도 같은 방식으로 합쳐져 우리가 오늘날 '전자기장'이라고 부르는 단일한 존재자로 융합된다는 것입니다. 맥스웰이 두 가지 장에 대해 만든 복잡한 방정식들을 이 새로운 언어로 표현하면 간단하게 됩니다.

이 이론은 또 다른 중대한 귀결을 담고 있습니다. 이 새로운 역학에서는 에너지와 질량의 개념들 역시도 마찬가지 방식으로 결합되어 하나로 합쳐집니다. 1905년 이전에는 두 가지 일반적인 원리가 확실해 보였습니다. 질량보존의 법칙과 에너지보존의 법칙이 그것이죠. 질량보존의 법칙은 화학자들에 의해 광범위하게 입증되었습니다. 화학반응에서 질량은 결코 변하지 않는다는 것이죠. 두 번째 법칙인 에너지보존의 법칙은 뉴턴의 방정식에서 직접 따라 나왔고, 가장 일반적이고 논란의 여지가 없는 법칙으로 여겨졌습니다. 그러나 아인슈타인은 에너지와 질량이 동일한 존재자의 두 면이라는 것을 알아차립니다. 자기장과 전기장이 동일한 전자기장의 두 면이고, 시간과 공간이 하나의 시공의 두 면인 것처럼 말이죠. 이는 질량이 그 자체로 보존되지 않는다는 것을 의미합니다. 그리고 에너지도 독립적으로 보존되지 않고요. 에너지와 질량은 서로 전환될 수 있습니다. 그러니 오직 하나의 단일한 보존법칙만이 존재하는 것이죠. 둘이 아니고요. 보존되는 것은 질량과 에너지의 총합이지, 각각 따로따로가 아닙니다. 달리 말해 에너지를 질량으로 질량을 에너지로 전환하는 과정도 존재할 수밖에 없는 것입니다.

아인슈타인은 간단한 계산을 통해 1그램의 질량을 전환해서 얻어지는 에너지의 양을 알 수 있었습니다. 그 결과가 바로 유명한 공식 $E=mc^2$입니다. 빛의 속도인 c가 매우 큰 수이고, c^2은 훨씬 더 큰 수이기에, 1그램의 질량을 전환해서 얻는 에너지는 어마어마하다는 것을 알 수 있습니다. 그 에너지는 폭탄 수백만 개가 동시에 폭발하는 정도의 규모입니다. 몇 달 동안 도시를 밝히고 한 나라의 공장에 전력을 댈 수 있는 양이죠. 다르게 말하면 히로시마 같은 도시에서 20만 명의 목숨을 앗아갈 수 있는 정도의 에너지입니다.

젊은 아인슈타인의 이론적 고찰은 인류를 새로운 시대로 나아가게 만들었습니다. 원자력의 시대, 새로운 가능성의 시대, 그리고 새로운 위험의 시대죠. 기존의 틀을 따르려고 하지 않던 한 반항적인 젊은 청년의 지성 덕분에 오늘날 우리는 100억 인구의 가정에 빛을 제공할 수도 있고, 다른 별로 우주여행을 할 수도 있으며, 또 서로를 파괴하고 지구를 폐허로 만들 수도 있는 도구를 가지게 되었습니다. 모든 것은 우리의 선택에 달려 있고 또 우리가 선택한 지도자들에게 달려 있습니다.

아인슈타인이 제시한 시공의 구조는 오늘날 잘 받아들여지고 실험실에서 반복해서 시험되고 있습니다. 결정적으로 확립된 것으로 여겨지고 있죠. 시간과 공간은 뉴턴 이래로 생각되었던 방식과는 전혀 다릅니다. 그 차이는 '공간'이 따로 존재하지 않는다는 것입니다. 그림 3-2의 '연장된 공간'에서는 '지금 이 공간'이라고 딱히 부를 만한 특정한 부분이 없습니다. '현재'라는 것에 대한 직관적인 생각, 우주에서 '지금' 일어나고 있는 모든 사건들의 모음이라는 생각은 우리의 맹목의 결과, 즉 우리가 작은 시간적 간격들을 인식할 수 없기 때문에 갖게 된 단정일 뿐입니다.

현재라는 것은 지구의 평평함과 비슷합니다. 착각이죠. 우리는 감각의 한계 때문에, 바로 앞에 있는 것밖에는 보지 못하기 때문에 지구가 평평하다고 상상합니다. 만일 우리가 지름 몇 킬로미터 정도밖에 안 되는 소행성에 살았다면, 우리가 살고 있는 곳이 둥글다는 것을 쉽게 알아차렸을 겁니다. 만일 우리의 뇌와 감각들이 더 정확했더라면, 그리고 나노초 단위의 시간을 쉽게 지각했다면, 모든 곳에 걸쳐 있는 '현재' 같은 생각을 하지 않았을 겁니다. 그랬더라면 과거와 미래 사이에 중간 지대가 존재한다는 것을 쉽게 알아차렸겠죠. '지금 여기'라는 말은 뜻이 통하지만, 온 우주에서 '지금 일어나고 있는' 사건들을 가리키기 위해서 '지금'이라고 말하는 것은 전혀 뜻이 통하지 않는다는 것을 깨달았을 겁니다. 이는 마치 우리 은하계가 안드로메다은하계의 '위에 있는지 아래에 있는지' 묻는 것과 같습니다. 이 물음은 뜻이 통하지 않는데, '위'나 '아래'라는 말은 지구상에서나 의미가 있지 우주에서는 의미가 없기 때문입니다. 우주에는 '위'나 '아래'가 없으니까요. 마찬가지로 우주에 있는 두 사건 사이에도 '전'과 '후'가 언제나 있는 것은 아닙니다.

이 모든 사실을 밝혀낸 아인슈타인의 논문이 〈물리학연보〉에 실렸을 때, 물리학계는 큰 충격을 받았습니다. 맥스웰 방정식과 뉴턴 물리학 사이의 명백한 모순은 잘 알려져 있었지만, 그것을 해결할 방법은 아무도 알지 못했습니다. 아인슈타인의 해법은 기발하면서도 극도로 우아하여 모든 사람을 깜짝 놀라게 했습니다. 크라쿠프Krakow 대학의 침침한 학과 건물에서는 한 물리학 교수가 연구실에서 뛰쳐나와 아인슈타인의 논문을 흔들면서 "새로운 아르키메데스가 태어났다!"고 외쳤다는 이야기도 있습니다.

그러나 1905년에 아인슈타인이 내딛은 발걸음이 경탄을 불러일으키기는 했지만 그의 진정한 걸작은 아직 나오지 않았습니다. 아인슈타인의 진정한 위업은 10년 뒤 그가 35세 때 발표한 두 번째 상대성이론인 일반상대성이론입니다.

'일반상대성'이론은 물리학이 만들어낸 가장 아름다운 이론이며, 양자중력의 첫째 기둥입니다. 이 책에서 하고 있는 이야기의 핵심이죠. 바로 여기에서 20세기 물리학의 진짜 마법이 시작됩니다.

세상에서 가장 아름다운 이론

특수상대성이론을 발표하고 나서 유명한 물리학자가 된 아인슈타인은 수많은 대학에서 연구직을 제의받습니다. 하지만 그는 무언가로 골머리를 앓고 있었습니다. 그것은 특수상대성이론이 중력에 관해 알려져 있는 것과 들어맞지 않는다는 사실이었습니다. 그는 자신의 이론에 대한 논평문을 쓰다가 이 사실을 깨닫고는 자신의 상대성이론과 양립할 수 있도록 물리학의 아버지 뉴턴의 '만유인력'의 이론마저도 재고해야 하는 게 아닐까 생각합니다.

이 문제의 기원은 이해하기 쉽습니다. 뉴턴은 왜 물체가 낙하하고 행성이 공전하는지 설명하려고 했습니다. 그는 모든 물체들이 서로를 향해 끌어당기는 어떤 '힘'을 상상했습니다. 바로 '중력'이죠. 하지만 어떻게 중간에 아무것도 없이도 이 힘이 서로 멀리 떨어져 있는 물체들을 끌어당기는지는 이해하지 못했습니다. 앞에서 살펴보았듯, 뉴턴 자신도 접촉하지 않고 떨어져 있는 두 물체 사이에 작용하는 힘이라는 생각에는 무언가 빠진 것이 있을지도 모른다는 의구심을 품었죠. 그리고 지구가 달을 끌어당기기 위해서는 이 힘을 전달할 수 있는 무언가가 둘 사이에 있어야 하는 게 아닌가 하고 생각했습니다. 200년이 지난 뒤 패러데이가 해결책을 찾았죠. 중력에 대한 것이 아니라 전기력과 자기력에 대한 것이었지만요. 해결책은 장이었습니다. 전기장과 자기장이 전기력과 자기력을 '나르고' 있었던 것이죠.

이쯤 되면 분별력 있는 사람은 중력에도 나름의 패러데이 선들이 있어야 한다는 것을 분명히 알 겁니다. 유추해보면 태양과 지구 혹은 지구와 낙하하는 물체 사이의 인력이 어떤 '장'에서, 이 경우에는 '중력장'에서 비롯된다는 것도 분명합니다. 무엇이 힘을 '나르는지'에 관한 물음에 대해 패러데이와 맥스웰이 발견한 해답은 전기뿐만 아니라 중력에도 마땅히 적용됩니다. 중력장이 있어야만 하고, 맥스웰 방정식과 유사하게 '패러데이 중력선'의 움직임을 기술할 수 있는 어떤 방정식들이 존재해야만 합니다. 20세기의 처음 몇 년 동안 이 사실은 충분히 합리적인 사람이라면 누구에게나 분명했습니다. 그러니까 사실은 알베르트 아인슈타인에게만 분명했던 거죠.

10대 때부터 아버지의 발전소에서 전자기장이 발전기 회전자를 돌리는 모습을 보며 매료되었던 아인슈타인은 중력장을 연구하기 시작하면서 그것을 수학으로 기술할 수 있는 방법을 찾습니다. 그는 그 문제에 몰두합니다. 그리고 10년이라는 세월이 흘러서야 드디어 해답을 찾아냅니다. 광적인 연구와 시도, 실패와 혼란, 번득이는 발상과 잘못된 발상, 부정확한 방정식이 담긴 일련의 논문들, 또 다른 실수와 스트레스 등으로 점철된 10년이었습니다. 마침내 1915년, 그는 완벽한 해답을 담은 논문을 발표합니다. 그는 이를 '일반상대성이론'이라고 이름 지었습니다. 그의 걸작이죠. 소련의 가장 저명한 이론 물리학자였던 레프 란다우Lev Landau, 1908~1968는 이를 "가장 아름다운 이론"이라고 불렀죠.

이 이론이 아름다운 이유는 알기 어렵지 않습니다. 아인슈타인은 단지 중력장의 수학적 형태를 창안하여 그에 맞는 방정식을 고안하려고 하기보다는, 뉴턴 이론의 가장 심층에 있는 다른 풀리지 않은 문제를 탐지해내어 그 두 문제들을 결합합니다.

뉴턴은 물체들이 공간 속에서 움직인다는 데모크리토스의 생각으로 돌아갔었습니다. 이 공간은 우주를 담을 수 있는 커다랗고 텅 빈 그릇, 단단한 상자 같은 것이어야 했습니다. 일종의 거대한 선반과 같아서 그 속에서 물체들은 어떤 다른 힘이 작용하여 휘기 전까지는 직선으로 움직입니다. 그러나 세계를 담고 있는 이 '공간'이란 무엇으로 이루어져 있는 걸까요? 공간은 무엇일까요?

우리에게는 공간이라는 생각이 자연스럽지만, 그것은 뉴턴의 물리학이 우리에게 익숙해서 그렇게 느껴지는 것입니다. 잘 생각해보면, 빈 공간이라는 것이 우리가 경험한 것은 아님을 알 수 있습니다. 그러니까 아리스토텔레스부터 데카르트에 이르기까지 2천 년 동안, 공간이 사물들과 구별되는 별개의 존재자라는 데모크리토스적인 생각은 전혀 합리적인 것으로 여겨지지 않았습니다. 데카르트와 아리스토텔레스에게서 사물이란 그 자체로 연장을 지니고 있는 것이었습니다. 연장은 사물들의 속성인 것이죠. 연장은 연장되어 있는 무언가가 없이는 존재하지 않습니다. 유리컵에서 물을 비워버리면, 공기가 그 자리를 채울 겁니다. 진짜로 텅 비어 있는 유리컵을 본 적이 있습니까?

아리스토텔레스는 두 사물 사이에 아무것도 없다면 그냥 아무것도 없는 것이라고 생각했습니다. 어떻게 무언가(공간)가 있으면서 동시에 아무것도 없을 수 있을까요? 입자들이 그 속에서 움직이는 이 빈 공간이라는 것은 무엇일까요? 그것은 뭔가 어떤 것인가요, 아니면 아무것도 아닌가요? 만일 공간이라는 것이 아무것도 아니라면, 존재하지 않는 것이고, 그것이 없이도 아무 문제가 없을 겁니다. 만일 그것이 뭔가 어떤 것이라면, 아무것도 하지 않고 오직 존재한다는 것밖에는 아무런 속성이 없다는 것이 과연 사실일 수 있을까요?

고대부터 '어떤 것'과 '아무것도 아닌 것'의 중간에 있는 빈 공간이라는 생각은 철학자들을 힘들게 만들었습니다. 빈 공간을 자신의 원자론적 세계의 기초로 삼았던 데모크리토스 본인도 이 문제에 대해서 생각이 아주 명확하지는 않았습니다. 그는 빈 공간이 '존재와 비존재 사이의' 어떤 것이라고 썼습니다. "데모크리토스는 꽉 찬 것과 텅 빈 것을 상정하고, 전자를 '존재'라고 부르고 후자를 '비존재'라고 불렀다."라고 심플리키우스Simplicius, ?~483는 말합니다.[1] 원자들이 존재이고, 공간이 비존재인 것이죠. 그런데도 이 '비존재'는 존재한다는 겁니다. 정말로 모호한 얘기죠.

데모크리토스의 공간 개념을 부활시킨 뉴턴은 공간이 신의 감관感官이라고 주장하면서 수습하려고 했습니다. 하지만 뉴턴이 '신의 감관'이라는 말로 무엇을 의미했는지 아무도 이해하지 못했습니다. 어쩌면 뉴턴 자신도 이해하지 못했을지도 모르겠습니다. 분명 아인슈타인은 (감관이 있건 없건) 신에 대한 얘기는 그저 재미있는 수사적 장치로 여길 뿐 거의 신뢰하지 않았고, 공간의 본성에 대한 뉴턴의 설명이 전혀 설득력이 없다고 생각했습니다.

뉴턴은 데모크리토스의 공간 개념을 되살리는 시도에 대한 과학자들과 철학자들의 저항을 이겨내려고 꽤나 고투했습니다. 처음에는 아무도 뉴턴의 주장을 진지하게 받아들이지 않았습니다. 언제나 올바른 결과를 예측하는 그의 방정식들의 비범한 효력만이 비판을 잠재웠을 뿐이었습니다. 그러나 뉴턴의 공간 개념의 개연성에 관한 의심은 계속되었고, 철학자들의 글을 읽었던 아인슈타인은 그것들을 잘 알고 있었습니다. 아인슈타인 자신이 영향을 받았다고 인정한 철학자인 에른스트 마흐Ernst Mach, 1838~1916는 뉴턴의 공간 개념에 개념적인 난점들이 있음을 강조했습니다. 그리고 이 마흐는 원자들의 존재를 믿지 않았습니다.(어떻게 한 사람이 어떤 면에서는 아주 근시안적이면서 또 다른 면에서는 선견지명이 있을 수 있는지를 보여주는 좋은 예지요.)

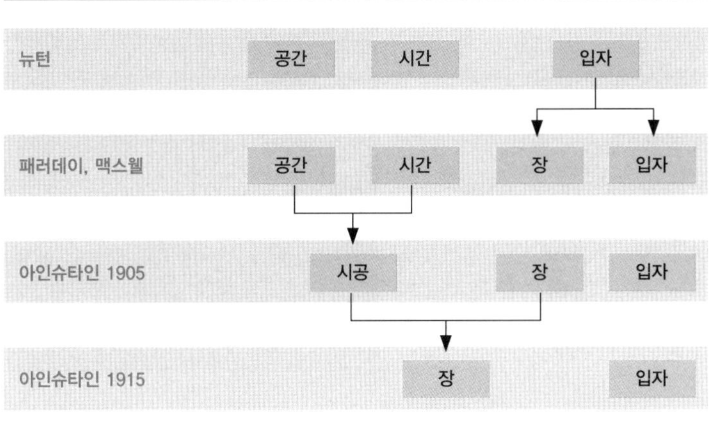

3-4 세계는 무엇으로 이루어져 있는가?

이리하여 아인슈타인은 한 가지가 아니라 두 가지 문제를 제시합니다. 첫째, 중력장을 어떻게 기술할 수 있을까? 둘째, 뉴턴의 공간이란 무엇인가?

그리고 바로 여기에서 아인슈타인의 천재성이 빛을 발합니다. 인류 사고의 역사상 가장 위대한 도약이죠. 만일 중력장이 사실은 뉴턴의 신비한 공간인 것으로 드러난다면 어떻게 될까? 뉴턴의 공간이 중력장일 따름이라면 어떻게 될까? 이 극도로 단순하고 아름답고 멋진 아이디어가 일반상대성이론입니다.

이 세계는 공간+입자+전자기장+중력장으로 이루어진 것이 아닙니다. 세계는 입자+장으로만 이루어져 있고 그밖에는 아무것도 없습니다. 공간을 추가 성분으로 더할 필요가 없습니다. 뉴턴의 공간이 바로 중력장입니다. 혹은, 같은 얘기가 되겠지만, 중력장이 공간입니다.(그림 3-4)

그러나 평평하고 고정된 뉴턴의 공간과는 달리, 중력장은 어디까

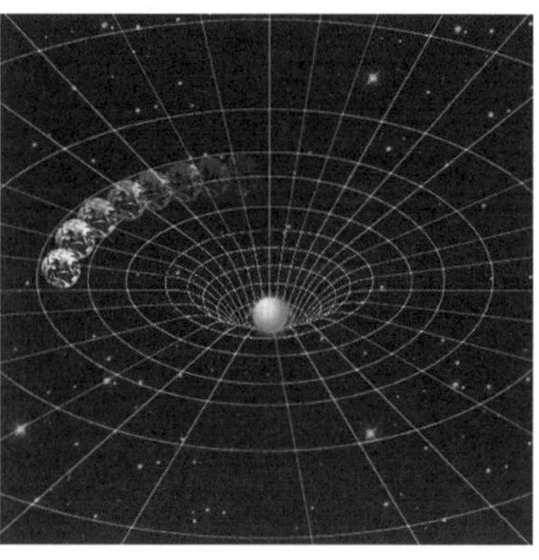

3–5 지구가 태양을 도는 이유는 태양 주위의 시공이 굽어 있기 때문이다. 마치 깔때기의 굽은 벽을 따라서 구슬이 굴러가는 것과 같다.

지나 장이기 때문에 맥스웰의 장이나 패러데이의 선들처럼 방정식에 따라 움직이고 물결치는 어떤 것입니다.

세계의 이러한 단순화는 아주 의미심장합니다. 공간은 더 이상 물질과 다르지 않습니다. 그것은 전자기장과 유사한 세계의 '물질적' 구성 성분 가운데 하나입니다. 공간은 물결치고 유동하고 휘고 비틀리는 실재하는 존재자인 것입니다.

우리는 단단한 선반 속에 들어 있는 것이 아닙니다. 우리는 유연한 거대 연체동물(아인슈타인이 직접 든 비유입니다.) 속에 들어 있는 겁니다. 태양이 주위의 공간을 구부립니다. 지구는 신비로운 원거리 힘에 이끌려 태양 주위를 선회하는 것이 아니라, 경사진 공간 속에서 곧바로 나아갑니다. 마치 깔때기 속을 굴러가는 구슬과도 같지요. 깔때기 속에서 구슬이 회전하는 것은 깔때기의 중심에서 무슨 신비로운 힘이 발휘되기 때문이 아니라, 깔때기 벽이 구부러져 있기 때문입니다. 이와 마찬가지로 행성들이 태양 주위를 돌고, 물체들이 낙하하

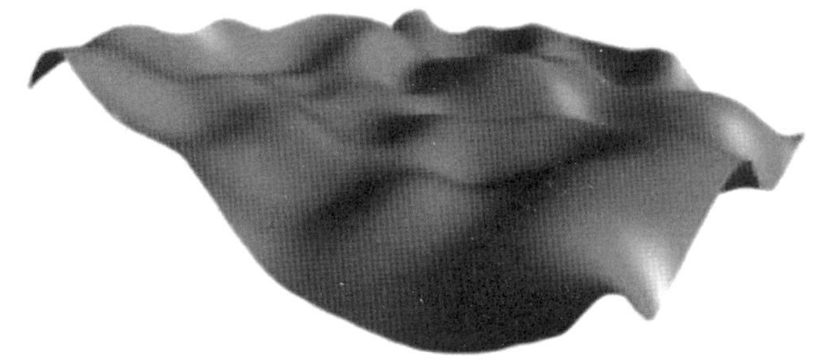

3-6 굽은 (2차원) 표면. 구부러진 것은 공간뿐 아니라 시공이다.

는 것도, 그 주위 공간이 구부러져 있기 때문인 것입니다.(그림 3-5)

좀 더 정확히 말하면, 구부러진 것은 공간이 아니라 시공입니다. 10년 전 아인슈타인 자신이 순간들의 연속이 아니라 구조화된 하나의 전체임을 보여주었던 바로 그 시공입니다.

발상은 이와 같았습니다. 이제 아인슈타인에게 단 하나 남겨진 문제는 그 발상을 구체화하는 방정식을 찾아내는 것이었습니다. 시공간의 이러한 구부러짐을 어떻게 기술할 수 있을까? 여기서 아인슈타인에게 운이 따라줍니다. 그 문제는 이미 수학자들이 해결해두었던 것이죠.

19세기의 위대한 수학자, 이른바 '수학의 왕자' 카를 프리드리히 가우스Carl Friedrich Gauss, 1777~1855는 언덕의 표면이나 그림 3-6과 같은 굽어 있는 표면을 나타내는 수학을 만들었습니다.

그러고 나서 그는 한 재능 있는 학생에게 이 수학을 3차원 이상의 굽은 공간으로 일반화하라고 요청했습니다. 이 학생이 베른하르트 리만Bernhard Riemann, 1826~1866으로, 그는 어디에도 쓸데가 없어 보이는 것 같은 난해한 박사학위 논문을 썼습니다.

리만의 결과는 임의의 차원에서 굽은 공간(혹은 시공)의 속성이 특정 수학적 대상에 의해 기술된다는 것이었습니다. 이 수학적 대상을 오늘날에는 '리만 곡률Riemann curvature'이라고 부르고 'R_{ab}'로 표시합니다. 평지와 언덕과 산이 있는 풍경을 생각해봅시다. 평지에서는 표면의 곡률 R_{ab}가 0입니다. 평평하다는 '굴곡이 없다는' 것이죠. 계곡과 언덕이 있는 곳에서는 곡률이 0이 아니겠지요. 뾰족한 산꼭대기에서 그러니까 바닥이 가장 덜 평평한 곳 혹은 가장 굽어 있는 곳에서는 곡률이 최대가 됩니다. 리만의 이론을 이용하면, 3차원이나 4차원의 굽은 공간의 모양도 기술할 수가 있는 것입니다.

아인슈타인은 자기보다 더 수학에 정통한 친구들의 도움을 받아 온갖 고생 끝에 리만의 수학을 터득하여 방정식을 완성합니다. 이 방정식에서 시공의 리만 곡률 R_{ab}는 물질의 에너지에 비례합니다. 말로 하자면, 시공은 물질이 있는 곳에서 더 많이 휜다는 것입니다. 이게 전부입니다. 방정식은 맥스웰 방정식과 비슷하지만 전자기가 아니라 중력에 대한 방정식입니다. 반 줄이면 다 쓸 수 있는 짧은 방정식입니다. 발상이 방정식이 된 것이죠.

그러나 이 하나의 공식에는 눈부신 우주가 들어 있습니다. 여기서 마법처럼 풍요로운 이론적 세계가 열립니다. 계속해서 이어지는 예언의 주마등은 마치 광인의 망상처럼 보일 정도지요. 1980년대 초까지만 해도 이런 환상적인 터무니없는 예측들을 심각하게 받아들이는 사람은 없었습니다. 하지만 하나씩 하나씩 경험을 통해 모두 사실로 밝혀졌습니다. 그중 몇 가지를 살펴보겠습니다.

먼저 아인슈타인은 태양의 질량이 주위 공간의 곡률에 미치는 영향과 이 곡률이 행성들의 운동에 미치는 영향을 다시 계산합니다. 그는 행성의 움직임이 케플러와 뉴턴의 방정식이 예측한 대로이기는 하지만, 정확히 똑같지는 않다는 것을 알아냅니다. 태양 부근에서는 공간의 곡률 효과가 뉴턴의 힘의 영향보다 더 강한 것입니다. 아인슈타인은 특히 수성이 태양에 가장 가까운 행성이니만큼 자기 이론의 예측과 뉴턴의 이론의 예측 사이에 차이가 더 클 것이라고 생각하여 수성의 운동을 다시 계산합니다. 그리고 차이를 발견합니다. 수성이 태양에 가장 가까워지는 지점[근일점]이 뉴턴 이론의 예측보다 매년 0.43 각초[1도의 1/3600]만큼 더 많이 움직이는 것이었습니다. 적은 차이입니다만, 천문학자들이 측정할 수 있는 범위 내에서, 예측과 천문학자들의 관측을 비교할 때 판결은 분명합니다. 수성은 뉴턴이 예측한 궤도가 아니라 아인슈타인이 예측한 궤도를 따르는 것이었습니다. 날개 달린 신발을 신은, 신들의 전령 머큐리는 뉴턴이 아닌 아인슈타인을 따라 날아가는 것이죠.

그리하여 아인슈타인의 방정식은 별 가까이에서 공간이 어떻게 굽어지는지를 기술합니다. 이 굽음 때문에 빛도 휘어서 갑니다. 아인슈타인은 태양이 그 주위의 빛을 휘게 할 것이라고 예측합니다. 1919년에 측정이 이루어집니다. 측정된 빛의 궤도는 예측과 정확히 들어맞았지요.

그러나 휘는 것은 공간만이 아닙니다. 시간도 휩니다. 아인슈타인은 지구의 높은 고도에서는 시간이 더 빨리 흐르고 낮은 고도에서는 더 느리게 흐를 것이라고 예측합니다. 측정을 해본 결과 역시 사실로 증명되었습니다. 오늘날 실험실에서는 극도로 정밀한 시계를 사용하는데, 단 몇 센티미터 고도 차이에서도 이런 이상한 결과를 측정할 수 있습니다. 시계 하나를 바닥에 두고 다른 하나는 책상 위에 둡시다. 우리는 바닥에 놓아둔 시계의 시간이 덜 흐른 것을 볼 수 있습니다. 왜일까요? 왜냐하면 시간은 보편적이고 고정되어 있는 것이 아니라, 주변의 질량에 따라 늘고 줄고 하는 것이기 때문입니다. 질량이 있는 모든 물체처럼 지구도 시공을 비틀어 그 주위에서 시간이 느려지게 만듭니다. 쌍둥이 중 한 아이가 바닷가에서 살고 다른 한

3–7 쌍둥이 중 한 사람은 바닷가에 다른 한 사람은 산 위에서 시간을 보낸다. 다시 만났을 때 산에서 살았던 쪽이 더 늙어 있다. 이것이 중력에 의한 시간 팽창이다.

아이는 산에서 살다가 나중에 다시 만나면, 한 쪽이 다른 쪽보다 더 나이가 들었다는 것을 알게 될 겁니다.(그림 3-7)

이러한 결과는 왜 물체들이 낙하하는지에 관한 흥미로운 설명을 제공합니다. 세계지도를 펴서 로마에서 뉴욕으로 가는 비행기 항로를 살펴보면, 직선으로 보이지 않을 겁니다. 비행기는 북쪽으로 호를 그리며 갑니다. 왜 그럴까요? 지구가 굽어 있기에 북쪽을 가로지르는 것이 같은 위도를 따라가는 것보다 더 짧기 때문입니다. 자오선들 사이의 거리는 북쪽으로 갈수록 더 짧으므로, 경로를 단축하려면 북쪽으로 향하는 것이 더 나은 것이죠.(그림 3-8)

믿기 힘들겠지만, 위로 던진 공이 아래로 떨어지는 것도 같은 이유입니다. 위쪽에서는 시간이 다른 속도로 흐르기 때문에, 공이 더 높이 올라가면서 '시간을 법니다.' 비행기와 공 모두 굽어 있는 공간(즉 시공) 내의 최단 궤적을 따라 움직이는 것이죠.(그림 3-9)◆

그러나 이 이론의 예측은 이러한 미세한 효과를 훨씬 뛰어넘습니

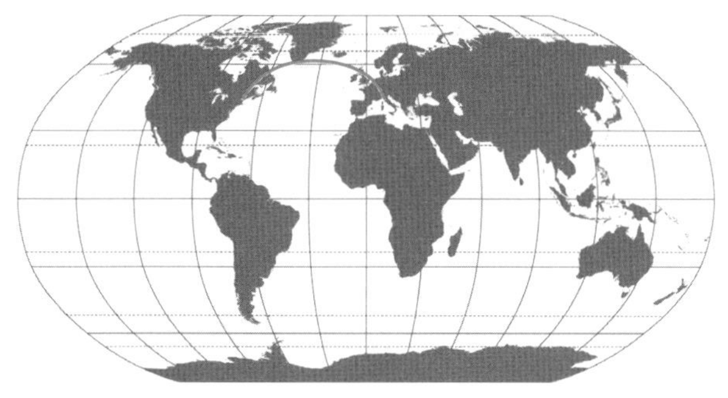

3–8 북쪽으로 갈수록 두 자오선 사이의 거리는 짧아진다.

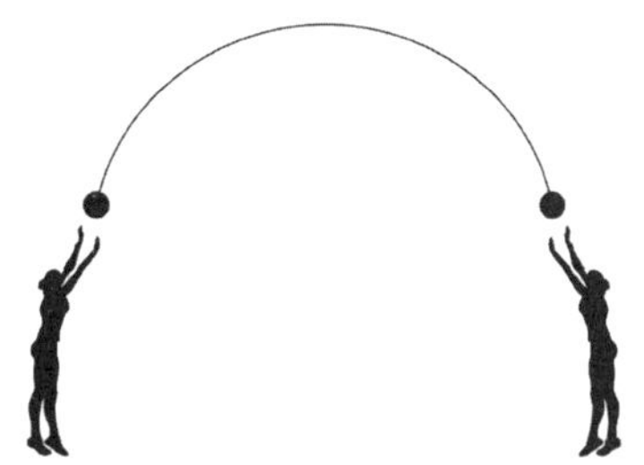

3–9 높은 위치에 있을수록 시간이 더 빠르게 흘러간다.

다. 별은 연료인 수소가 공급되는 동안 계속 타오르다가, 수소가 떨어지면 사멸합니다. 남은 물질은 더 이상 열의 압력으로 지탱되지 못하고, 그 자체의 무게로 붕괴되죠. 이런 일이 커다란 별에서 일어나면, 그 강한 무게 때문에 물질이 어마어마한 정도로 으스러지고, 공간이 심하게 휘어 실제 구멍 속으로 꺼져 들어갑니다. 이렇게 해서

◆ 비행기와 공 모두 굽은 공간 내의 측지선을 따라 움직인다. 공의 경우 운동의 기하학적 구조는 다음 방정식에 의해 근사치로 기술된다. $ds^2=(1-2\Phi(x))dt^2-dx^2$, 이때 $\Phi(x)$는 뉴턴 퍼텐셜. 중력장의 효과는 고도에 따른 시간 팽창으로 환원된다.(이론에 익숙한 독자는 기호가 뒤바뀐 것을 알아차릴 수 있을 것이다. 물리적 궤적이 고유시간을 최대화하는 것이다.)

블랙홀이 태어납니다.

내가 대학생이었을 때만 해도 블랙홀은 비전秘傳과 같은 이론의 가망 없는 귀결이라고 여겨졌습니다. 오늘날에는 천문학자들이 수백 개의 블랙홀을 관측하고 자세히 연구하죠. 태양보다 수백만 배나 질량이 큰 이러한 블랙홀 가운데 하나가 우리 은하계의 중심에 있습니다. 우리는 그 주위를 도는 별들을 관측할 수 있습니다. 블랙홀에 너무 가깝게 지나가는 별들은 그 엄청난 중력 때문에 파괴되고 맙니다.

더 나아가 이 이론은 바다의 표면처럼 공간에도 물결이 인다고 예측하고, 이 물결들이 텔레비전 방송을 만드는 전자기파와 유사한 파동임을 예측합니다. 이러한 '중력파'의 효과는 쌍성에서 관찰할 수 있습니다. 쌍성은 중력파를 방출하면서 에너지를 잃고 천천히 서로에게 다가갑니다.◆ 2015년 말, 서로를 향해 다가가는 두 개의 블랙홀이 만들어내는 중력파가 지구의 안테나에서 직접 관측되었고, 2016년 초의 발표는 다시금 세상 사람들의 말문을 막히게 만들었습니다. 또다시 아인슈타인 이론의 예측이 정확히 맞는 것으로 드러났지요.

그리고 더 나아가 이 이론은 우주가 팽창하고 있으며 140억 년 전 우주적 대폭발에서 생겨난 것이라고 예측합니다. 이 주제에 대해서는 곧 자세히 다루겠습니다.

빛의 휨, 뉴턴의 힘 개념의 수정, 시간의 느려짐, 블랙홀, 중력파, 우주의 팽창, 빅뱅 등과 같은 이 많은 복잡한 현상들은, 공간이 변화 없는 고정된 용기用器가 아니라 그것이 담고 있는 물질과 다른 장들과 마찬가지로 그 자체의 역학과 '물리학'을 갖는다는 이해에서 따

◆ 쌍성계 PSR B193+16의 관측은 서로의 주위를 공전하는 두 별이 중력파를 방출한다는 것을 보여준다. 이러한 사실을 관측함으로써 러셀 헐스(Russell Hulse)와 조셉 테일러(Joseph Taylor)는 1993년 노벨상을 수상하였다.

라 나온 것들입니다. 만약 데모크리토스가 공간에 대한 자신의 생각이 장차 이토록 인상적인 미래를 맞게 되리라는 것을 알 수 있었더라면, 흐뭇한 미소를 지었을 겁니다. 그가 공간을 '비존재'라고 불렀던 것은 사실이지만, 그가 '존재δέν'라는 말로 의미한 것은 물질이었습니다. 그에게 "비존재", 빈 공간은 "어떤 본성φύσις과 나름의 실체성을 지니고 있는 것이었습니다."[2]

패러데이가 도입한 장의 개념이 없었다면, 수학의 놀라운 힘이 없었다면, 가우스와 리만의 기하학이 없었다면, 이 '어떤 본성'은 이해되지 못한 채로 남아 있었을 것입니다. 아인슈타인은 새로운 개념적 도구와 수학의 힘을 가져와 데모크리토스의 '빈 공간'을 기술하는 방정식을 만들어내고, 그 빈 공간의 '어떤 본성'에서 다채롭고 놀라운 세계를 발견해냅니다. 우주가 폭발하고, 공간이 빠져나올 수 없는 구멍 속으로 꺼지고, 시간이 행성의 주변에서 느려지고, 별들 사이의 광활한 공간이 바다의 표면처럼 물결치는…….

이 모든 것들이 "백치가 들려주는, 음향과 분노로 가득하나, 아무 의미도 없는 이야기"• 처럼 들립니다. 하지만 그것은 실재를 본 것입니다. 흐릿하고 진부한 일상의 베일을 살짝 걷고서 실재를 들여다본 거죠. 꿈을 이루고 있는 것과 똑같은 재료로 이루어진 것 같지만 우리의 흐릿한 일상의 꿈보다 더 진짜인 실재입니다. 그리고 이 모든 것은 시공과 중력장이 똑같은 것이라는 기초적인 직관과 간단한 방정식의 결과입니다. 여기에 옮겨 적지 않을 수가 없네요. 아마도 대부분의 독자들이 해독할 수 없겠지만요. 그래도 그 아름다운 단순성을 느낄 수라도 있지 않을까 하는 희망으로 여기에 써봅니다.

• 셰익스피어, 《맥베스》, 5막 5장.

$$R_{ab} - \frac{1}{2}Rg_{ab} + \Lambda g_{ab} = 8\pi G T_{ab}$$

1915년의 공식은 위의 공식보다 더 간단했는데, $+\Lambda g_{ab}$라는 항은 2년 뒤에 아인슈타인이 추가한 것이어서(이것은 뒤에서 설명하겠습니다.) 그때는 아직 없었기 때문입니다.◆ R_{ab}는 리만의 곡률에 의존하고, Rg_{ab}와 함께 시공의 곡률을 나타냅니다. T_{ab}는 물질의 에너지를 나타냅니다. G는 뉴턴이 발견한 것과 같은 상수로, 중력의 세기를 결정하는 상수입니다.

이게 다입니다. 하나의 시각과 하나의 방정식.

수학 혹은 물리학

물리학에 대해 계속 이야기하기 전에 잠깐 수학에 관해 몇 가지 살펴보고자 합니다. 아인슈타인은 위대한 수학자는 아니었습니다. 사실 수학 때문에 고생을 했죠. 1943년에 그는 바바라라고 하는 9살짜리 아이가 수학이 어렵다고 쓴 편지에 이렇게 답장을 썼습니다. "수학이 힘들어도 걱정하지 말거라. 나한테는 더 어렵단다."[4] 농담처럼 들리겠지만 아인슈타인은 농담이 아니었어요. 그는 수학에서는 도움이 필요했습니다. 그는 마르셀 그로스만Marcel Grossmann, 1878~1936 같은 참을성 많은 동료 연구자와 친구들에게 거듭 설명을 들어야 했습니

◆ 이 항은 '우주론적'이라고 일컬어지는데, 극도로 큰 거리 즉 '우주적' 거리에서만 그 효과가 일어나기 때문이다. 상수 Λ는 '우주상수'라고 불리며 그 값은 1990년대 말에 측정되었다. 그 공로로 천문학자 솔 펄머터(Saul Perlmutter)와 브라이언 P. 슈밋(Brian P. Schmidt), 애덤 G. 리스(Adam G. Riess)가 2011년 노벨상을 수상하였다.

다. 아인슈타인의 비범함은 물리학자로서의 직관이었지 수학 실력은 아니었죠.

이론을 완성해가던 마지막 해 동안 아인슈타인은 위대한 수학자인 다비트 힐베르트David Hilbert, 1862~1943와 자신이 경합을 벌이고 있다는 것을 알게 되었습니다. 아인슈타인이 괴팅겐Göttingen에서 강연을 할 때 힐베르트가 참석한 적이 있었습니다. 힐베르트는 아인슈타인이 중요한 발견을 해가고 있다는 것을 곧바로 이해했고, 아이디어를 포착해 새 이론에 대한 정확한 방정식을 아인슈타인보다 먼저 만들려고 시도하였습니다. 이 두 거인들의 경주는 아주 긴장감이 넘쳤고, 결국 단 며칠 차이로 승자가 결정되었습니다. 베를린에 있던 아인슈타인은 힐베르트가 자기보다 먼저 해답을 찾을까 초조해하며 거의 매주 다른 공식을 발표했습니다. 공식은 매번 틀린 것으로 판명되었습니다. 그리고 마침내 간발의 차이로 아인슈타인이 힐베르트를 제치고 올바른 해답을 찾아냈습니다. 경주에서 승리를 거둔 것이죠.

신사적인 힐베르트는 아주 유사한 방정식을 연구하고 있었지만, 아인슈타인의 승리에 결코 의문을 제기하지 않았습니다. 실제로 그는 아인슈타인과 수학 사이에 존재하는, 아니 어쩌면 물리학 전체와 수학 사이에 존재하는 어려운 관계를 완벽하게 파악한 품위 있고 아름다운 문구를 남겼습니다. 이 이론을 공식화하는 데 필요한 수학은 4차원 기하학이었고, 힐베르트는 이렇게 씁니다. "괴팅겐의[4] 그 어떤 젊은이도 아인슈타인보다 4차원 기하학을 더 잘 안다. 하지만 과제를 해결한 것은 수학자가 아니라 아인슈타인이었다."

왜 아인슈타인이었을까요? 그것은 아인슈타인이 세계가 어떻게 이루어져 있을지를 상상하는 독특한 능력을, 마음속에서 세계를 '보는' 능력을 가지고 있었기 때문입니다. 그에게 방정식은 뒤에 오는 것이었죠. 실재를 상상하는 능력을 구체화하는 언어였습니다. 아인슈타인에게 일반상대성이론은 방정식들의 집합이 아닙니다. 그것은 우선 정신이 포착한 세계의 이미지이며, 그 다음에야 공들여 방정식으로 옮긴 것입니다.

이 이론의 발상은 단지 시공이 휜다는 것입니다. 만약 물리적 시공이 오직 2차원뿐이고, 우리가 평면에서 산다면, '물리적 공간이 굽는다.'는 것이 무엇을 의미하는지 상상하기가 쉬웠을 겁니다. 우리가 살고 있는 물리적 공간이 커다란 테이블처럼 평평한 것이 아니라, 산과 계곡이 있는 표면 같을 것이라는 말입니다. 그러나 우리가 사는 세계는 2차원이 아니라 3차원입니다. 사실 시간까지 포함하면 4차원이죠. 휘어 있는 4차원 공간을 상상하는 것은 더 복잡합니다. 우리의 평범한 직관 능력으로는 구부러진 4차원 시공이 들어가 있을 수 있는 '더 큰 공간'에 대한 직관을 갖지 못하기 때문입니다. 그러나 아인슈타인의 상상력은 우리를 감싸고 있는 짜부라지고 펴지고 뒤틀릴 수 있는 우주적 해파리를 힘들이지 않고 파악합니다. 그것은 우리를 둘러싼 시공을 구성합니다. 아인슈타인은 이러한 시각적 상상력 덕분에 가장 먼저 이론을 구축할 수 있었던 것입니다.

결국에는 힐베르트와 아인슈타인 사이에 약간 긴장이 생기긴 했습니다. 아인슈타인이 (앞 절의 끝에서 소개했던) 방정식을 발표하기 며칠 전에, 힐베르트는 학회지에 이미 논문을 한 편 보냈던 참이었습니다. 그 논문을 보면 힐베르트가 해답에 아주 가까이 다가갔었다는 걸 알 수 있습니다. 오늘날에도 과학사 연구자들은 이 두 거인들이 각각 기여한 바를 평가하는 데에 어려움을 겪습니다. 둘 사이의 관계가 냉랭한 시기가 있었는데, 아인슈타인은 자기보다 선배인 데다 영향력도 큰 힐베르트가 그 이론의 구성에 대한 공을 많이 가져갈까 걱정했습니다. 그러나 힐베르트는 일반상대성이론을 먼저 발견했다는 주장을 한 번도 하지 않습니다. 그리고 과학처럼 최초 발견 논쟁이 이전

투구로 되는 일이 잦은 (너무 잦은) 학계에서, 이 두 사람은 지혜로움의 놀라운 본보기를 보여주며 모든 긴장을 씻어버립니다. 아인슈타인은 힐베르트에게 자신이 걸어가는 길을 어떻게 느끼는지에 대한 깊은 감정을 요약하는 아름다운 편지를 씁니다.

> 우리 사이에 불편한 감정이 있었던 때가 있었죠. 저는 그 원인을 더 분석하고 싶지는 않습니다. 저는 제게 생겨났던 쓰라린 감정들과 싸웠고 완전히 이겼습니다. 다시금 저는 활짝 갠 우정의 마음으로 당신을 생각하고 있습니다. 당신께서도 그리해 주시기를 바랍니다. 세속에서 벗어나 길을 만들어가는 우리와 같은 동료들이 서로에게서 기쁨이 아닌 다른 것을 느낀다면 정말로 애석한 일일 것입니다.[5]

우주

방정식을 발표하고 2년 뒤, 아인슈타인은 그 방정식을 이용하여 아주 큰 규모로 전 우주 공간을 기술하려고 시도합니다. 여기서 그는 또 다른 멋진 아이디어를 보여줍니다.

수천 년 동안 사람들은 우주가 무한한지 아니면 한계가 있는지 알고 싶어 했습니다. 어느 쪽 가설에도 골치 아픈 문제가 있습니다. 무한한 우주라는 것은 합리적이지 않아 보입니다. 예컨대 우주가 무한하다면 어딘가에는 당신과 똑같은 사람이 존재하고 이 책과 똑같은 책을 읽고 있어야 합니다.(무한은 정말로 큰 것이어서, 유한한 수의 원자들의 조합으로는 우주를 계속 다른 물체들로 채울 수가 없으니까요.) 더구나 당신과 비슷한 사람은 한 사람이 아니라 무한히 많이 있어야 합니다.

그러나 만일 우주에 한계가 있다면 그 경계는 무엇일까요? 다른 쪽에 아무것도 없는 경계선이라는 것이 도대체 무슨 의미인 걸까요? 이미 기원전 5세기에 타란토에서 피타고라스학파의 철학자인 아르키타스Archytas, BC.428~BC.347가 이렇게 썼습니다.

> 만일 내가 항성들이 있는 하늘 가장 끝에 있다면, 내 손이나 막대기를 그 너머로 뻗을 수 있을까? 그렇게 하지 못할 까닭이 없다. 그러나 만일 그럴 수 있다면, 물질이든 공간이든 어떤 바깥이 존재하는 것이다. 똑같은 물음을 되풀이하면서, 막대기를 뻗을 곳이 언제나 있다면, 이런 식으로 끝을 향해 계속 나아갈 수 있을 것이다.[6]

그 뒤로 무한한 공간의 부조리와 가장자리가 있는 우주의 부조리라는 두 가지 선택지 사이에는 가능한 해결책이 남아 있지 않은 것처럼 보였습니다.

그런데 아인슈타인은 두 마리 토끼를 한번에 잡을 수 있다고 말합니다. 우주는 유한하면서도 동시에 가장자리가 없을 수 있다는 겁니다. 마치 지구의 표면이 무한하지 않지만 경계도 없어 '끝나는 곳'이 없는 것처럼 말이죠. 물론 이는 어떤 것이 구부러져 있는 경우에 일어날 수 있는 일입니다.(지구의 표면도 구부러져 있죠.) 그런데 일반상대성이론에서는 3차원 공간도 굽습니다. 따라서 우리가 살아가는 우주도 유한하지만 경계가 없을 수 있는 것이죠.

지구 표면에서 직선으로 계속 걷는다고 하더라도 끝없이 나아가지는 않습니다. 언젠가는 출발했던 지점으로 되돌아오게 됩니다. 우리의 우주도 똑같은 방식으로 되어 있을 수 있습니다. 우주선을 타고 계속 같은 방향으로 나아간다면, 우주를 돌아서 결국에는 지구로

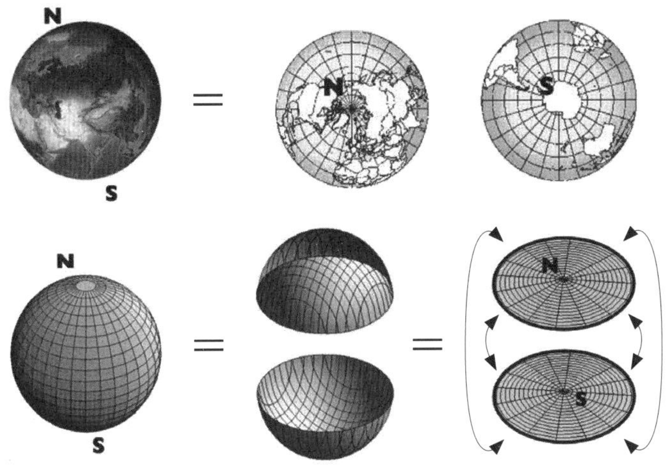

3-10 구는 가장자리가 맞붙은 두 원판으로 나타낼 수 있다.

되돌아옵니다. 유한하지만 경계가 없는 이러한 종류의 3차원 공간을 '3-구3-sphere'라고 부릅니다.•

3-구의 기하학적 구조를 이해하기 위해 보통의 구면을 살펴봅시다. 공이나 지구의 표면 같은 겁니다. 지구의 표면을 평면에 나타내기 위해서 지도에 대륙을 그릴 때 보통 하듯 원판 두 개를 그려봅시다.(그림 3-10)

남반구에 사는 사람은 어떤 의미에서는 북반구에 '둘러싸여 있는' 것이라고 할 수 있습니다. 어떤 방향으로 걸어가든 언제나 북반구에 이르게 되니까요. 물론 그 반대도 마찬가지고요. 각각의 반구가 다른

• 여기서 '3-구'는 우리가 일상에서 접하는 3차원의 공(구)을 떠올리면 안 된다. 실제로는 공에서 한 차원 더 높은 형태를 생각해야 한다. 위상학에서 '구'라는 표현은 실제로는 '구면'을 가리킨다. 그래서 '2-구'는 3차원 공간 속 공의 2차원 표면을 가리키고, '3-구'는 4차원 공간 속 '둥근' 대상의 3차원 표면을 가리킨다. 저자가 본문에서 '3-구'라고 말한 것도 바로 이 3차원 표면을 의미한 것이다.

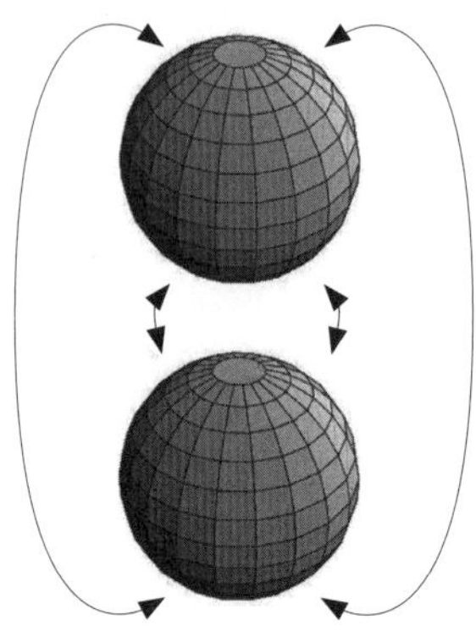

3-11 3-구는 표면이 맞붙은 두 공으로 나타낼 수 있다.

반구를 '둘러싸고' 또 다른 반구에 의해 둘러싸여 있습니다. 3-구도 비슷한 방식으로 표현할 수 있지만, 모든 곳에 차원이 하나 더 추가되어 있죠. 공 두 개가 모든 표면에서 서로 맞붙어 있습니다.(그림 3-11)

지도 그림에서 한 쪽 원판을 빠져나가면 다른 쪽 원판으로 들어가게 되듯이, 3-구에서는 한쪽 공을 떠나면 다른 쪽 공으로 들어가게 됩니다. 그래서 두 공은 각각 다른 쪽 공을 '둘러싸고' 또 다른 쪽 공에 의해 둘러싸여 있습니다. 그러므로 아인슈타인의 아이디어는 공간이 유한한 부피를 갖지만(두 공의 부피의 합) 경계는 없는 3-구일 수도 있다는 것입니다.◆ 3-구는 1917년 아인슈타인이 우주의 경계 문제에 대해 제시한 답입니다. 이 논문은 가시적인 우주 전체를 가장 큰 규모에서 연구하는 현대 우주론의 시초가 되었습니다. 이로부터 우주의 팽창, 빅뱅이론, 우주의 탄생 문제 등등의 발견이 비롯됩니다. 이 모든 내용은 8장에서 자세히 다루겠습니다.

◆ 보통의 구는 R^3에서 방정식 $x^2+y^2+z^2=1$을 만족시키는 점의 집합이다. 3-구는 R^4에서 방정식 $x^2+y^2+z^2+u^2=1$을 만족시키는 점의 집합이다.

이 장을 끝맺기 전에 우주가 3-구라는 아인슈타인의 아이디어와 관련해 한 가지만 더 이야기해두고 싶은 것이 있습니다. 믿을 수 없어 보일지도 모르겠지만, 똑같은 아이디어를 전혀 다른 문화권의 또 다른 한 천재가 이미 생각했었다는 겁니다. 바로 단테 알리기에리 Dante Alighieri, 1265~1321입니다. 단테는 《신곡*La divina commedia*》의 〈천국Paradiso〉 편에서 아리스토텔레스의 세계를 차용해 중세의 세계에 대한 자신의 위대한 비전을 제시합니다. 중심에 있는 둥근 지구를 천구들이 둘러싸고 있는 모습입니다.(그림 3-12)

단테는 베아트리체와 환상적인 여행을 하면서 천구들을 하나하나 거쳐 가장 바깥에 있는 천구에 다다릅니다. 그곳에 도착한 그는 아래를 내려다보며, 지구를 멀리 중심에 두고 천구들이 회전하고 있는 우주를 관상합니다. 그러나 그가 더 높은 곳을 바라볼 때, 무엇이 보였을까요? 그는 엄청나게 많은 천사들이 공 모양으로 둘러싼 빛을 봅니다. 즉 단테의 말로 하면 우리의 우주인 구형을 "둘러싸면서" 또 그것으로 "둘러싸인" 또 다른 거대한 구형을 본 것입니다! 여기 〈천국〉 편의 제27가에 등장하는 구절이 있습니다. "우주의 이 다른 부분이 그것을 구형으로 둘러싸니 그것이 다른 것들을 둘러싸듯 하더라."• 그리고 30가에서는 마지막 "원"에 대해 "그것이 둘러싸는 것에 의해 둘러싸여 있는 것처럼 보인다."는 구절이 나옵니다. 빛의 점과 천사들의 구가 우리 우주를 둘러싸면서 동시에 우리 우주에 의해 둘러싸여 있다는 것이죠! 정확히 3-구의 묘사입니다.

• 단테 《신곡》의 〈천국〉 27가에 있는 실제 구절은 이와는 좀 다르다. 문제의 112행은 "우주의 이 다른 부분이(Questa altra parte dell'Universo)"가 아니라 "빛과 사랑이(Luce e amor)"로 되어 있다. 그러나 내용상 이는 '빛과 사랑의 구'를 가리키는데, 저자는 그 기하학적인 취지만 살려서 표현을 변형한 것으로 보인다.

천사들의 계급

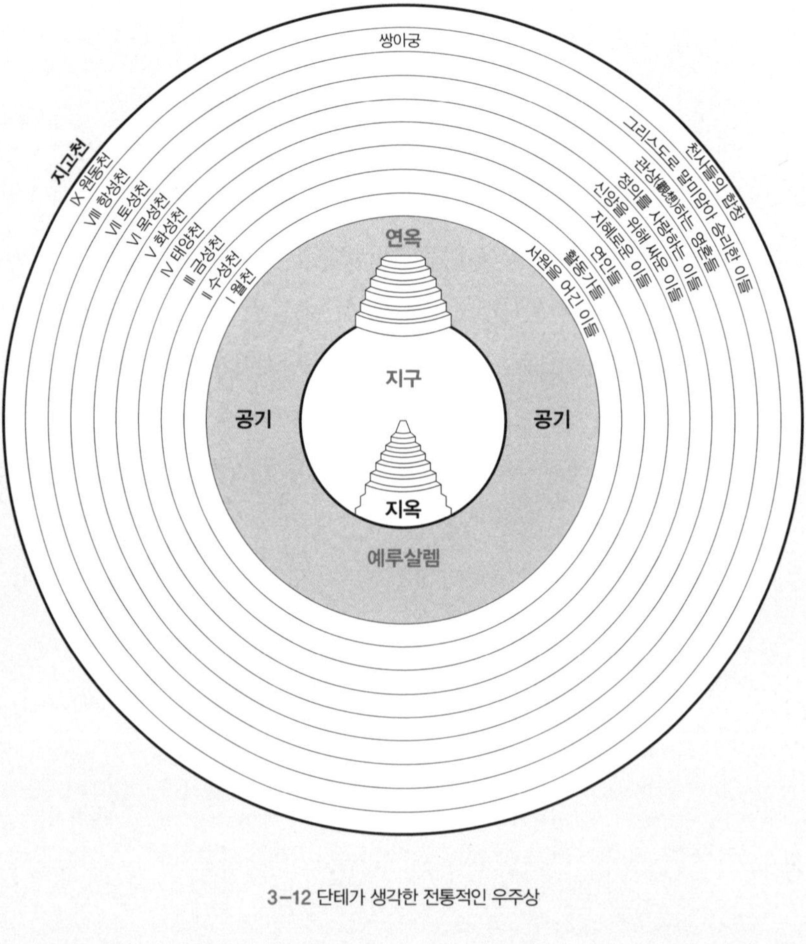

3-12 단테가 생각한 전통적인 우주상

그림 3-12와 같이 이탈리아 학교 교과서에서 흔히 볼 수 있는 단테의 우주에 대한 일반적인 표현에서는 천사의 구를 천계의 구와 분리시킵니다. 그러나 단테는 두 공이 서로 "둘러싸면서 둘러싸여" 있다고 말합니다. 말하자면 단테는 3-구에 대한 기하학적 직관을 가지고 있었던 것이죠.◆

단테가 〈천국〉 편에서 우주를 3-구로 묘사하고 있다는 점은 1979년 미국의 수학자 마크 피터슨Mark Peterson이 처음으로 주목했습니다. 보통 단테를 연구하는 학자들은 3-구라는 개념에 익숙하지는 않습니다. 오늘날 모든 물리학자와 수학자는 우주에 대한 단테의 묘사에 등장하는 3-구를 쉽게 이해합니다.

단테는 어떻게 이처럼 현대적으로 느껴지는 생각을 할 수 있었던 걸까요? 무엇보다 이탈리아의 가장 훌륭한 시인이 지닌 심오한 지성 덕분일 겁니다. 그리고 이 심오한 지성이야말로 《신곡》의 매력의 주요 원천 중 하나인 것입니다. 또 하나의 이유는 단테가 이 작품을 쓴 때가 뉴턴이 우주의 무한한 공간이 유클리드 기하학의 평평한 공간이라고 사람들을 설득하기 훨씬 전이었기 때문입니다. 뉴턴 이론을 교육받아 생겨난 우리 직관의 제약에서 단테는 자유로웠던 것입니다.

단테의 과학적 교양은 주로 그의 스승인 브루네토 라티니Brunetto Latini의 가르침에 바탕을 둔 것이었습니다. 브루네토 라티니는 매혹적인 작은 책인 《보배의 서*Li tresor*》를 남겼는데, 이 책은 고대 프랑스어와 이탈리아어가 혼합되어 쓰인 일종의 중세 지식의 백과사전입니다. 《보배의 서》에서 브루네토는 지구가 구형이라는 사실을 자세히

◆ 단테가 "구"가 아니라 "원"이라고 말하고 있다는 반론이 있어왔다. 그러나 이 반론은 성립되지 않는다. 브루네토 라티니는 자신의 책에서 "달걀 껍데기와 같은 원"이라고 썼는데, 스승에게서와 마찬가지로 단테에게도 "원"이라는 단어는 구를 포함해 모든 둥근 형태를 가리킨다.

설명합니다. 그러나 오늘날 우리가 볼 때 흥미로운 점은, 그가 '외재적' 기하학의 측면이 아니라 '내재적' 기하학의 측면에서 설명한다는 것입니다. 그러니까 그는 바깥쪽에서 본 모양을 말할 때처럼 "지구가 오렌지처럼 생겼다."라고 쓰지 않습니다. 그는 "두 기사가 반대 방향으로 계속해서 말을 달린다면 결국 만나게 될 것이다."라고 씁니다. 그리고 또 "어떤 사람이 바다에 가로막히지 않고 계속해서 걸어 나가면 결국 떠났던 지점으로 돌아오게 될 것이다."라고 씁니다. 이처럼 언제나 내부적 관점에서 보지 외부적 관점에서 보지 않습니다. 땅 위를 걸어가고 있는 사람의 관점이지 바깥에서 지구를 보는 사람의 관점이 아닙니다. 얼핏 보면 지구가 구형이라는 것을 설명하기 위해 불필요하게 복잡한 방식을 취하는 것처럼 보입니다. 왜 브루네토는 그냥 지구가 오렌지 같은 모양이라고 말하지 않았을까요? 그러나 곰곰이 생각해보면, 만일 개미 한 마리가 오렌지 위를 기어간다면 어디선가는 위아래가 뒤집어질 테고 그러면 떨어지지 않기 위해 오렌지를 꽉 붙들고 있어야만 할 겁니다. 그러나 지구 위를 걸어가는 사람은 결코 뒤집어질 일도 없고 땅 위에 애써 달라붙어 있을 필요도 없지요. 브루네토의 설명은 나름대로 현명합니다.

자, 이제 생각해봅시다. 단테처럼 자기 선생에게서 지구 표면의 형태가 계속 똑바로 걸어가면 원래 시작한 지점으로 돌아오도록 되어 있다고 배운 사람은 그 다음 단계에서는 어떻게 생각을 할까요? 우주 전체의 형태가 계속 똑바로 날아가면 처음 출발한 같은 지점으로 돌아오도록 되어 있으리라고 상상하는 것은 단테에게 그리 어렵지 않았을 겁니다. 3-구는 "날개 달린 두 기사가 반대 방향으로 계속해서 날아간다면 결국 서로 만나게 되는" 그런 공간인 것입니다. 《보배의 서》에서 브루네토 라티니가 제시한 지구의 기하학적 묘사는 (바깥쪽에서 본) 외재적 기하학이 아니라 (안쪽에서 본) 내재적인 기하학으로 기술된 것이며, 이는 정확히 '구'의 개념을 2차원에서 3차원으로 일반화하는 데 적합한 방식입니다. 3-구를 정의하는 가장 좋은 방법은 "그것을 바깥에서 보려고" 하는 것이 아니라, 그것 속에서 움직일 때 어떤 일이 일어나는지를 기술하는 것입니다.

지금까지 저는 가우스가 굽은 표면을 기술하기 위해 고안한 방법이나 리만이 3차원 이상의 공간 곡률을 기술하기 위해 일반화한 방법을 설명하려고 하지 않았습니다. 그러나 이제는 말할 수 있습니다. 그것은 기본적으로 브루네토 라티니의 발상입니다. 즉 굽은 공간을 "바깥에서 보아서" 기술한다거나 그 공간이 어떻게 또 다른 공간 속에서 휘어 있는지를 말하는 것이 아니라, 그 공간 속에 있으면서 움직이고 측정하는 사람이 그 속에서 무엇을 경험하는지를 기술하는 것입니다. 예를 들어 보통의 구의 표면은 브루네토가 기술하는 대로 모든 '직'선이 동일한 거리(적도의 길이)를 지나간 후 출발점으로 돌아오는 그런 표면입니다. 3-구는 동일한 속성을 지닌 3차원 공간입니다.

아인슈타인의 시공이 굽어 있다는 것은 "또 다른 더 큰 공간 내에서" 굽어 있다는 그런 의미가 아닙니다. 내재적 기하학의 의미에서 굽어 있는 것입니다. 즉, 그 점들 사이의 거리들의 연결이 (이는 바깥쪽에서 볼 필요 없이 공간 내부에서도 관찰될 수 있습니다.) 평면 공간과 같지 않다는 것입니다. 피타고라스의 정리가 유효하지 않은 공간인 것이죠. 피타고라스 정리가 지구의 표면에는 적용되지 않듯이 말이죠.◆

바깥쪽에서 보지 않고 안쪽에 있는 채로 곡률을 이해하는 방법은 이어지는 내용에서 중요한 역할을 합니다. 여러분이 북극에 있는데 화살표를 앞쪽으로 향하도록 들고 적도에 다다를 때까지 남쪽으로

◆ 지구 표면의 경우 적도에서 적절하게 두 점을 잡아 북극점과 연결하면 세 각의 크기가 90도인 정삼각형을 만들 수 있는데, 이는 평면상에서는 불가능하다.

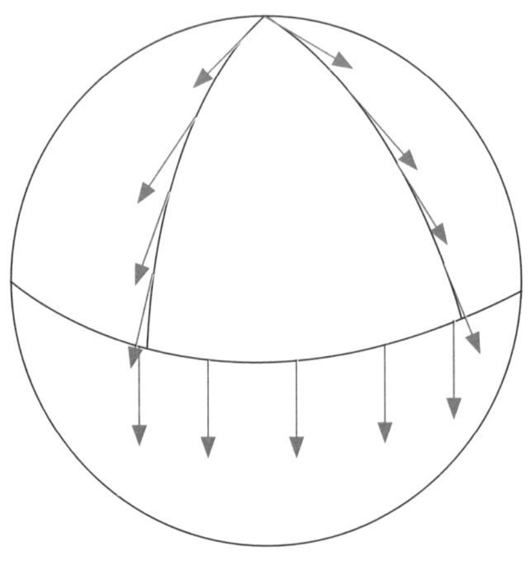

3-13 화살표를 돌리지 않은 채 굽은 공간에서 경로(루프)를 따라 걸은 뒤 출발점으로 돌아온 그림

걸어간다고 상상해봅시다. 일단 적도에 도착하면 화살표 방향은 그대로 두고서 왼쪽으로 몸을 돌립니다. 화살표는 여전히 남쪽을 가리키면서 이제는 여러분의 오른쪽을 가리키겠죠. 그대로 적도를 따라 동쪽으로 죽 나아간 다음 다시 북쪽으로 몸을 돌려봅시다. 화살표 방향은 그대로 두고요. 이제 화살표는 당신의 뒤쪽을 향하고 있을 겁니다. 그대로 다시 북극에 다다를 때까지 걸어가면 닫힌 경로가, 이른바 '루프'가 만들어집니다. 그리고 이제 화살표는 출발했을 때와 똑같은 방향을 가리키지 않을 겁니다.(그림 3-13) 이렇게 경로를 도는 동안 화살표가 회전한 각도가 바로 곡률을 나타내는 것입니다.

공간에서 루프를 만들어 곡률을 구하는 방법은 나중에 다시 다루게 될 겁니다. 루프양자중력이론의 루프들이 바로 그것입니다.

단테가 1301년 피렌체를 떠날 때는 피렌체 세례당의 둥근 지붕의 모자이크가 완성되어 가던 중이었습니다. (중세 사람들의 눈에) 무시무시한 이 모자이크는 지옥을 나타내는 것으로서, 치마부에Cimabue의 스

3-14 지옥을 나타내는 코포 디 마르코발도의 모자이크(피렌체 세례당)

승인 코포 디 마르코발도Coppo di Marcovaldo의 작품으로, 단테가 영감을 얻은 원천이라고 종종 일컬어져 왔습니다.(그림 3-14)

저는 이 책을 쓰기 바로 전에, 책을 쓰도록 권유한 친구 엠마누엘라 미나이와 함께 이 세례당을 방문했습니다. 세례당에 들어가 천장을 보면, 빛의 점(둥근 지붕 꼭대기 채광창에서 들어오는 빛)을 아홉 계급의 천사들이 둘러싸고 있는 것이 보입니다. 천사, 대천사, 권품천사, 능품천사, 역품천사, 주품천사, 좌품천사, 케루빔, 세라핌의 순서입니다. 정확히 《천국》의 두 번째 구의 구조입니다. 여러분이 세례당 바닥에 있는 개미이고, 어느 방향으로든 갈 수 있다고 상상해봅시다. 벽을 기어오르기 위해 어떤 방향을 택하든 천장에 있는 천사들에 둘러싸인 빛의 점에 다다르게 될 것입니다. 빛의 점과 천사들은 세례당 내부 장식들을 '둘러싸고' 또 그것들에 의해 '둘러싸여' 있는 것이죠.(그림 3-15)

단테는 13세기 말 피렌체의 모든 시민들과 마찬가지로 그 도시가

3-15 피렌체 세례당 내부 빛과 점과 천사들은 세례당 내부 장식들을 '둘러싸고' 또 그것들에 의해 '둘러싸여' 있는 것이다.

완성해가고 있던 웅장한 건축 작품에 틀림없이 깊은 인상을 받았을 것입니다. 나는 단테가 코포 디 마르코발도의 지옥의 모자이크에서 뿐만 아니라 건축물 전체에서도 자신의 우주에 관한 영감을 얻었을 거라고 생각합니다.《천국》편은 아홉 천사의 원과 빛의 점을 포함하여, 이차원을 삼차원으로 옮기면서 건축물의 구조를 정확하게 재현합니다. 스승인 브루네토도 아리스토텔레스의 구형의 우주를 기술한 뒤에 신의 자리가 그 너머에 있다고 덧붙입니다. 그리고 이미 중세의 도상학은 천국을 천사들의 구로 둘러싸인 하느님으로 상상했습니다. 근본적으로 단테가 한 일은 이미 존재하던 조각들을 모아서 세례당의 내부 구조가 암시하는 바를 따라 짜 맞추어 정합적인 전체상을 만들어내는 것이었습니다. 그리고 이로써 우주의 가장자리를 없애는 오래된 문제를 해결하고 아인슈타인의 3-구를 6세기나 앞섰던 것입니다.

젊은 아인슈타인이 이탈리아에서 지적으로 방랑하던 시기에 〈천국〉을 만났었는지, 또 이탈리아 최고 시인의 자유로운 상상력이 우주가 유한하면서도 경계가 없을 수 있다는 아인슈타인의 직관에 직접 영향을 미쳤는지는 모르겠습니다. 직접적인 영향이 없었다고 해도, 저는 이 사례가 어떻게 훌륭한 과학과 위대한 시가 모두 통찰을 가져오고, 또 때로는 똑같은 통찰에 이를 수 있는지를 보여준다고 생각합니다. 우리 문화가 과학과 시를 분리하고 있는 것은 어리석은 일입니다. 우리를 근시안으로 만들어버려서 두 가지 모두가 드러내 보이는 세계의 복잡성과 아름다움을 못 보게 하니까요.

물론 단테의 3-구는 불가사의한 꿈의 직관일 따름입니다. 아인슈타인의 3-구는 수학적 형식이고 아인슈타인은 그것을 방정식 속에 집어넣습니다. 그 효과는 아주 다릅니다. 단테는 감정의 근원을 건드려 우리에게 깊은 감동을 줍니다. 아인슈타인은 우주의 근원으로 이끌어가는 길을 엽니다. 그러나 두 가지 모두 정신이 이룩할 수 있는 가장 아름답고 의미 있는 비상일 것입니다.

자, 이제 다시 아인슈타인이 3-구의 개념을 방정식으로 만들려고 애쓰던 1917년으로 돌아갑시다. 여기서 그는 한 가지 어려움에 처합니다. 아인슈타인은 우주가 고정돼 있고 불변이라는 생각을 가지고 있었지만, 그의 방정식은 그것이 가능하지 않다고 말하고 있습니다. 그 까닭을 이해하는 것은 어렵지 않습니다. 모든 것이 서로 끌어당기므로, 유한한 우주가 찌부러져 버리지 않으려면 우주가 팽창하는 길밖에는 없습니다. 마치 축구공을 바닥에 떨어지지 않게 하려면 공을 다시 위로 차는 길밖에 없는 것과 같습니다. 올라가든가 떨어지든가 하지, 공중에 가만히 있을 수는 없는 것이죠.

그러나 아인슈타인은 자신의 방정식이 말해주는 것을 믿지 않고 무리수를 둡니다. 그는 우주가 수축하고 있거나 팽창하고 있다는 자기 이론의 예측을 받아들이지 않으려다가 터무니없는 물리학적 실수를 저지르고 맙니다.(그는 자신이 고려하고 있는 해결책이 불안정하다는 것을 알아차리지 못합니다.) 결국에는 인정할 수밖에 없었지만요. 그의 이론이 옳고 그가 틀렸던 겁니다. 천문학자들은 모든 은하계가 실제로 우리에게서 멀어지고 있다는 것을 알게 됩니다. 우주는 실제로 정확히 아인슈타인의 방정식이 예측한 대로 팽창하고 있던 겁니다. 방정식은 이 팽창이 과거에 어떻게 생겨났는지를 말해줍니다. 140억 년 전에 우주는 아주 뜨거운 점으로 축소되어 있는 상태였습니다. 거기서 거대한 '우주적' 폭발이 일어났습니다.(여기서 '우주적'이란 수사적인 의미로 쓰인 것이 아닙니다. 말 그대로 우주가 폭발한 겁니다. 이것이 소위 '빅뱅', 대폭발입니다.)

역시나 처음에는 아무도 빅뱅의 존재를 믿지 않았습니다. 아인슈타인 자신도 자기 이론의 이러한 극단적인 귀결을 받아들이기 꺼려하는 듯했습니다. 그는 그런 귀결을 피하기 위해서 방정식을 수정합니다. 앞에서 소개한 방정식에서 ΛR_{ab}라는 항은 그 때문에 추가된 것이었죠. 그러나 아인슈타인이 틀렸습니다. 항을 추가한 것은 옳았지만, 방정식은 여전히 우주가 팽창하고 있어야만 한다는 귀결을 내놓았으니까요. 오늘날 우리는 팽창이 실제로 존재한다는 사실을 알죠. 아인슈타인의 방정식이 예측한 시나리오 전체가 1964년에 최종 테스트를 통과합니다. 천체물리학자 아노 앨런 펜지아스Arno Allan Penzias, 1933~와 전파천문학자 로버트 윌슨Robert Woodrow Wilson, 1936~이 우연히 우주에 퍼져 있는 복사선을 발견하는데, 이것이 바로 초기 우주의 어마어마한 열기의 잔재였습니다. 다시금 아인슈타인 이론의 가장 놀라운 예측마저도 옳은 것으로 드러났습니다.

우리에게 강렬한 흥분을 주는 걸작들이 있습니다. 모차르트의 〈레퀴엠〉, 《오디세이아》, 시스티나 성당, 《리어왕》……. 그 훌륭함을 제대로 감상하기 위해서는 긴 수습 기간이 필요할 정도입니다. 그러나 그 보상은 순수한 아름다움입니다. 세계를 새롭게 보도록 우리의 눈을 열어준 아인슈타인의 보물 일반상대성이론도 이러한 걸작 중의 하나입니다. 리만의 수학을 이해하고 아인슈타인의 방정식을 충분히 이해하기 위한 기법을 익히는 데에는 수습 기간이 필요합니다. 노력하고 애쓴다고 베토벤의 마지막 현악사중주의 귀한 아름다움을 모두 다 이해하게 된다는 보장이 있는 것도 아닙니다. 그러나 기울인 노력은 가치가 있습니다. 과학과 예술은 세계에 관해 새로운 무언가를 우리에게 가르쳐주고 세계를 보는 새로운 눈을 뜨게 하며, 세계의 두터움과 깊음과 아름다움을 이해할 수 있게 해줍니다. 위대한 물리학과 위대한 음악은 마음에 직접 말을 하고 사물의 본성이 지닌 아름다움과 깊이와 단순성으로 우리의 눈을 엽니다.

제가 무언가를 이해하기 시작할 때의 느낌이 기억납니다. 대학 마지막 해의 여름이었죠. 이탈리아 칼라브리아 지방 콘도푸리의 한 해변에서 지중해의 태양에 흠뻑 젖어 지내던 때였습니다. 저는 책을 읽고 있었는데, 책을 쥐구멍을 막는 데 썼던 바람에 쥐가 모서리를 쏠아놓았죠. 저는 볼로냐 대학에서 듣는 강의의 지겨움을 잊느라 약간 히피 소굴 같은 초라한 그 집에 가 있고는 했습니다. 책을 읽다가 때때로 눈을 들어 반짝거리는 바다를 바라보았습니다. 아인슈타인이 상상한 시간과 공간의 일렁임이 보이는 것 같았습니다. 마법 같았지요. 어떤 친구가 내 귀에 진귀한 숨은 진실을 속삭여주듯이, 갑자기 실재의 베일이 벗겨지면서 단순하고 깊은 질서가 드러났습니다.

지구가 둥글고 흔들리는 팽이처럼 돈다는 것을 알게 된 이래로, 우리는 실재가 우리에게 보이는 것과는 다르다는 것을 깨달았습니다. 우리가 실재의 새로운 면을 볼 때마다 감동이 밀려옵니다. 또 하나의 베일이 벗겨집니다. '시공은 장이다. 세계는 장과 입자로만 이

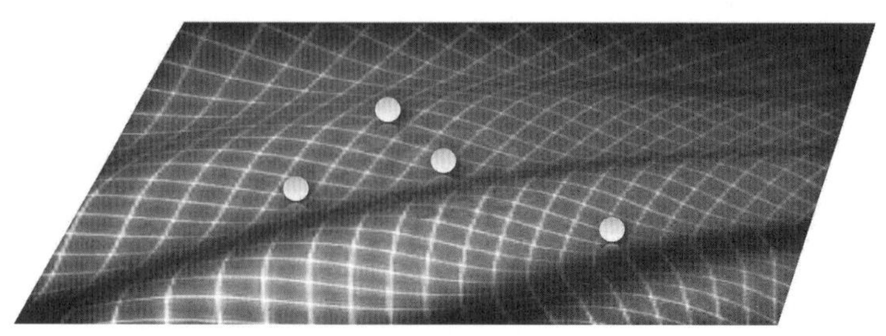

3-16 아인슈타인의 세계 다른 장에서 움직이는 입자들과 장들

루어져 있으며, 공간과 시간은 또 다른 장일 뿐 그것들과 따로 있는 것이 아니다.'(그림 3-16) 아인슈타인의 도약은 어디에도 비할 바가 없습니다.

1953년, 한 초등학생이 알베르트 아인슈타인에게 이런 편지를 보냈습니다. "우리 반에서는 우주에 대해 공부하고 있는데요, 저는 공간에 대해 정말 관심이 많아요. 저는 우리가 이해할 수 있도록 아인슈타인 교수님께서 하신 모든 일에 감사드리고 싶어요."[7]

저도 같은 마음입니다.

04

양자들

20세기 물리학의 두 기둥인 일반상대성이론과 양자역학은 너무도 다릅니다. 일반상대성이론은 잘 세공된 보석입니다. 기존의 발견들을 결합하려는 노력으로 한 사람의 정신이 착상해낸, 중력과 공간과 시간에 대한 단순하고 정합적이고 개념적으로 명확한 하나의 시각입니다. 반면 양자역학 혹은 '양자론'은 복사 강도 측정, 광전효과, 원자의 연구 등과 같이, 많은 이들이 4반 세기에 걸쳐 참여했던 실험 결과들로부터 직접 비롯된 것입니다. 그 이론은 비할 바 없는 실험적 성공을 거두었고, 우리의 일상생활을 바꾸어놓은 여러 응용 결과를 가져왔습니다.(예를 들면 이 글을 쓰고 있는 컴퓨터가 있겠군요.) 하지만 이론이 태어난 지 한 세기가 지났어도 여전히 베일에 싸여 모호하고 이해하기 어려운 분야로 남아 있습니다.

이 장에서는 이 이론의 기이한 물리학적 내용을 밝히기 위해, 이 이론이 어떻게 태어났는지, 이 이론의 기초가 되는 세 가지 중심 아이디어가 어떤 것인지를 다루도록 하겠습니다. 그 세 가지는 입자성, 비결정성, 관계성입니다.

또 다시 알베르트

정확히 1900년에 태어났다고들 말하는 양자역학은 강렬한 사상의 한 세기를 열었습니다. 1900년 독일의 물리학자 막스 플랑크Max Planck, 1858~1947는 뜨거운 상자 안에 평행 상태에 있는 전자기파의 양을 계산합니다. 그는 실험 결과를 올바로 표현하는 공식을 얻기 위해서 말도 안 되는 것처럼 보이는 발상을 합니다. 전기장의 에너지가 '양자들quanta', 즉 묶음들로 분포되어 있다고, 에너지 덩어리로 분포되어 있다고 상상하는 것입니다. 플랑크는 묶음의 크기가 전자기파의 진동수에(즉 색에) 의존한다고 가정합니다. 진동수 ν•의 파동에 대해, 모든 양자, 즉 에너지 묶음이 갖는 에너지는 다음과 같습니다.

$$E=h\nu$$

이 공식이 첫 번째 양자역학 공식입니다. 여기에서 h는 오늘날 우리가 '플랑크 상수Planck constant'라고 부르는 새로운 상수입니다. 이 상수는 진동수(색) ν의 복사가 일어날 때 각 에너지 묶음에 얼마나 많은 에너지가 있는지를 결정합니다. 상수 h는 모든 양자 현상의 규모를 결정합니다.

에너지가 유한한 묶음들로 이루어져 있다는 아이디어는 당시에 알려져 있던 모든 것들과 맞지 않았습니다. 에너지는 연속적으로 변할 수 있는 것으로 여겨지고 있었습니다. 마치 알갱이들로 이루어져 있는 것처럼 생각할 이유가 없었죠. 예를 들어, 흔들리는 진자의 에

• 진동수는 그리스 문자 N의 소문자 ν를 써서 나타내며 '뉘'라고 발음한다.

너지는 진폭의 크기에 의해 결정됩니다. 도대체 진자가 특정 진폭으로만 움직이고 다른 진폭으로는 움직이지 않을 까닭이 있을까요? 막스 플랑크에게는 이것이 좀 이상한 계산상의 수법이었고, 실험실 측정 결과를 반영하는 데에는 유효했지만, 그 이유는 전혀 불명확했습니다.

그리고 5년 뒤, 아인슈타인이 (또 이 사람이네요) 플랑크의 '에너지 묶음'이 정말로 실재한다는 사실을 이해하게 됩니다. 이것이 1905년 〈물리학연보〉에 보낸 세 논문 중 세 번째 논문의 내용입니다. 양자역학의 진짜 생일은 바로 그날입니다.

이 논문에서 아인슈타인은 빛이 정말로 알갱이들로, 즉 빛의 입자들로 이루어져 있음을 보입니다. 그는 당시에 관찰된 희한한 현상을 고찰합니다. 바로 광전효과입니다. 빛을 쬐면 약한 전류를 발생시키는 물질들이 있습니다. 즉 전자를 방출하는 것이죠. 예를 들어, 오늘날 우리는 센서에 빛이 도달하는지를 감지해 사람이 다가가면 문을 여는 광전지에 이 현상을 이용하고 있습니다. 이는 이상한 일이 아닌 것이, 빛이 에너지를 전달하고(예를 들어, 우리를 따뜻하게 해주지요), 그 에너지가 전자들이 원자들로부터 '튀어나오도록' 만들기 때문입니다. 전자들을 밀쳐내는 것이죠.

그런데 이상한 점이 있습니다. 만약 빛의 에너지가 낮다면, 즉 빛이 희미하다면 그 현상이 일어나지 않을 거라고 예측하는 것이 합리적으로 보입니다. 그리고 에너지가 충분할 때, 즉 빛이 밝을 때 그런 현상이 일어나리라고 예측하는 게 합리적이겠죠. 그러나 그렇지가 않았습니다. 관찰된 바로는 빛의 진동수가 높은 경우에만 그 현상이 발생하고 진동수가 낮으면 발생하지 않는 것이었습니다. 즉, 빛의 강도(에너지)에 따라서가 아니라 빛의 색(진동수)에 따라서 발생하는 현상이었던 것입니다. 고전 물리학으로는 도저히 설명되지 않는 현상이지요.

아인슈타인은 진동수에 의존한 크기를 갖는 플랑크의 '에너지 묶음'이라는 아이디어를 가져와, 만일 그런 묶음이 정말로 존재한다면 그러한 현상을 설명할 수 있다는 것을 깨닫습니다. 그 이유를 이해하기는 어렵지 않습니다. 빛이 알갱이 형태로, 에너지의 알갱이로 온다고 상상해봅시다. 알갱이 하나가 전자 하나를 때립니다. 만일 전자를 때리는 그 개별 알갱이가 많은 에너지를 갖고 있으면 전자가 원자로부터 밀려나갈 겁니다. 알갱이가 많아서가 아니라요. 만약 플랑크의 가설대로 각 알갱이의 에너지가 진동수에 의해서 결정된다면, 진동수가 충분히 높은 경우에만 그런 현상이 일어날 것입니다. 즉 주위에 있는 에너지 총량과 상관없이, 개별 에너지 알갱이가 충분히 큰 경우에 그러하다는 것입니다.

이는 마치 우박이 떨어질 때와 같습니다. 자동차 지붕이 움푹 파일지를 결정하는 것은 떨어지는 우박의 총량이 아니라 개별 우박 덩어리의 크기입니다. 많은 양의 우박이 쏟아져도 알갱이가 모두 작으면 아무 피해도 없습니다. 마찬가지로 빛이 아주 세더라도 즉, 전체 에너지가 크더라도, 빛의 개별 알갱이 크기가 너무 작으면, 즉 빛의 진동수가 너무 낮으면 전자는 원자에서 튀어나오지 않습니다. 광전효과가 일어날지 말지를 빛의 강도가 아닌 색이 결정하는 이유는 이렇게 설명됩니다. 이 간단한 추론으로, 아인슈타인은 노벨상을 받았습니다.(일단 누군가가 다 생각을 해놓고 나면 그 뒤에 이해하는 것은 쉬운 일입니다. 가장 처음에 생각해내는 것이 정말 어렵죠.)

오늘날 우리는 이 에너지 묶음을 빛을 뜻하는 그리스어 '포스φῶς'를 빌어 '포톤', 광자光子라고 부릅니다. 광자는 빛 알갱이, '빛의 양자'입니다. 아인슈타인은 논문의 서론에서 이렇게 씁니다.

내가 보기에, 형광螢光, 음극선 방출, 흑체복사와 빛의 방출과 변

> 화와 관련된 다른 유사한 현상들은 빛 에너지가 공간 속에 불연속적으로 분포되어 있다고 가정할 때 더 잘 이해될 수 있다. 여기서 내가 고찰하는 것은 광선의 에너지가 공간 속에서 연속적으로 분포되어 있는 것이 아니라, 공간의 지점들에 국한되어 있는 유한한 수의 '에너지 양자'로 이루어져 있으며, 이러한 에너지 양자들은 나뉘지 않고 움직이며, 개별 단위체로 방출되고 흡수된다는 가설이다.[1]

이 단순하고 명확한 몇 줄이 양자이론의 출생증명서입니다. "내가 보기에……"라는 멋진 시작은, 패러데이의 망설임이나 뉴턴의 망설임, 또는 《종의 기원*On the Origin of Species*》의 처음 몇 쪽에서 엿보이는 다윈의 불확실함을 생각나게 합니다. 천재는 그가 내딛고 있는 발걸음이 얼마나 중요한지를 알고 있기에 언제나 망설이거든요.

우리가 1장에서 살펴본 브라운운동에 관한 아인슈타인의 연구와 빛에 관한 이 연구는 모두 1905년에 완결되었는데, 둘 사이에는 명확한 연관성이 있습니다. 아인슈타인은 브라운운동에서는 원자 가설, 즉 물질의 입자 구조에 대한 증거를 발견합니다. 그리고 빛의 연구는 바로 그 가설을 빛의 경우까지 연장한 것, 즉 빛 또한 입자 구조를 가지고 있을 수밖에 없음을 밝힌 것입니다.

처음에 아인슈타인의 이론은 동료들에 의해 젊은 과학자의 치기로 여겨졌습니다. 아인슈타인의 상대성이론에는 찬사를 보냈지만, 광자라는 생각은 터무니없다고 생각했습니다. 빛이 전자기장의 파동이라는 것을 이제 겨우 납득했는데, 그 파동은 또 어떻게 입자로 이루어져 있다는 건지? 당시 가장 저명한 물리학자들은 독일 내무장관에게 아인슈타인을 베를린의 교수로 임용하도록 추천하는 서한에서, 그 청년이 너무나도 뛰어나기에 광자 같은 몇 가지 과도한 발상은

"양해해줄 수 있다."고 씁니다. 하지만 몇 년 지나지 않아 그들은 광자의 존재를 인정하게 되고, 그 공로로 아인슈타인은 노벨상을 수상합니다. 빛은 마치 부드럽게 내리는 우박처럼 표면에 쏟아져 내리고 있는 것입니다.

어떻게 빛이 전자기파인 동시에 광자의 무리일 수 있는지를 이해하기 위해서는 양자역학의 전체 구조가 필요합니다. 그러나 새 이론의 초석은 놓인 셈입니다. 빛을 포함해 모든 사물의 바탕에는 입자성이 있다는 것입니다.

닐스와 베르너와 폴

플랑크가 양자역학의 생부라면 아인슈타인은 그 이론을 낳고 기른 모친이라고 할 수 있습니다. 하지만 아이들이 종종 그러하듯이 이 이론도 제 갈 길로 갔고, 아인슈타인도 더 이상 자기 이론이라고 인정하기 어려울 정도가 되었습니다.

20세기 초반 20여 년 동안 이론의 발전을 주도한 이는 덴마크 사람 닐스 보어Niels Bohr, 1885~1962입니다.(사진 4-1) 보어가 연구하고 있던 원자의 구조는 20세기 들어서 탐구되기 시작했습니다. 여러 실험들을 통해 원자가 작은 태양계와 비슷한 모양을 하고 있다는 것은 밝혀져 있었습니다. 질량은 무거운 중심핵에 집중되어 있고 그 주위를 가벼운 전자들

4-1 닐스 보어 20세기 초반 20여 년 동안 양자역학이론의 발전을 주도했다.

4-2 몇 가지 원소들의 스펙트럼

이 돌고 있는 것이 흡사 태양 주위를 행성들이 공전하는 것과 비슷합니다. 하지만 이러한 그림은 물질에 관한 간단한 사실을 설명하지 못했습니다. 물질에 색이 있다는 것을 말입니다.

소금은 흰색, 후추는 검은색, 익은 고추는 빨간색입니다. 왜 그럴까요? 원자가 방출하는 빛을 자세히 조사하면 물질들이 서로 다른 특정 색을 지니고 있다는 것이 발견됩니다. 맥스웰은 색이 빛의 진동수라는 것을 이미 발견했죠. 그래서 물질에서 방출된 빛은 특정 진동수만을 갖고 있습니다. 어떤 물질을 특징짓는 진동수들의 집합을 이 물질의 '스펙트럼'이라고 부릅니다. 스펙트럼은 서로 다른 색깔의 가는 띠의 모음으로, 주어진 원소가 발산한 빛이 (이를테면 프리즘에 의해) 분해된 것입니다. 그림 4-2는 몇 가지 원소들의 스펙트럼을 보여주고 있습니다.

20세기 초에 물리학 실험실에서 많은 물질들의 스펙트럼이 조사되고 분류되었지만, 왜 물질마다 이런저런 스펙트럼을 갖는지는 아무도 알지 못했습니다. 이 선들의 위치를 결정하는 것은 무엇일까요?

색은 빛의 진동수, 즉 패러데이 선들이 진동하는 속도입니다. 이는 또 빛을 방출하는 전하들의 진동에 의해서 결정됩니다. 이 전하들은 원자의 내부를 돌고 있는 전자들이죠. 그래서 스펙트럼을 연구하면 전자들이 핵의 주위에서 어떻게 진동하는지를 알 수 있고, 또 역으로 전자가 핵 주위를 도는 전자의 진동수를 계산하여 각 원자의 스펙트럼을 예측할 수도 있습니다. 말로는 쉽지만, 그러나 실제로 해낸 사람은 없었습니다. 사실상 불가능한 일로 보였죠. 뉴턴 역학 내에서는 전자는 그 어떤 속도로도 핵 주위를 돌 수가 있고 그래서 그 어떤 진동수의 빛도 방출할 수 있기 때문입니다. 그러나 그렇다면, 왜 원자가 방출하는 빛은 모든 색을 포함하고 있는 것이 아니라 오직 몇 가지 특정 색만을 지니고 있는 걸까요? 왜 원자의 스펙트럼이 연속적인 색이 아니라, 몇 가지 분리된 선들로 이루어져 있는 걸까요? 전문용어로 말하자면, 왜 연속적이지 않고 '불연속적'인 것일까요? 수십 년 동안 물리학자들은 대답을 찾을 수 없을 것 같았습니다.

보어는 아주 이상해 보이는 가설을 세움으로써 방법을 찾아냅니다. 보어는 원자 내의 전자들의 에너지가 오직 어떤 '양자화된' 값만을 가질 수 있다면 모든 것이 설명되리라는 것을 깨닫습니다. 몇 년 전에 플랑크와 아인슈타인이 광양자의 에너지에 대해서 가정했던 것처럼 어떤 특정 값만을 가진다면 말입니다. 다시금 열쇠는 입자성이지만, 이번에는 빛이 아니라, 원자 속 전자들의 에너지의 입자성입니다. 자연의 입자성이 아주 일반적인 것이라는 사실이 분명해지기 시작하는 것이지요.

보어는 전자가 핵으로부터 어떤 '특별한' 거리에서만, 다시 말해 어떤 특정한 궤도에서만 존재할 수 있으며, 그 척도는 플랑크 상수 h에 의해서 결정된다고 가정합니다. 그리고 전자들은 허용된 에너지를 갖는 한 원자 궤도와 다른 원자 궤도 사이에서 '도약'할 수 있다고 가정합니다. 이것이 그 유명한 '양자도약Quantum Leap'이죠. 이러한 두 가설에 의해 정의된 보어의 '원자모형'은 2013년에 탄생 100주년을 맞이했습니다. 보어는 이러한 (기이하지만 단순한) 가정을 하고서, 모든 원자의 스펙트럼을 계산하고 심지어 아직 관찰되지 않은 스펙트럼들도 정확하게 예측해냅니다. 이 간단한 모형은 정말로 놀라운 실험적 성공을 거둡니다. 분명, 물질에 대한 당시의 관념과 역학과는 반대 방향으로 가는 것이기는 하지만, 이러한 가정들에는 진실이 있습니다. 그러나 왜 항상 특정 궤도뿐일까요? 그리고 전자가 '도약'한다는 것은 무엇을 의미하는 것일까요?

코펜하겐에 있는 보어 연구소에 당대 가장 영리한 젊은 지성들이 모여 원자 세계 내의 이 이해할 수 없는 난맥상에 질서를 부여하고 정합적인 이론을 세우기 위한 시도를 합니다. 길고 지지부진하던 연구는 한 독일 청년이 그 수수께끼의 문을 여는 열쇠를 발견하면서 전기를 맞습니다.

4-3 베르너 하이젠베르크는 양자역학의 두 번째 초석이자, 가장 어려운 열쇠를 발견한다.

베르너 하이젠베르크Werner Heisenberg, 1901~1976(사진 4-3)가 양자역학 방정식을 쓴 것은 스물다섯 살 때로, 아인슈타인이 자신의 주요 논문 세 편을 썼을 때와 같은 나이였습니다. 하이젠베르크도 정말 아찔한 아이디어를 바탕으로 방정식을 만듭니다.

어느 날 밤 코펜하겐 물리학 연구

소 뒤편 공원에 있던 그에게 직관이 찾아옵니다. 젊은 베르너는 생각에 잠겨 공원을 걷고 있습니다. 공원은 어둡습니다.(1925년이니까요.) 흐릿한 가로등 몇 개만 여기저기 작은 빛의 웅덩이를 만들고 있을 뿐입니다. 빛의 방울들 사이에는 넓은 어둠의 공간이 펼쳐져 있습니다. 갑자기 하이젠베르크는 한 사람이 지나가는 것을 봅니다. 사실은 지나가고 있는 과정의 사람을 본 것이 아닙니다. 그가 본 것은 한 사람이 한 가로등 아래에서 나타난 뒤 어둠 속으로 사라지고, 이윽고 다른 가로등 아래에서 다시 나타나서는 또 다시 어둠 속으로 사라지는 모습입니다. 그렇게 계속해서 한 빛의 웅덩이에서 다른 빛의 웅덩이로 건너가다 밤의 어둠 속으로 사라져버립니다. 하이젠베르크는 '당연히' 그 남자가 사라졌다가 다시 나타나는 것은 아니라고 생각합니다. 한 가로등 빛과 다른 가로등 빛 사이의 그 남자의 진짜 궤도를 상상으로 재구성할 수 있으니까요. 어쨌든 사람은 크고 무거운 물체이고, 크고 무거운 물체는 그냥 나타났다가 사라졌다가 하지는 않는데…….

'아! 이런 크고 무거운 물체들은 사라지고 다시 나타나고 하지 않지, 하지만 전자에 관해서는 무엇을 알지?' 그의 머릿속이 번쩍합니다. '만일 전자 같은 작은 물체들에서는 이 '당연함'이 더 이상 들어맞지 않는다면? 만일 실제로 전자가 사라지고 다시 나타나고 할 수 있다면? 만일 원자의 스펙트럼 구조의 근저에 이러한 신비로운 '양자도약'이 있는 것이라면? 만일 다른 무언가와 어떤 상호작용을 하고 또 다른 상호작용을 할 때, 그 사이에 전자는 말 그대로 어디에도 있지 않은 거라면?……'

'만일 전자가 다른 무언가와 상호작용할 때, 충돌할 때에만, 나타나는 무언가라면? 그리고 한 상호작용과 다른 상호작용 사이에는 그 어떤 정확한 위치도 갖지 않는다면? 만일 언제나 정확한 위치를 갖는다는 것은, 방금 어둠 속에서 유령처럼 나타났다가 밤 속으로 사라져버렸던 사람처럼 충분히 크고 무거운 물체에게만 있는 것이라면……?'

아마도 이십 대 때나 그런 망상을 진지하게 받아들이고, 그런 것이 세계에 대한 이론이 된다고 믿을 수 있을 겁니다. 그리고 자연의 깊은 구조를 이런 식으로 남들보다 더 잘 이해하려면, 어쩌면 우리도 이십 대가 되어야만 할 것입니다. 시간이 모든 사람에게 똑같이 흐르지 않는다는 것을 아인슈타인이 깨달았던 것이 이십 대였듯, 덴마크의 그날 밤 하이젠베르크도 그랬습니다. 어쩌면 서른이 넘고 나면 더 이상 자신의 직관을 믿을 수 없는 것일지도…….

하이젠베르크는 흥분에 차서 집으로 돌아와 계산에 몰두합니다. 얼마 뒤 그는 당황스러운 이론을 들고 나타납니다. 그것은 입자들의 움직임에 대한 근본적인 기술로서, 이 이론에서는 입자들의 위치는 모든 순간 기술되지 않고 오직 특정 순간의 위치만 기술되는 것이었습니다. 입자들이 다른 무언가와 상호작용하는 순간만 말입니다.

그리고 양자역학의 두 번째 초석이자 가장 어려운 열쇠가 발견됩니다. 그것은 바로 모든 사물의 관계적 양상입니다. 전자는 항상 존재하는 것이 아니라, 상호작용할 때에만 존재합니다. 다른 무언가와 충돌할 때에 어떤 장소에서 물질화됩니다. 한 궤도에서 다른 궤도로의 '양자도약'이 전자가 실재하게 되는 유일한 방식이죠. 하나의 전자는 한 상호작용에서 다른 상호작용으로의 도약들의 집합입니다. 그것을 방해하는 것이 없다면 전자는 어디에도 존재하지 않습니다. 하이젠베르크는 전자의 위치와 속도를 쓰는 대신 숫자표(행렬)를 씁니다. 그는 전자의 가능한 상호작용들을 나타내는 숫자표들을 곱하고 나눕니다. 그리고 마치 마법사의 마법 주판처럼, 그의 계산 결과는 관찰된 모든 것들과 완벽히 들어맞습니다. 그것이 바로 양자역학의 첫

4-4 폴 디랙 양자역학은 그의 손에 의해 흐리멍덩한 형이상학적 논의에서 벗어나 완벽한 건축물로 거듭난다.

번째 기본 방정식입니다. 그 이후로 방정식은 계속해서 잘 작동해왔습니다. 믿기 힘들지만 오늘까지도 이 방정식은 **결코** 틀린 적이 없습니다.

그리고 마침내 또 다른 스물다섯 살의 젊은이가 나타나 하이젠베르크의 첫 작업들을 모아 새로운 이론을 세우고 수학적이고 형식적인 전체 발판을 마련합니다. 그가 바로 아인슈타인 이후 가장 위대한 물리학자로 꼽히는 영국인 폴 애드리언 모리스 디랙Paul Adrien Maurice Dirac, 1902~1984입니다.(사진 4-4)

폴 디랙은 학문적 고매함에도 불구하고 아인슈타인보다 훨씬 덜 알려져 있습니다. 이는 한편으로는 그의 연구의 고도한 추상성 때문이며 또 한편으로는 그의 당혹스러운 성격 때문이었습니다. 그는 말이 없고 극도로 신중하며 감정과 느낌을 표현할 줄도 모르고, 종종 지인의 얼굴도 알아보지 못하며, 심지어 일상적인 대화를 나누거나 간단한 질문을 이해하는 것조차 할 줄 모르는, 자폐증처럼 보이는, 어쩌면 그런 증상이 있었을지도 모르는 사람이었습니다.[2]

강연 중 한 동료가 질문을 했습니다. "나는 그 공식을 이해하지 못했습니다." 디랙은 말없이 잠시 멈추었다가는 무심하게 강의를 이어갔습니다. 사회자가 끼어들어 질문에 대답을 할 것인지를 묻자, 디랙은 진심으로 놀라며 말을 합니다. "질문? 무슨 질문이요? 제 동료는 단언을 했습니다."("나는 그 공식을 이해하지 못했습니다."는 긍정문이지 의문문이 아니긴 하니까요…….) 거만해서 그런 것이 아닙니다. 자연의 숨은 비밀을 보았던 이 사람은 언어의 암묵적 용법을 이해하지 못해 동료의 말뜻을 파악하지 못하고, 모든 문장을 글자 그대로 받아들였던 것입니다.[3] 하지만 그의 손에서 양자역학은 직관과 어설픈 계산, 흐리멍덩한 형이상학적 논의, 작동은 잘 되지만 왜 그런지는 모르는 방정식이 뒤죽박죽이던 상태에서 벗어나 완벽한 건축물로 변형됩니다. 경쾌하고 단순하고 아름답죠. 그러나 고도의 추상물입니다.

"디랙은 모든 물리학자 중 가장 순수한 영혼을 지니고 있다."고 노老 보어는 말했습니다. 그의 물리학은 노래처럼 맑고 깨끗합니다. 그에게 있어 세계는 사물로 이루어져 있는 것이 아니라, 사물이 어떻게 나타나며 나타날 때 어떻게 움직이는지를 말해주는 추상적인 수학적 구조로 이루어져 있는 것입니다. 논리와 직관의 마법 같은 만남이죠. 아인슈타인도 깊이 감동받아서 말했습니다. "디랙은 문제를 제기한다. 천재와 광기 사이의 이 아찔한 길을, 균형을 유지하며 걸어가는 무시무시한 일을 하는 것은 정말 힘겨운 일이다."

디랙의 양자역학은 오늘날 모든 엔지니어들과 화학자들과 분자생물학자들이 사용하고 참고하고 있습니다. 그 역학에서는 모든 대상이 어떤 추상적 공간◆에 의해서 기술되고, 대상은 질량과 같은 변하지 않는 것 말고 그 자체 어떤 속성도 갖지 않습니다. 대상의 위치와 속도, 각운동량角運動量, 전위 등등은 다른 대상과 충돌할 때에만 실재성을 얻습니다. 정의되지 않는 것은 하이젠베르크가 이해했듯 그저 대상의 위치만이 아닙니다. 한 상호작용과 다음 상호작용 사이에는 대상의 그 어떤 변수도 정의되지 않습니다. 이론의 관계적 양상이 일반화된 것이지요.

◆ 힐베르트 공간.

다른 대상과 상호작용하는 중에 갑자기 나타나는 물리적 변수(속도, 에너지, 운동량, 각운동량)는 아무 값이나 갖는 것이 아닙니다. 오직 특정한 값만을 가질 수 있고 다른 값은 가질 수 없습니다. 디랙은 한 물리적 변수가 가질 수 있는 값들의 집합을 계산하는 비책을 제시합니다.◆ 이러한 값들은 원자가 방출한 빛의 스펙트럼과 유사합니다. 물질의 빛이 분광되어 생긴 스펙트럼 선Spectral line들에 빗대어, 오늘날 우리는 변수가 가질 수 있는 특정 값들의 집합을 '변수의 스펙트럼'이라고 부릅니다. 예를 들어, 핵 주위를 도는 전자들의 궤도 반경은 보어가 가정했던 대로 오직 특정 값만을 갖는데, 이것이 '반경의 스펙트럼'을 형성하는 것입니다.

그리고 이 이론은 스펙트럼의 어느 값이 다음 상호작용에서 나타날 것인지에 관한 정보를 주는데, 오직 확률로만 줍니다. 우리는 전자가 어디에서 나타날지를 확실하게 알지는 못하지만, 여기 또는 저기에 나타날 확률을 계산할 수는 있습니다. 이는 적어도 원칙적으로는 미래가 확실하게 예측 가능한 뉴턴의 이론에서 근본적으로 벗어나는 변화입니다. 양자역학은 사물의 변화의 핵심부에 확률을 가져다 놓습니다. 바로 이 비결정성이 양자역학의 세 번째 초석입니다. 원자 수준에서 우연이 작동하고 있다는 것을 발견한 것입니다. 뉴턴 물리학에서는 우리가 초기 데이터에 대해 충분한 정보를 갖고 계산을 해낸다면 미래를 정확하게 예측할 수가 있는 반면, 양자역학에서는 사건이 일어날 확률만을 계산할 수 있을 뿐입니다. 미시적 차원에서는 이러한 결정성의 부재가 자연에 내재되어 있는 것이죠. 전자는 오른쪽이나 왼쪽으로 움직이도록 결정되어 있지 않습니다. 우연에 의

◆ 이것들이 해당 물리적 변수와 연관된 연산자의 고유치들이다. 열쇠가 되는 방정식은 고유치 방정식인 것이다.

해서 그렇게 되는 것입니다. 거시적 세계에서 결정성이 나타나는 이유는, 이런 우연이, 이런 미시적 우발성이 만들어내는 변동이 일상생활에서 알아차리기에는 너무 작다는 사실 때문입니다.

디랙의 양자역학 덕분에 두 가지를 할 수 있게 됩니다. 첫째는 한 물리적 변수가 어느 값을 가질 수 있는지를 계산하는 것입니다. 이를 '변수의 스펙트럼 계산'이라고 부릅니다. 이는 사물의 바탕에 있는 입자성을 포착합니다. 이는 극도로 일반적입니다. 모든 물리적 변수에 유효하죠. 계산된 값들은, 어떤 대상이 (원자, 전자기장, 분자, 추, 돌, 별 등등) 다른 대상과 상호작용할 때에(관계성) 변수가 가질 수 있는 값들입니다. 디랙의 양자역학 덕분에 할 수 있게 된 두 번째 일은, 다음 상호작용에서 변수의 이 값이나 저 값이 나타날 확률을 계산하는 것입니다. 이를 '전이 진폭 계산'이라고 부릅니다. 이 확률성이 이론의 세 번째 핵심 특성을 표현합니다. 비결정성, 즉 유일한 예측을 주는 것이 아니라 오직 확률적인 예측만을 준다는 것이죠.

이것이 디랙의 양자역학입니다. 변수들의 스펙트럼을 계산하기 위한 방법이자, 한 상호작용에서 스펙트럼의 어느 값이 나타날지 그 확률을 계산하는 방법입니다. 이것이 전부입니다. 한 상호작용과 다른 상호작용 사이에 일어나는 일은 이 이론에서는 존재하지 않는 어떤 것입니다.

전자나 다른 입자가 공간의 한 지점이나 다른 지점에서 발견될 확률을 넓게 퍼진 구름으로 상상해볼 수 있습니다. 구름이 짙을수록 입자를 볼 확률이 큽니다. 때로 이 구름을 진짜 대상인 것처럼 보는 것이 유용합니다. 예를 들어, 핵 주위를 도는 전자 하나를 나타내는 구름은 전자가 나타나기 더 쉬운 곳을 우리에게 알려줍니다. 학교에서 배웠을 수도 있겠는데, 이것들이 원자의 '궤도함수'입니다.◆

곧 이 이론의 효과는 놀라운 것으로 드러납니다. 우리가 오늘날 컴퓨터를 만들고, 화학과 분자생물학을 발전시키고, 레이저와 반도체를 개발한 것은 양자역학 덕분입니다. 몇십 년 동안 물리학자들에게는 마치 날마다 크리스마스인 것 같았습니다. 새로운 문제가 생기면 해답이 양자역학의 방정식에서 튀어나왔고, 그 해답은 언제나 옳았습니다. 한 가지 예를 들어보죠. 그것만으로도 충분할 테니까요.

우리 주위의 물질은 수천 가지의 서로 다른 성분들로 이루어져 있습니다. 그러나 18세기와 19세기의 화학자들은 모든 성분들이 언제나 백여 가지의 단순한 원소의 조합일 뿐이라는 것을 알아차립니다. 수소, 헬륨, 산소 등에서 우라늄에 이르는 원소들이 그것들이죠. 멘델레예프Dmitri Mendeleev, 1834~1907는 이 원소들을 (무게의) 순서에 따라 정리해 그 유명한 '주기율표'를 만듭니다. 수많은 교실의 벽에 걸려 있는 것이죠. 이 주기율표는 지구뿐만 아니라 모든 은하계를 이루고 있는 원소들의 속성을 요약한 것입니다. 그런데 왜 하필 이 특정 원소들이 존재하는 걸까요? 어떻게 해서 이런 주기적 구조가 있는 걸까요? 왜 각 원소마다 특정한 속성을 갖고 다른 것은 갖지 않을까요?

◆ 이 '구름'은 전자가 발견될 수 있을 공간의 점들을 나타내며, '파동함수'라는 수학적 대상에 의해 기술된다. 오스트리아의 물리학자인 어윈 슈뢰딩거(Erwin Schrodinger)는 이 파동함수가 시간에 따라 어떻게 전개되는지를 기술하는 방정식을 썼다. 슈뢰딩거는 '파동'이 양자역학의 기이함을 설명할 수 있으리라고 기대했다. 바다에서부터 전자기파에 이르기까지 파동은 우리가 꽤 잘 이해하고 있으니 말이다. 오늘날에도 실재가 슈뢰딩거의 파동이라고 생각함으로써 양자역학을 이해하고자 하는 사람들이 있다. 그러나 하이젠베르크와 디랙은 이것이 잘못된 길이라는 것을 곧바로 알아차린다. 슈뢰딩거의 파동을 실재하는 무언가로 생각하고, 거기에 너무 많은 무게를 두는 것은 이론을 이해하는 데에 도움도 되지 않고, 실제로는 훨씬 더 많은 혼란을 낳는다. 파동함수는 물리적 공간 속에 있는 것이 아니고 추상적 공간 속에 있는 것이기에 직관적인 특성이 전혀 없다. 그러나 슈뢰딩거의 파동이 실재에 대한 좋은 이미지가 아닌 주요 이유는, 전자가 다른 어떤 것과 부딪칠 때 언제나 한 지점에서 부딪치는 것이지, 파동처럼 공간에 퍼져 있지 않기 때문이다. 만일 전자를 파동으로 생각한다면, 어떻게 이 파동이 충돌할 때마다 한 지점에 순간적으로 집중되는지를 설명해야 하는 곤란함에 처하게 된다. 슈뢰딩거의 파동은 실재에 대한 유용한 그림이 아니라, 전자가 어디에 다시 나타나는지를 더 정확히 예측할 수 있는 데 도움이 되는 계산이다. 전자의 실재는 파동이 아니다. 그것은 젊은 하이젠베르크가 코펜하겐의 밤 산책 중에 보았던 가로등 불빛 속에서 나타난 남자처럼, 상호작용할 때에만 간헐적으로 나타나는 것이다.

예컨대 왜 어떤 원소들은 쉽게 결합하는데 다른 것들은 그렇지 않을까요? 멘델레예프의 주기율표의 기묘한 구조의 비밀은 무엇일까요?

자, 먼저 전자의 궤도함수의 형태를 결정하는 양자역학 방정식을 살펴봅시다. 이 방정식에는 일정한 수의 해가 존재하며, 이 해들은 정확히 수소, 헬륨, 산소…… 그리고 다른 원소들에 대응됩니다! 멘델레예프의 주기율표는 이 해들에 정확히 들어맞는 구조로 되어 있습니다. 원소들의 속성과 여타 모든 것은 이 방정식의 해로부터 따라 나온 것입니다! 달리 말해, 양자역학이 원소 주기율표 구조의 비밀을 완전히 해독해낸 것입니다.

세계의 모든 물질들을 오직 하나의 공식으로 기술하겠다는 피타고라스와 플라톤의 오랜 꿈이 실현됩니다. 화학의 무한한 복잡성이 단일한 방정식의 해들에 의해 포착된 것입니다! 화학 전체가 이 단일한 방정식에서 나오지요. 그리고 이것도 양자역학의 수많은 응용 분야 중의 하나일 뿐입니다.

장과 입자는 동일한 것

양자역학의 일반적인 공식을 마치고 난 지 겨우 2년 뒤, 디랙은 이를 전자기장과 같은 장들에 직접 적용할 수 있으며, 특수상대성이론과 일관되도록 만들 수 있다는 것을 깨닫습니다.(이 양자역학의 공식을 일반상대성이론과 일관되도록 만드는 것은 훨씬 더 어려운 일이며, 이어지는 장들에서 다룰 주제가 될 것입니다.) 이렇게 함으로써 디랙은 자연에 대한 기술을 더 근본적으로 단순화하는 길을 발견합니다. 뉴턴이 사용한 입자의 개념과 패러데이가 도입한 장의 개념 사이의 수렴입니다.

한 상호작용과 다른 상호작용 사이의 전자들에게 동반되는 확률 구름은 장과 다소 비슷합니다. 그러나 패러데이와 맥스웰의 장은 다시금 알갱이들로, 즉 광자들로 이루어져 있습니다. 입자들이 어떤 의미에서는 장처럼 공간 속에 퍼져 있을 뿐만 아니라, 장들도 입자처럼 상호작용합니다. 패러데이와 맥스웰이 구분했던 장과 입자의 개념이 양자역학 속에서 마침내 합치하는 것이죠.

디랙의 이론은 아주 우아하게 이 일을 해냅니다. 디랙의 방정식은 변수가 취할 수 있는 값들을 결정합니다. 패러데이 선들의 에너지에 적용했을 때, 방정식은 이 에너지가 오직 특정한 값들만 취할 수 있다는 것을 말해줍니다. 전자기장의 에너지는 오직 특정한 값만을 취할 수 있으므로, 에너지 묶음들의 집합처럼 행동합니다. 이것들이 바로 플랑크와 아인슈타인이 말한 에너지의 양자입니다. 한 바퀴를 돌아 원점으로 돌아왔네요. 디랙의 방정식은 플랑크와 아인슈타인이 직관적으로 이해했던 빛의 입자성을 설명하는 것이죠.

전자기파는 패러데이 선들의 진동이지만 작은 척도로 보면 광자의 무리이기도 합니다. 광전효과에서처럼 다른 것과 상호작용할 때에는 입자처럼 보입니다. 우리의 눈에 빛이 개별 광자로 방울져서 떨어지는 겁니다. 광자는 전자기장의 '양자'인 것이죠. 그러나 전자들과 세계를 구성하는 다른 모든 입자들도 마찬가지로 장의 '양자'입니다. 패러데이와 맥스웰의 장과 비슷한 '양자장'으로서, 입자성을 지니고 양자 확률을 따릅니다. 디랙은 전자와 다른 기본입자들의 장에 대한 방정식을 씁니다.◆ 이렇게 해서 패러데이가 도입한 장과 입자 사이의 차이는 사라지고 있습니다.

특수상대성이론과 양립하는 양자론의 일반적인 형태는 '양자장이

◆ 디랙 방정식.

론'이라고 불리며, 오늘날 입자물리학의 기초가 됩니다. 광자가 전자기장의 양자이듯이 입자들은 장의 양자이며, 모든 장은 상호작용에서 이러한 입자 구조를 보입니다.◆

20세기에는 기본 장들의 목록이 계속 확장되었고, 오늘날에는 양자장이론의 맥락에서 중력을 제외하고는 우리가 아는 거의 모든 것들을 잘 기술하는 '기본입자들의 **표준모형**Standard model'이라고 부르는 이론을 갖게 되었습니다.◆◆ 지난 세기의 상당 기간 동안 물리학자들은 이 모형을 발전시키는 데에 전념했고, 이는 그 자체로 놀라운 발견의 모험이었습니다. 그러나 저는 이러한 부분에 대해서 이야기하지는 않겠습니다. 제가 하고자 하는 것은 양자중력에 대한 이야기이니까요. '표준모형'은 1970년대에 완성되었습니다. 약 15개의 장들이 존재하는데, 그 장들의 양자가 기본입자들(전자, 쿼크, 뮤온, 중성미자, 힉스 입자와 다른 몇 가지)입니다. 여기에 더해 전자기력과 원자핵 차원에서 작용하는 다른 힘들을 기술하는 전자기장 같은 장들이 있습니다.

처음에는 이 표준모형은 진지하게 받아들여지지 않았습니다. 어딘가 끼워 맞춘 것 같아 보이기도 하고, 일반상대성이론과 맥스웰 방정식이나 디랙 방정식의 경쾌한 단순성과는 거리가 멀어보였기 때문입니다. 그러나 예상과는 달리 모든 예측이 맞는 것으로 확인되었습니다. 30년이 넘는 기간 동안 입자 물리학의 모든 실험은 이 표준모형을 재확인하는 것뿐이었습니다. 최근의 사례는 2013년 화제가 되었던 힉스 입자Higgs Boson의 발견이었습니다. 힉스 장field은 이론을

◆ 이는 양자역학과 특수상대성이론의 결과로서 일반적으로 참이다.

◆◆ 표준모형으로 환원할 수 없는 것처럼 보이는 현상이 하나 있다. 이른바 암흑물질이다. 천체물리학자들은 표준모형으로 기술되는 물질의 유형이 아닌 것으로 보이는 물질의 효과를 우주에서 관찰한다. 저 너머에는 우리가 아직도 모르는 많은 것들이 존재하는 것이다.

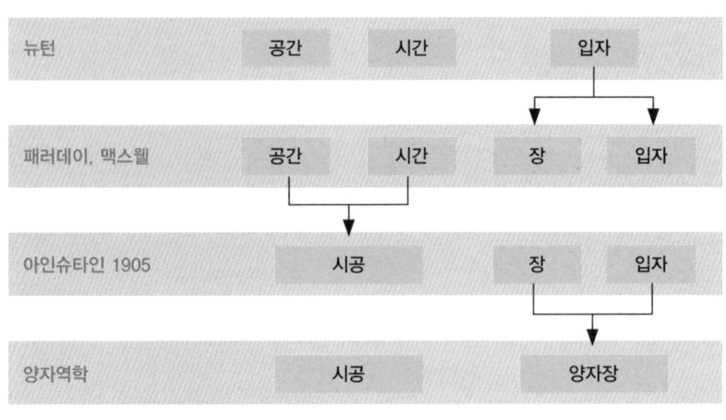

4-5 세계는 무엇으로 이루어져 있는가?

일관성 있게 만들기 위해 표준모형의 장의 하나로 도입된 것이었는데, 조금 인위적인 것으로 보였습니다. 그런데 이 장의 양자인 힉스 입자가 실제로 관찰되었고 표준모형이 예측한 속성을 가지고 있는 것으로 밝혀졌지요.(이 입자를 '신의 입자'라고 불러왔다는 사실은 너무도 바보 같은 일이어서 논평할 가치조차 없습니다.)◆ 요컨대, 양자역학 분야에서 만들어진 '표준모형'은 지나치게 겸손한 명칭에도 불구하고 대성공을 거두었습니다.

장/입자들로 이루어진 오늘날의 양자역학은 자연을 놀랍도록 잘

◆ 힉스 입자가 '질량을 설명하는 입자'라는 저널리즘의 표현은 진지하게 여길 필요가 없다. 입자가 질량을 가지고 있는 까닭은 그저 질량이 있기 때문일 뿐, 힉스 입자는 질량의 기원에 대해서는 그다지 설명을 하지 않는다. 핵심은 전문적인 부분에 있다. 표준모형은 특정한 대칭에 기반하고 있는데, 이 대칭은 질량이 없는 입자들만을 허용하는 것처럼 보였다. 그러나 힉스는 대칭과 질량을 모두 갖는 것이 가능하다는 것을 알아냈다. 질량은 지금은 힉스 장이라고 불리는 어떤 장과 상호작용을 통해서 간접적으로만 갖게 되는 것이었다. 각 장마다 자신의 입자가 있으므로, 대응하는 '힉스 입자'가 있어야만 했는데, 이것이 2013년에 발견된 것이다.

기술합니다. 세계는 장과 입자로 이루어져 있는 것이 아니라 단일한 유형의 대상으로 이루어져 있습니다. 바로 양자장입니다. 시간의 흐름에 따라 공간 속에서 움직이는 입자는 더 이상 없습니다. 시공 속에서 기본 사건들이 일어나는 양자장만이 존재할 뿐입니다. 이 세계는 이상하지만, 단순합니다.(그림 4-5)

양자 1: 정보는 유한하다

양자역학이 세계에 관해 우리에게 정확히 무엇을 말해주는지에 대한 결론을 내릴 때가 되었습니다. 이는 쉬운 일이 아닙니다. 양자역학은 개념적으로 명확하지 않은 이론이며 몇 가지 문제도 논란이 분분한 채로 남아 있기 때문입니다. 그러나 앞으로 더 나아가기 위해서는 어느 정도는 명확히 해두는 시도가 꼭 필요합니다. 나는 양자역학 덕분에 사물의 본성에 관한 세 가지 측면을 이해하게 되었다고 생각합니다. 그것은 입자성, 비결정성, 관계성입니다. 하나하나 좀 더 자세히 살펴봅시다.

첫째는 자연에는 근본적으로 입자성이 존재한다는 것입니다. 물질과 빛의 입자성은 양자역학의 핵심입니다. 이는 데모크리토스가 직관으로 파악했던 물질의 입자성과 정확히 같지는 않습니다. 데모크리토스에게 원자란 작은 조약돌 같은 것이었던 반면 양자역학에서 입자들은 사라졌다가 다시 나타나고 하는 것들입니다. 그러나 세계가 입자로 이루어져 있다는 발상의 뿌리는 고대 원자론이며, 양자역학은 압데라의 대 철학자의 자연에 대한 깊은 통찰을 제대로 되살린 것입니다. 물론 수 세기에 걸친 실험과 강력한 수학과 올바른 예측을 할 수 있는 특별한 능력에서 오는 커다란 신뢰성에 힘입어 더욱 강력해진 모습으로요.

우리가 어떤 물리계에서 측정을 했는데, 그 계가 특정한 상태에 있는 것을 알게 되었다고 가정해봅시다. 예를 들어 진자의 진폭을 측정하고 그것이 5센티미터와 6센티미터 사이의 (물리학에서는 어떤 측정도 결코 정확하지 않으니까요.) 어떤 값을 갖는다는 것을 알게 되었다고 해봅시다. 양자역학 이전이라면 우리는 5센티미터와 6센티미터 사이에 무수히 많은 가능한 값들이(예컨대, 5.1이나 5.01이나 5.001……) 있으니까, 진자의 가능한 운동 상태도 무한히 많이 있을 것이라고 말했을 것입니다. 진자에 관한 우리의 무지의 양도 무한할 것이고요.

반면 양자역학은 5센티미터와 6센티미터 사이에는 진폭의 가능한 값이 유한한 수로만 존재한다고 말합니다. 그러므로 우리가 진자에 관해서 알지 못하는 정보도 유한한 것입니다.

이러한 논리는 모든 것에 일반적으로 적용됩니다.◆ 그러므로 양자역학의 첫 번째 깊은 의미는 한 체계 내에 존재할 수 있는 정보에 한계가 있다는 것, 즉 존재할 수 있는 가능한 상태들의 수에 한계가 있다는 것입니다. 이렇게 무한에 한계를 지운 것, 데모크리토스가 엿보았던 자연의 이러한 근본적인 입자성이 이 이론의 첫 번째 핵심 측면입니다. 플랑크 상수 h가 이 입자성의 기본 척도를 설정하는 것입니다.

◆ 유한한 위상공간 영역 즉, 어떤 계의 가능 상태의 공간은 무한한 수의 서로 다른 고전적 상태를 담고 있지만, 언제나 유한한 수의 직교 양자 상태만을 담고 있다. 이 수는 영역의 부피를 플랑크 상수로 나눈 다음 이를 자유도의 수만큼 거듭제곱하면 얻어진다. 이 결과는 일반적이다.

양자 2: 비결정성

이 세계는 입자적인 양자 사건들의 연속입니다. 이 사건들은 불연속적이고 입자적이며 개별적이죠. 그것들은 한 물리계와 다른 물리계 사이의 개별적인 상호작용입니다. 장의 양자인 전자나 광자는 공간 속에서 경로를 따르는 것이 아니라, 다른 어떤 것과 충돌할 때 특정 시간에 특정 장소에 나타나는 것입니다. 언제 어디에서 나타날까요? 이것을 확실하게 예측할 수 있는 길은 없습니다. 양자역학은 자연의 심부에 기본적인 비결정성을 도입합니다. 미래는 정말로 예측 불가인 것이죠. 이것이 양자역학의 두 번째 근본적인 가르침입니다.

이러한 비결정성 때문에 양자역학이 기술하는 세계는 사물들이 끊임없이 무작위적인 변화를 겪고 있는 세계입니다. 마치 작은 규모에서 모든 것이 언제나 진동하고 있는 것처럼, 모든 변수는 끊임없이 '요동'치고 있습니다. 물론 우리는 어디에나 있는 이러한 요동을 보지 못합니다. 너무 작아서 우리가 거시적 물체를 관찰할 때처럼 큰 척도로 볼 때에는 보이지 않기 때문입니다. 우리가 보고 있는 돌은 움직이지 않고 가만히 있습니다. 그러나 우리가 그 돌의 원자들을 관찰할 수 있다면 그것들이 쉬지 않고 진동하면서 끊임없이 여기저기에 나타나는 것을 보게 될 것입니다. 양자역학은, 세계는 더 가까이에서 자세히 볼수록 더 변화무쌍하다는 것을 우리에게 드러내 보여줍니다. 세계는 끊임없는 요동이며, 미소微小한 사건들이 끊임없이 미시적으로 우글거리고 있는 곳입니다. 세계는 작은 자갈로 이루어져 있지 않습니다. 그것은 떨림으로, 우글거림으로 이루어져 있습니다.

고대 원자론은 현대 물리학의 이러한 면까지도 먼저 얻었습니다. 근본적 수준에서는 확률적인 법칙들이 나타난다는 것이죠. 데모크리토스는 원자의 움직임은 충돌에 의해 (뉴턴에게서처럼) 엄격하게 결정된다고 가정하였습니다. 그러나 그의 후계자인 원자론자 에피쿠로스는 스승의 엄격한 결정론을 수정하여 고대 원자론에 비결정성을 도입합니다. 마치 뉴턴의 결정론적 원자론에 하이젠베르크가 비결정성을 도입한 것과 비슷합니다. 에피쿠로스가 보기에 원자는 때로 우연에 의해 경로에서 이탈할 수 있는 것이었습니다. 루크레티우스는 이를 아름다운 말로 표현합니다. 이 이탈은 "인케르토 템포레……인케르티스쿠에 로키스incerto tempore …… incertisque locis, 불특정 시간에 불특정 장소에서 일어난다."[4] 이러한 비결정성이, 그리고 근본적인 수준에서 확률성이 나타난다는 것이 양자역학으로 빚어진 세계의 두 번째 주요 발견입니다.

그러면 특정한 초기 위치 A에 있던 한 전자가 일정 시간 뒤에 최종 위치 B에서 다시 나타날 확률은 어떻게 계산할까요? 앞서 언급한 리처드 파인만은 1950년대에 이런 계산을 하는 아주 요긴한 방법을 발견합니다. A에서 B까지 가는 가능한 모든 경로들을, 즉 전자가 따라갈 수 있는 모든 경로들(직선, 곡선, 지그재그……)을 고려하는 것입니다. 각 경로마다 하나의 수를 계산해낼 수 있습니다. 그다음에 이 모든 수들을 합하면 확률을 결정할 수 있게 되는 것이죠. 여기서 계산의 세부 사항을 이야기하는 것은 중요하지 않습니다. 중요한 것은 전자가 A에서 B로 가기 위해서 마치 '모든 가능한 경로를' 지나가는 것 같다는 사실입니다. 다시 말해 구름 속으로 퍼져 나갔다가는 신기하게도 B 지점에서 모여서 다른 것과 다시 충돌한다는 겁니다.(그림 4-6)

양자 사건의 확률을 계산하는 이러한 방식을 파인만 '경로 합'이라고 부릅니다.* 그리고 우리는 그것이 양자중력에서 어떤 역할을 하는지 앞으로 보게 될 것입니다.

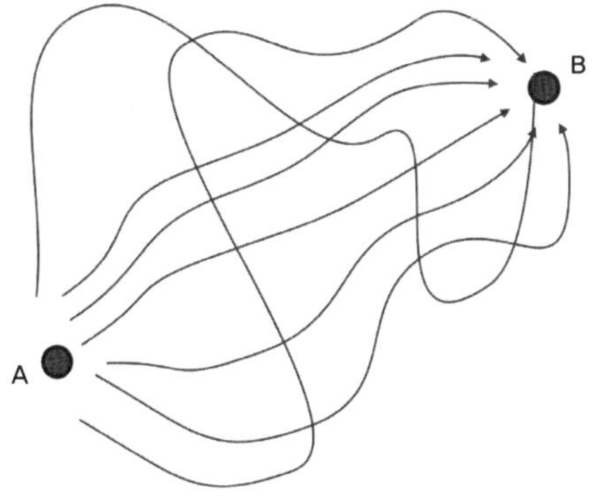

4-6 A에서 B로 가기 위해 전자는 마치 모든 가능한 경로를 지나가는 것처럼 행동한다.

양자 3: 실재는 관계적이다

끝으로 양자역학의 세 번째 발견입니다. 가장 심오하고 가장 어렵죠. 이것만큼은 고대 원자론이 먼저 얻지 못했던 부분입니다.

양자론은 사물을 '있는' 그대로 기술하지 않습니다. 그것은 사물들이 어떻게 '나타나게 되는지' 그리고 어떻게 '서로 영향을 주는지'를 기술합니다. 그것은 입자가 어디에 있는지 기술하지 않고 입자가 어떻게 '다른 것에게 자신을 드러내는지'를 기술합니다. 존재하는 사물들의 세계는 가능한 상호작용의 세계로 환원됩니다. 실재는 상호작용으로 환원됩니다. 실재가 관계로 환원되는 것입니다.[5]

어떤 의미에서 이는 상대성을 아주 급진적으로 확장한 것일 뿐입

◆ 또는 '파인만 적분'이라고 부른다. A에서 B로 갈 확률은 각 경로별 고전적 작용에 허수를 곱하고 플랑크 상수로 나눈 것을 지수로 갖는 함수를 구하고 이를 A와 B 사이의 모든 가능한 경로들에 대해 적분한 다음, 이 적분결과의 절대값을 제곱하고 다시 제곱근을 구하면 구해진다.

니다. 아리스토텔레스는 우리가 오직 상대적인 속도만을 지각한다는 것을 처음으로 강조했습니다. 예를 들어 우리가 배 위를 걸어가는 경우에는 그 배에 상대적인 속도를 말합니다. 땅에서는 땅에 상대적인 속도를 말하죠. 갈릴레오는 이것이 바로 지구가 태양에 대해 상대적으로 움직이는데도 우리가 그것을 직접 느끼지 못하는 이유라는 것을 알아차렸습니다. 속도는 대상 자체의 속성이 아니라는 것을 깨달았던 것이죠. 속도는 한 대상이 다른 대상에 대해서 갖는 속성입니다. 아인슈타인은 상대성의 개념을 시간에까지 확장했습니다. 우리는 두 사건이 주어진 운동에 상대적으로만 동시적이라고 말할 수 있습니다. 양자역학은 이러한 상대성을 급진적으로 확장시킵니다. 대상의 모든 특성들은 오직 다른 대상과의 관계에서만 존재한다고 말입니다. 자연의 사실들은 오직 관계 속에서만 그려지는 것입니다.

양자역학이 기술하는 세계에서는 물리계들 사이의 관계 속에서가 아니고는 그 어떤 실재도 없습니다. 사물이 있어서 관계를 맺게 되는 것이 아니라, 오히려 관계가 '사물'의 개념을 낳는 것입니다. 양자역학의 세계는 대상들의 세계가 아닙니다. 그것은 기본적 사건들의 세계이며, 사물들은 이 기본적인 '사건들'의 발생 위에 구축되는 것입니다. 1950년대에 철학자 넬슨 굿맨Nelson Goodman, 1906~1998이 아름답게 표현했듯이, "대상은 한결같은 과정",• 잠시만 자신을 똑같이 되풀이하는 과정인 것입니다. 마치 파도가 바닷속으로 녹아 들어가기 전에 잠시 모습을 유지하듯이, 돌은 잠시 구조를 유지하는 양자들의 진동입니다.

파도는 물 위를 움직여 가지만 한 방울의 물도 나르지 않습니다.

• Nelson Goodman, *The Structure of Appearance*, 1977(2nd ed)., p. 357의 '사물은 단조로운 사건이다(a thing is a monotonous event)'의 번역으로 추정된다.

이 파도란 무엇일까요? 파도는, 지속적인 물질로 이루어져 있지 않다는 의미에서, 대상이 아닙니다. 우리 몸의 원자들도 우리에게서 흘러나갑니다. 우리는 파도처럼 그리고 모든 대상들처럼 사건들의 흐름입니다. 우리는 과정입니다. 잠깐 동안만 한결같은…….

양자역학이 기술하는 것은 대상이 아닙니다. 그것은 과정을 기술하고 과정들 사이의 상호작용인 사건들을 기술합니다.

요약하자면 양자역학을 통해 우리는 세계의 세 가지 측면을 발견합니다.

- **입자성:** 계의 상태 정보는 유한하며, 플랑크 상수에 의해 제한된다.
- **비결정성:** 미래는 과거에 의해 하나로 결정되지 않는다. 우리가 보기에 더 엄격한 규칙성조차도 실제로는 통계적이다.
- **관계성:** 자연의 사건들은 언제나 상호작용이다. 한 체계의 모든 사건들은 다른 체계와 관계하여 일어난다.

양자역학은 세계를 이런저런 상태를 가지는 '사물'로 생각하지 말고 '과정'으로 생각하라고 가르칩니다. 과정은 하나의 상호작용에서 또 다른 상호작용으로 이어지는 경과입니다. '사물'의 속성은 오직 상호작용의 순간에만, 즉 과정의 가장자리에서만 입자적인 모습으로 나타나고 그것도 오직 다른 것들과의 관계 속에서만 그러합니다. 그리고 그 속성들은 단 하나로 예측할 수 없으며, 오직 확률적으로만 예측할 수 있습니다.

이것이 보어와 하이젠베르크와 디랙이 사물 본성의 깊은 곳까지 파고 들어가서 밝혀낸 것입니다.

그러나 정말로 이해하고 있는 걸까?

분명 양자역학은 그 효과 면에서 대성공을 거두었습니다. 하지만…… 독자 여러분은 양자역학이 말하고 있는 것을 잘 이해한 것 같습니까? 전자가 상호작용하고 있지 않을 때에는 어디에도 존재하는 않는다는 게…… 음… 사물이 한 상호작용에서 다른 상호작용으로 도약할 때에만 존재한다고…… 음…… 좀 터무니없는 것 같지 않습니까?

아인슈타인도 터무니없다고 생각했습니다.

한편으로는 아인슈타인은 베르너 하이젠베르크와 폴 디랙이 세계에 관해 근본적으로 중요한 무언가를 이해했다고 인정하면서 그들을 노벨상 수상자로 추천했습니다. 다른 한편으로는 기회가 될 때마다 이 이론이 전혀 말이 안 된다고 툴툴거렸습니다.

코펜하겐의 혈기왕성한 젊은 물리학자들은 당황했습니다. 어떻게 아인슈타인이? 그들의 정신적 아버지이며, 생각할 수 없는 것을 생각하는 용기를 가진 사람인 그가 이제는 물러서서 미지에의 이 새로운 도약을 두려워한단 말인가? 도약의 방아쇠를 당긴 것은 바로 아인슈타인 자신인데? 시간은 보편적이지 않고 공간은 휜다고 우리에게 가르쳐주었던 아인슈타인과 지금 세계가 이렇게 이상할 수는 없다고 말하는 아인슈타인이 같은 사람이 맞나?

닐스 보어는 이 새로운 이론을 참을성 있게 아인슈타인에게 설명했습니다. 아인슈타인은 반론을 제기했죠. 보어는 언제나 반론에 대한 대답을 결국 찾아낼 수 있었습니다. 대화는 몇 년 동안 계속되었습니다. 강연, 편지, 논문…… 아인슈타인은 새로운 아이디어가 모순적이라는 것을 보이기 위해 사고 실험들을 고안했습니다. 그 가장 유명한 사례는 이런 식으로 시작합니다. "빛이 가득한 상자를 상

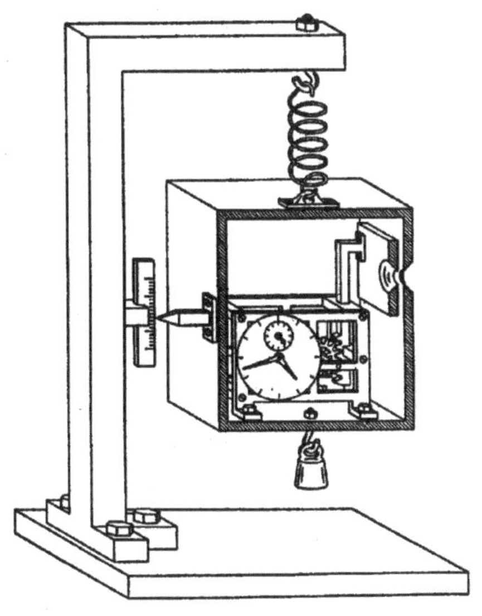

4-7 보어가 그린, 아인슈타인의 사고 실험의 '빛 상자'

상해보게, 그 상자에서 잠깐 동안 광자 하나가 빠져나온다고 해보자고…….''(그림 4-7)◆

이러한 교류 과정에서 이 위대한 두 과학자는 자신의 생각을 양보하고 수정해야 했습니다. 아인슈타인은 이 새로운 아이디어에 실제로 모순이 없다는 것을 인정해야 했습니다. 그러나 보어도 사정이 처음 생각한 것만큼 간단하고 명확하지는 않다는 것을 인정해야 했습

◆ 이 상자에는 오른쪽에 있는 작은 창을 순간적으로 열어 어떤 정확한 시간에 광자가 빠져나가도록 하는 장치가 되어 있다. 상자의 무게를 재면 빠져나간 전자의 에너지를 추론해내는 것이 가능하다. 아인슈타인은 이것이 시간과 에너지가 둘 다 결정될 수는 없다고 예측하는 양자이론의 난점을 보여줄 것이라고 기대했다. 보어는 찾아내지 못했으나 오늘날 명확해진 정답은, 빠져나가는 광자의 위치와 상자의 무게는, 심지어 광자가 이미 멀리 빠져나가 있는데도, 서로 묶여('상관되어') 있는 채로라는 것이다.

니다. 아인슈타인은 자신의 요점을, 무엇과 상호작용하는지와 상관없이 객관적인 실재는 존재한다는 생각을 포기하고 싶어 하지 않았습니다. 달리 말해, 그는 이론의 관계적인 측면을, 사물이 오직 상호작용 속에서만 나타난다는 사실을 받아들이지 않았습니다. 보어는 양자이론이 실재를 개념화하는 근본적으로 새로운 방식의 타당성에 관해 양보하고 싶어 하지 않았습니다. 결국, 아인슈타인은 이 이론이 세계에 대한 이해의 커다란 한 걸음을 내딛은 것이며, 정합적이라고 인정합니다. 그러나 여전히 그는 사물이 그렇게 이상할 수는 없다고, 그 '배후에는' 더 합리적인 설명이 있어야만 한다고 확신했습니다.

한 세기가 지났지만 우리는 같은 지점에 머물러 있습니다. 이 이론을 누구보다도 더 잘 다루는 리처드 파인만은 이렇게 말했습니다. "양자역학을 정말로 이해하는 사람은 한 명도 없다고 말할 수 있을 것이다."

물리학자, 엔지니어, 화학자 및 생물학자들은 다양한 분야에서 이 이론의 방정식과 그 결과들을 날마다 이용하고 있습니다. 그러나 이론 자체는 여전히 미스터리입니다. 이 이론은 물리적 체계를 기술하지 않고 물리적 체계들이 서로 어떻게 상호작용하고 영향을 주는지만 기술합니다. 이게 무엇을 의미하는 걸까요? 상호작용하고 있지 않은 어떤 체계의 본질적인 실재성은 기술할 수가 없다는 것을 의미할까요? 그냥 이력의 한 조각이 빠져 있다는 것을 의미할까요? 아니면, 제 생각입니다만, 실재는 오직 상호작용일 뿐이라는 생각을 받아들여야만 한다는 걸까요?

물리학자들과 철학자들은 이 이론의 진정한 의미가 무엇일지 계속해서 묻습니다. 그리고 최근에는 이 문제를 다루는 논문들과 학회가 더욱 많아졌습니다. 태어난 지 한 세기가 지난 지금 양자이론이란 무엇인가? 실재의 본성에 대한 엄청 깊은 탐구? 실수인데, 그저 우연히 작동하는 것? 완성되지 않은 퍼즐의 일부? 아니면 우리가 아직 잘 소화하지 못한, 세계의 구조에 관한 심오한 무언가에 이르는 단서?

이 책에서 제시한 양자역학의 해석은 제가 생각하기에 가장 덜 불합리해 보이는 해석입니다. 이는 '관계적 해석'이라고 불리는데, 바스 반 프라센Bas van Fraassen과 미셸 빗볼Michel Bitbol, 마우로 도라토Mauro Dorato 등의 저명한 철학자들이 이에 대해 논의를 했습니다.[6] 그러나 양자역학을 정말로 어떻게 생각해야 하는지에 대해서는 합의가 존재하지 않습니다. 다른 물리학자들과 철학자들은 여러 가지 다른 방식의 생각들을 논의하고 있지요. 우리는 알지 못하는 것의 가장자리에 서 있고, 의견은 갈라집니다.

양자역학은 그저 하나의 물리학 이론일 뿐이라는 것을 잊어서는 안 됩니다. 어쩌면 내일, 세계에 대한 훨씬 더 깊은 다른 이해 방식이 등장해 그것을 바로잡을지도 모릅니다. 오늘날에는 이론을 다림질해서 우리의 직관과 더 잘 맞도록 만들려는 과학자들도 있습니다. 내 생각에는, 양자역학이 엄청나게 경험적인 성공을 거두고 있다는 점을 볼 때 이 이론을 진지하게 받아들여야 할 것 같습니다. 이론에서 무엇을 수정해야 할지를 묻기보다는 이론이 이상하게 느껴지도록 하는 우리의 직관에 어떤 제약이 있는지를 물어야 하는 것입니다.

양자역학이 모호하게 느껴지는 것은 그 이론의 잘못 때문이 아니라 우리 상상력의 한계 때문입니다. 우리가 양자 세계를 '보려고' 하는 것은, 마치 땅속에서 살던 두더지가 히말라야 산맥의 형성에 대한 설명을 듣는 것과 비슷합니다. 혹은 플라톤의 이야기에 등장하는 동굴 밑바닥에서 사슬에 묶여 있는 사람들과 비슷합니다.(그림 4-8)

아인슈타인이 세상을 떠났을 때 그의 가장 큰 경쟁자인 보어는 감동적인 존경의 말을 남깁니다. 몇 년 후 보어 또한 세상을 떠났을 때, 누군가가 그의 연구실 칠판을 사진으로 찍습니다. 거기에는 그림이

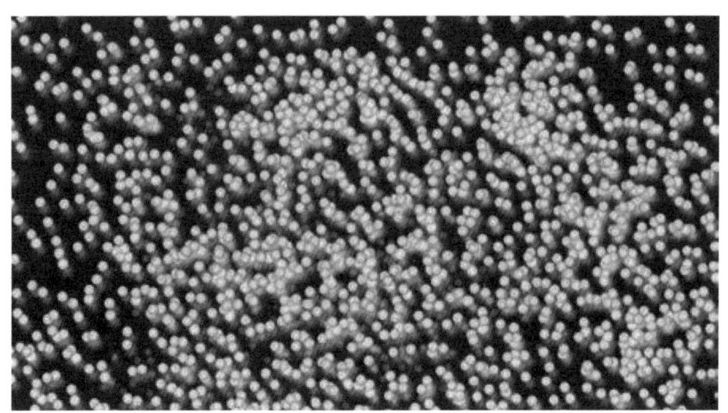

4-8 빛은 장의 파동이면서 또한 입자 구조를 지닌다.

하나 있었습니다. 그것은 아인슈타인의 사고 실험에 등장하는 '빛의 상자'를 재현한 것이었습니다. 마지막 순간까지도 토론하고 더 이해하기를 열망한 것이죠. 마지막 순간까지도 의심을 놓지 않았던 것입니다.

이러한 끊임없는 의심, 그것이 더 나은 과학의 깊은 원천입니다.

세 번째 강의

시간과 공간에 관하여

여기까지 잘 따라온 독자라면 기초 물리학이 제시하는 오늘날의 세계상을, 그 강점과 약점과 한계까지도 이해할 수 있는 재료를 모두 가지고 있는 셈입니다.

어떻게 해서인지는 모르지만, 140억 년 전에 대폭발로 탄생한 굽은 시공이 있고, 그것은 여전히 팽창 중입니다. 이 공간은 실재하는 대상으로, 아인슈타인 방정식에 의해 역학적으로 기술되는 물리적 장입니다. 공간은 물질의 질량에 의해 휘고 굽으며, 물질이 너무 집중될 때에는 블랙홀 속으로 꺼져듭니다.

물질은 각각 천억 개의 별들로 이루어진 천억 개의 은하에 분포되어 있으며 양자장으로 이루어져 있습니다. 양자장은 전자와 광자 같은 입자의 형태로 나타나거나, 텔레비전 영상과 태양빛과 별빛을 우리에게 전달하는 전자기파 같은 파동의 형태로 나타납니다.

이러한 양자장이 원자, 빛 그리고 우주의 모든 내용물을 형성합니다. 그것은 이상한 대상입니다. 양자장을 이루고 있는 입자는 다른 어떤 것과 상호작용할 때에만 나타납니다. 따로 있을 때에는 '확률 구름' 속으로 퍼져 있습니다. 세계는 파도처럼 출렁이는 커다란 역학적 공간의 바닷속에 잠겨 있는 기본적인 양자 사건들의 무리입니다.

세계에 대한 이러한 이미지와 그것을 공식화한 몇 가지 방정식이 있으면 우리가 보는 거의 모든 것을 기술할 수 있습니다. '거의'입니다.

중요한 뭔가가 빠져 있거든요. 그리고 이 무언가를 우리가 이제 찾을 겁니다. 이 책의 남은 부분에서는 그것에 대해서 이야기합니다. 이 페이지를 넘기면 독자 여러분은 좋든 싫든 우리가 세계에 대해 믿을만하게 알고 있는 곳을 떠나 우리가 아직 모르지만 들여다보기 시작한 곳으로 옮겨갑니다. 이 페이지를 넘기는 것은 거의 안전한 우주선 선내를 벗어나 미지로 걸음을 내딛는 것과 같습니다.

05

시공은 양자다

우리가 물리적 세계에 대해 이해하고 있는 것의 한가운데에는 뭔가 역설적인 부분이 존재합니다. 20세기가 우리에게 남겨준 두 개의 보석인 일반상대성이론과 양자역학은 세계의 이해와 현대적 기술 개발을 위한 풍요로운 선물이었습니다. 전자로부터 중력파와 블랙홀을 연구하는 천체물리학과 우주론이 발전하였습니다. 후자는 원자물리학과 핵물리학과 소립자물리학과 응집물질물리학과 그 밖의 다양한 분야의 기초가 되었습니다.

하지만 이 두 이론 사이에는 삐걱거리는 부분이 있습니다. 두 이론은 서로 모순되는 것으로 보이기 때문에, 적어도 현재의 형태로는 둘 다 옳을 수는 없습니다. 중력장은 양자역학을 고려하지 않고서, 장들이 양자화된다는 사실을 고려하지 않고서 기술됩니다. 그리고 양자역학은 시공이 휘며 아인슈타인의 방정식을 따른다는 사실을 고려하지 않고 공식화됩니다.

아침에 일반상대성이론 강의를 듣고 오후에 양자역학 강의를 듣는 대학생은 교수들이 바보들이라거나, 적어도 백 년 동안은 서로 얘기를 하지 않았다고 결론을 내릴법합니다. 그들이 세계에 관한 서로 모순되는 두 이미지를 가르치고 있기 때문이죠. 아침의 세계는 모든 것이 연속적인 굽은 시공입니다. 오후의 세계는 불연속적인 에너지 양자들이 도약하고 상호작용하는 평평한 시공입니다.

역설은 두 이론들이 모두 놀랍도록 각기 잘 작동한다는 것입니다.

자연은 마치 두 남자의 다툼을 해결해주는 늙은 랍비처럼 처신합니다. 첫째 남자의 이야기를 듣고 랍비가 말합니다. "자네 말이 옳네." 둘째 남자가 자기 얘기도 좀 들어보라고 우깁니다. 랍비는 그의 이야기도 듣고 말합니다. "자네 말도 옳네." 그러자 랍비의 아내가 옆 방에서 그 말을 듣고는 소리칩니다. "둘 다 옳을 수는 없잖아요." 랍비는 곰곰이 생각하더니 고개를 끄덕이고 결론짓습니다. "당신 말도 옳구먼." 온갖 실험과 테스트에서, 자연은 일반상대성이론에게 "네가 옳다." 하고 말하고, 양자역학에게도 "네가 옳다." 하고 말합니다. 두 이론의 기초가 되는 가정들이 서로 대립되는데도 말이죠. 우리가 여전히 파악하지 못한 무언가가 있는 것이 분명합니다.

대부분의 물리적 상황에서 우리는 양자역학이나 일반상대성이론(또는 둘 모두)을 무시할 수 있습니다. 달은 너무 커서 미세한 양자의 입자성에 민감하지 않습니다. 그래서 우리는 달의 움직임을 기술할 때에 양자는 잊어버려도 됩니다. 한편 원자는 너무 가벼워 공간을 유의미한 정도로 구부리지는 못하기 때문에 원자를 기술할 때에는 공간의 곡률은 잊어버려도 됩니다. 그러나 공간의 곡률과 양자의 입자성이 모두 문제가 되는 물리적 상황이 있습니다. 그리고 아직 우리는 이런 경우에 작동하는 물리 이론을 갖고 있지 않습니다.

블랙홀의 내부가 그 하나의 예입니다. 또 다른 예로는 빅뱅 시기에 우주에서 일어나는 일이 있습니다. 더 일반적으로는, 우리는 아주 작은 규모에서는 시간과 공간이 어떻게 되어 있는지 알지 못합니다.

이 모든 경우에서 오늘날의 이론들은 혼란스럽게 되고 아무것도 말해주지 못합니다. 양자역학은 시공의 곡률을 다룰 수가 없고 일반상대성이론은 양자를 감안할 수가 없습니다. 양자중력 문제는 이러한 사실로부터 비롯됩니다.

그러나 문제는 훨씬 더 깊습니다. 아인슈타인은 공간과 시간이 어떤 물리적인 장, 즉 중력장의 발현임을 이해했습니다. 보어와 하이젠베르크와 디랙은 모든 물리적 장이 양자적 특성을 갖는다는 것을 이해했습니다. 따라서 공간과 시간도 이러한 이상한 속성을 지닌 양자적 대상이어야만 한다는 결론이 따라나옵니다.

그렇다면 양자 공간은 무엇일까요? 양자 시간은 무엇일까요? 이것이 우리가 양자중력이라고 부르는 문제입니다. 다섯 대륙에 흩어져 있는 많은 이론 물리학자들이 이 문제를 풀기 위해 열심히 노력하고 있습니다. 목표는 양자와 중력 사이에 존재하는 분열을 해결하는 이론을, 다시 말해 방정식을 찾는 것, 그러나 무엇보다도 세계를 바라보는 정합적인 시각을 찾아내는 것입니다.

물리학이, 아주 성공적이지만 서로 모순적으로 보이는 두 이론들을 대면한 것이 이번이 처음은 아닙니다. 그러한 비슷한 경우들에서 이론들을 종합하려는 노력은 세계를 이해하는 길에서 커다란 진전을 가져왔지요. 예를 들어, 뉴턴은 지구상에서 물체들의 운동을 설명하는 갈릴레오의 물리학과 천체에 관한 케플러의 물리학을 종합하여 만유인력의 법칙을 발견했습니다. 맥스웰과 패러데이는 전기와 자기에 대해 알려져 있던 것들을 모아 전자기 방정식을 찾아냈습니다. 아인슈타인은 뉴턴의 역학과 맥스웰의 전자기학 사이의 명백한 불일치를 해결하기 위해 특수상대성이론을 만들어냈습니다. 그리고 그 후 뉴턴의 역학과 자신의 특수상대성이론 사이의 충돌을 해결하기 위해 일반상대성이론을 만들어냈습니다.

5-1 마트베이 브론스테인 그는 양자중력의 개념적 기초를 정립한 인물로 공간과 시간에 대한 우리의 생각을 근본적으로 바꾸려고 했다.

이처럼 이론 물리학자들은 이론들 사이의 충돌을 발견하면 아주 좋아라 합니다. 특별한 기회인 것이죠. 마땅히 물어야 하는 질문은 이것입니다. 이 두 이론을 통해 세계에 관해 알게 된 것들과 양립할 수 있는 개념적 구조를 어떻게 만들어낼 수 있을까?

양자 공간과 양자 시간이 무엇인지 이해하기 위해서는 사물에 대해 생각하는 방식을 근본적으로 바꾸어야 합니다. 세계를 이해하는 기본 문법을 재고할 필요가 있는 것이죠. 지구가 공간 속에서 떠다니고 우주에는 '위'와 '아래'가 없다는 것을 이해했던 아낙시만드로스처럼, 혹은 우리가 빠른 속도로 하늘을 가로질러 움직이고 있다는 것을 이해했던 코페르니쿠스처럼, 또한 시공이 연체동물처럼 찌그러지고 시간은 다른 장소에서는 다르게 흐른다는 것을 이해했던 아인슈타인처럼, 다시 한 번 우리는 지금까지 세계에 대해 알게 된 것들과 정합적인 세계상을 찾기 위해서 실재에 대한 우리의 생각을 바꾸어야 합니다.

양자중력을 이해하기 위해서는 우리의 개념적 기초가 바뀌어야 한다는 것을 처음으로 깨달은 사람은 마트베이 브론스테인Matvei Bronstein, 1906~1938이었습니다. 그는 스탈린 치하 러시아에서 살다가 젊은 나이에 비극적인 죽음을 맞은 낭만적이고 전설적인 인물입니다.(사진 5-1)

마트베이

마트베이는 장차 소련 최고의 이론 물리학자가 되는 레프 란다우의 손아래 친구였습니다. 두 사람을 모두 알았던 동료들은 마트베이가 더 우수하다고들 말했습니다. 하이젠베르크와 디랙이 양자역학의 토대를 세우기 시작했던 시점에, 란다우는 전자기장이 양자 때문에 잘못 정의되었다는 틀린 생각을 했습니다. 보어는 명인답게 란다우가 틀렸다는 것을 즉시 알아차렸고, 그 문제를 깊이 연구하여 전기장과 같은 장들이 양자역학을 고려해도 여전히 잘 정의된다는 것을 보여주는 길고 자세한 논문을 발표합니다.[1]

란다우는 그 주제를 포기합니다. 그러나 그의 젊은 친구 마트베이는 흥미를 느끼고, 비록 부정확하긴 했어도 란다우의 직관에는 뭔가 중요한 것이 담겨 있다는 것을 감지합니다. 그는 보어가 양자전기장이 공간의 모든 지점에서 잘 정의된다는 사실을 증명한 것과 동일한 추론을, 바로 몇 년 전 아인슈타인이 방정식을 만들었던 중력장에다가 적용합니다. 그리고 놀랍게도! 란다우가 맞았습니다. 양자를 고려할 때 중력장이 어떤 지점에서 잘 정의되지 않는 것이었습니다.

무슨 일이 벌어진 것인지 직관적인 방식으로 설명해보겠습니다. 우리가 아주, 아주, 아주 작은 공간 영역을 관찰하고 싶어 한다고 가정해봅시다. 이를 위해서는 이 영역에 무언가를 놓아두어야 합니다. 그래야 살펴보고 싶은 지점을 표시할 수 있으니까요. 그러면 그곳에 입자를 하나 놓아둔다고 해봅시다. 하이젠베르크는 입자가 공간의 한 지점에 한순간도 가만히 있지 않는다는 것을 이미 이해했습니다. 입자는 달아나버리죠. 우리가 입자를 작은 영역에 두려고 하면 할수록 입자는 더 빠른 속도로 달아납니다.(이것이 하이젠베르크의 불확정성 원리입니다.) 입자가 아주 빠른 속도로 달아난다는 것은 아주 많은 에너지를 가지고 있음을 의미합니다. 이제 아인슈타인의 이론을 떠올려봅시다. 에너지는 공간을 휘게 만듭니다. 에너지가 많다는 것은 공간이 아주 많이 휜다는 뜻입니다. 아주 작은 영역에 많은 에너지가 집중되면 그 결과로 공간이 심하게 휘게 되어 붕괴하는 별처럼 블랙홀 속으로 꺼져 들어갑니다. 그러나 입자가 블랙홀 속에 빠져들어 가면 더 이상 볼 수가 없습니다. 그렇게 되면 더 이상 그 입자를 공간 영역의 기준점으로 쓸 수가 없습니다. 요컨대 우리는 임의적으로 작은 공간 영역들을 측정할 수가 없는 것입니다. 그렇게 하려고 시도하면 이 영역들이 블랙홀 속으로 사라져버리기 때문이죠.

이 논증은 수학으로 더 정확하게 나타낼 수 있습니다. 그 결과는 일반적입니다. 양자역학과 일반상대성이론을 함께 취하면 공간의 가분성에 한계가 있다는 귀결이 나옵니다. 특정 척도 이하로는 더 이상 접근할 수가 없습니다. 실제로 아무것도 존재하지 않는 것입니다.

공간의 최소 영역은 크기가 어느 정도일까요? 계산은 아주 쉽습니다. 입자가 블랙홀 속으로 빠져들어 가기 전에 입자의 최소 크기를 계산하기만 하면 됩니다. 그 결과는 아주 간단합니다. 존재하는 최소 길이는 대략 다음과 같습니다.

$$L_P = \sqrt{\frac{\hbar G}{c^3}}$$

제곱근 기호 아래에 우리가 이미 보았던 자연의 세 상수가 있습니다. 뉴턴 상수 G는 2장에서 다루었던 것으로 중력의 크기를 결정합니다. 빛의 속도 상수 c는 3장에서 상대성에 대해 이야기할 때 소개한 것으로 연장된 현재를 열어줍니다. 그리고 플랑크 상수 $\hbar$는 4장에서 양자역학을 이야기할 때 보았던 것으로 양자 입자의 규모를 결정합니다.◆ 이 세 상수가 있기에 우리가 중력(G)과 상대성(c)과 양자역학

($\hbar$)과 관련된 무언가를 보고 있다는 사실을 확인할 수 있습니다.

이렇게 결정된 길이 L_P를 플랑크 길이라고 부릅니다. '브론스테인 길이'라고 불러야 하지만 다들 그렇게 부릅니다. 수치로 말하면 대략 1센티미터의 10억분의 1의 10억분의 1의 10억분의 1의 백만분의 1입니다(10^{-33}센티미터). 그러니까 뭐랄까…… 작지요. 이 정도로 극도로 작은 규모라야 양자중력이 나타납니다. 이런 규모에서는 공간과 시간의 본성이 변합니다. 뭔가 다른 것이 되죠. '양자 공간과 양자 시간'이 됩니다. 그리고 이것이 무엇을 의미하는지를 이해하는 것이 우리의 문제입니다.(우리가 얘기하는 규모가 얼마나 작은지 생각해보자면, 호두를 우리가 볼 수 있는 우주 전체만큼 크게 만든다고 해도 플랑크 길이는 여전히 보이지 않습니다. 이렇게 엄청나게 확대된 뒤에도 처음의 호두보다 백만 배나 더 작습니다.)

마트베이 브론스테인은 이 모든 것을 1930년대에 이해하고 짧고 계몽적인 두 편의 논문을 씁니다. 이 논문에서 그는 양자역학과 일반상대성이론을 함께 취하면, 무한히 나눌 수 있는 연속체라는 공간에 대한 통상적인 생각과 양립할 수 없다는 것을 보여줍니다.[2]

그런데 문제가 있었습니다. 마트베이와 레프는 신실한 공산주의자였습니다. 그들은 인간 해방과, 세계에 만연한 커다란 불평등과 불의가 없는 더 나은 사회의 건설을 위한 혁명의 가치를 믿었습니다. 그들은 레닌을 열성적으로 지지했습니다. 그러나 스탈린이 권력을 잡자 그들은 당혹스러워하며 비판적이고 적대적인 입장을 취했습니다. 그들은 스탈린을 비판하는 논문들을 썼습니다. 그것은 그들이 원

◆ 플랑크 상수 h에 빗금을 그은 이유는 플랑크 상수가 2π로 나뉘었다는 것을 가리키기 위한 것이다. 이론물리학자들의 다소 쓸데없고 특이한 표기법이다. h에 금을 그으면 식이 '아주 우아하게' 된다.

한 공산주의가 아니었지요. 가혹한 시절이었습니다. 란다우는, 쉽지는 않았지만, 시절을 지나 살아남았습니다.

마트베이는 공간과 시간에 대한 우리의 생각을 근본적으로 바꾸어야 한다는 것을 처음 깨달은 다음 해에 스탈린의 경찰에 체포되어 사형을 선고받습니다. 그의 처형은 1938년 2월 18일, 재판 당일에 집행됩니다.[3] 그의 나이 서른이었습니다.

존 휠러

마트베이 브론스테인의 때 이른 사망 이후 당대의 많은 훌륭한 물리학자들이 양자중력의 수수께끼를 풀기 위해 노력했습니다. 디랙은 인생의 마지막 시기를 이 문제를 푸는 데에 바치면서, 길을 트고 아이디어와 기법을 도입했습니다. 이 아이디어와 기법은 양자중력에 대한 오늘날의 기술적 작업에 좋은 기초가 되었습니다. 이후에 더 설명하겠지만, 우리가 시간이 존재하지 않는 세계를 기술하는 법을 알게 된 것은 이러한 기법들 덕분입니다. 파인만은 전자와 광자에 대해 개발한 기법들을 일반상대성에 맞추고자 시도했지만 성공을 거두지 못했죠. 전자와 광자는 공간 속에 있는 양자이지만, 양자중력은 무언가 다른 것입니다. 공간 속에서 움직이는 '중력자'를 기술하는 것으로는 충분치가 않습니다. 양자화해야 하는 것은 공간 자체입니다.

양자중력의 수수께끼를 풀려고 시도하는 과정에서 우연히 다른 문제들이 풀려서 노벨상을 받은 과학자들도 있습니다. 1999년 네덜란드의 두 물리학자인 헤라르뒤스 엇호프트Gerardus 't Hooft, 1946~와 마르티니스 펠트만Martinus Veltman, 1931~은 오늘날 표준모형의 일부인 핵력nuclear force을 기술하는 데 사용되는 이론들의 일관성을 증명하여 노벨상을 수상했습니다만, 그들의 연구 프로그램의 원래 목표는 양자중력이론의 일관성을 보이는 것이었습니다. 그들은 예행연습 삼아 이 다른 힘들에 관한 이론을 연구했습니다. 이 '예행연습'이 그들에게 노벨상을 안겨주었지만 양자중력의 일관성을 보여주는 것은 실패했습니다.

이러한 목록은 더 계속될 수도 있는데, 우리 세기의 이론물리학자들의 명예의 전당처럼 보일 것입니다. 아니면 실패의 연속인 불명예의 전당일지도요. 해가 지날수록 열광과 좌절의 시기가 뒤를 이었습니다. 하지만 이 긴 추적이 제자리 돌기는 아니었습니다. 수십 년이 지나는 동안 조금씩 조금씩 아이디어들이 명확해졌고, 막다른 골목은 조사하여 차단해두었고, 일반적인 기법과 아이디어들은 강화되었습니다. 그리고 결과가 하나하나 쌓이기 시작했습니다. 이 느리고 집단적인 건설 작업에 기여한 수많은 과학자들의 이름을 여기서 나열하는 것은 지루한 목록 만들기가 될 겁니다. 그들 한 사람 한 사람이 이 건축 작업에 모래 한 줌, 돌멩이 하나를 보태어왔습니다.

그래도 영원한 청춘의 물리학자이자 철학자인 영국인 크리스 이샴Chris Isham, 1944~만큼은 언급해두고 싶습니다. 그는 몇 년 동안 이 집단적인 연구 실마리들을 하나로 묶습니다. 제가 이 주제와 사랑에 빠졌던 것도 양자중력 문제에 대한 그의 리뷰 논문을 읽으면서였습니다. 그 논문은 왜 그것이 그렇게 어려운지, 어떻게 공간과 시간에 대한 우리의 개념이 바뀌어야 하는지를 설명하고, 당시에 따랐던 모든 방법들을 그 결과와 난점까지 함께 명확히 개관하는 논문이었습니다. 대학교 3학년이었던 저는 공간과 시간을 처음부터 다시 이해할 필요가 있다는 이야기를 읽고는 그 매력에 푹 빠졌습니다. 처음의 강렬한 떨림은 가라앉았지만 그 매력은 결코 줄어들지 않았습니다. 페트라르카가 노래했듯이 "활에 맞은 상처가 치료되지 않는" 것이었죠.

5-2 존 휠러는 양자중력 연구의 성장에 누구보다 큰 기여를 한 과학자이다.

양자중력에 대한 연구가 성장하는 데에 누구보다 큰 기여를 한 과학자는 존 휠러John Archibald Wheeler, 1911~2008입니다.(사진 5-2) 그는 지난 세기의 물리학을 관통해온 전설적인 인물입니다. 코펜하겐에서 닐스 보어의 학생이자 공동 연구자였으며, 아인슈타인이 미국으로 이주했을 때 공동 연구자였고, 리처드 파인만과 같은 인물들을 가르친 스승이기도 했습니다. 존 휠러는 한 세기 동안 물리학 발전의 핵심부에 있었습니다. 그는 뜨거운 상상력의 소유자였습니다. 어떤 것도 빠져나올 수 없는 공간의 영역에 대해 '블랙홀'이라는 이름을 붙이고 대중화시킨 사람이 바로 이 사람입니다. 그의 이름은 양자 시공을 사고하는 방법에 관한 수학적이기보다는 직관적인 연구와 주로 연관되어 있습니다. 휠러는 중력장의 양자적 속성 때문에 작은 규모에서의 공간 개념을 수정해야 한다는 브론스테인의 가르침을 깊이 받아들이고서는, 이 양자 공간을 생각하기 위한 이미지를 찾았습니다. 우리가 양자 전자를 다양한 위치들의 구름으로 생각할 수 있는 것처럼, 그는 양자 공간을 중첩된 기하학적 구조들의 구름으로 상상했습니다.

아주 높은 곳에서 바다를 바라보고 있다고 상상해봅시다. 망망대해가 평평한 하늘색 탁자처럼 펼쳐져 있습니다. 이제 조금 아래로 내려가 더 가까이에서 봅시다. 세찬 바람에 큰 파도가 이는 모습이 보입니다. 다시 조금 더 내려가 보면 파도가 부서지고, 바다의 표면이 거품으로 부글거리고 있습니다. 바로 이것이 존 휠러가 상상한 공간의 모습입니다.[4] 플랑크 길이의 규모보다 엄청나게 더 큰 우리의 규모에서는 공간은 매끈하고 평평하며 유클리드 기하학으로 기술됩니다. 그러나 우리가 플랑크 규모로까지 내려가면 공간은 부서지고 거품이 입니다.

휠러는 공간의 이 거품을, 서로 다른 기하학적 구조들의 확률 파동을, 기술하기 위한 방법을 모색했습니다. 1966년 캐롤라이나에 살던 젊은 동료 브라이스 드위트Bryce DeWitt, 1923~2004 가 열쇠를 제공했습니다.[5] 휠러는 여행을 자주 다녔는데 가는 곳마다 협업자를 만났습니다. 그는 노스 캐롤라이나의 롤리 더럼 공항에서 환승을 기다리는 몇 시간 동안 브라이스와 만나기로 약속합니다. 브라이스가 도착해 그에게 간단한 수학적 기법을 사용해 얻은 '공간의 파동함수'의 방정식을 보여줍니다.◆ 휠러는 열광합니다. 이 대화에서 일반상대성이론에 대한 일종의 '궤도함수 방정식'이 태어납니다. 어떤 굽은 공간이나 다른 굽은 공간을 관찰할 확률을 결정하는 방정식이죠. 오랫동안 휠러는 그 식을 '드위트 방정식'이라고 불렀고, 드위트는 이 식을 '휠러 방정식'이라고 불렀습니다. 다른 모든 이들은 '휠러-드위트 방정식'이라고 불렀죠.

이 발상은 훌륭했고, 양자중력의 이론을 구축하려는 시도들의 기초가 됩니다. 그러나 방정식에는 문제가 가득했습니다. 심각했죠. 일단 수학적 관점에서 정말 형편없이 정의되어 있었습니다. 이 방정식으로 계산하게 되면 무한하고 무의미한 결과들을 얻게 됩니다. 개선해야만 했습니다.

◆ 드위트는 일반상대성이론에 대한 해밀턴-야코비(Hamilton-Jacobi) 방정식에서 도함수들을 도함수 연산자들로 대치한다. 즉 그는 슈뢰딩거가 자신의 첫 저작에서 방정식을 쓰기 위해 했던 일인, 입자에 관한 해밀턴-야코비 방정식에서 도함수들을 도함수 연산자들로 대치하는 것을 한 것이다.

그러나 무엇보다도 이 방정식을 어떻게 해석해야 할지 그리고 그 정확한 의미가 무엇인지를 이해할 수가 없었습니다. 당혹스러운 측면 중의 하나는 방정식에 시간을 가리키는 변수가 들어 있지 않다는 사실이었습니다. 어떻게 시간 변수도 없는 식을 써서 시간 속에 있는 무언가의 변화를 계산할 수 있지? 시간 변수가 없는 물리학 이론이 무엇을 뜻하지? 수년 동안 연구자들은 이런 물음들을 품고서, 방정식의 정의를 개선하고 그것이 의미하는 바를 이해하기 위해 방정식을 여러 가지 방식으로 수정하려고 시도합니다.

루프의 첫 단계들

1980년대 끝 무렵이 되자 안개가 걷히기 시작합니다. 놀랍게도 휠러-드위트 방정식의 몇 가지 해가 나타납니다. 열렬한 토론과 열정적인 사고의 기간이 뒤를 잇습니다. 이 기간 동안 저는 처음엔 뉴욕의 시러큐스 대학의 인도인 물리학자인 아브헤이 아쉬테카Abhay Ashtekar, 1949~ 교수를 방문하고, 다음으로는 코네티컷의 예일 대학의 미국인 물리학자인 리 스몰린Lee Smolin, 1955~을 방문했습니다. 아쉬테카는 휠러-드위트 공식을 간단한 형식으로 재정리하는 데 기여를 하였고, 스몰린은 워싱턴의 메릴랜드 대학의 테드 제이콥슨Ted Jacobson, 1954~과 더불어 이 방정식의 이상한 해를 처음 발견한 사람이었습니다.

그 해들에는 희한한 특성이 존재했습니다. 공간 속에서 닫힌 선들에 의존한다는 것이었습니다. 닫힌 선은 '고리' 혹은 영어로 루프입니다. 스몰린과 제이콥슨은 닫힌 선에 대해 휠러-드위트 방정식의 해를 구할 수 있었습니다. 이는 무엇을 의미했을까요? 휠러-드위트 방정식의 이러한 해들의 의미가 명확해져 가면서, 커다란 열광의 분위기 속에서 장차 루프양자중력이론이 될 최초의 작업들이 나타납니다. 이러한 해들을 바탕으로 조금씩 정합적인 이론이 세워지기 시작하고, 이 이론은 처음으로 연구된 해들로부터 '루프이론'이라는 이름을 물려받습니다.

오늘날 중국, 남아메리카, 인도네시아, 캐나다에 걸쳐 전 세계에서 수백 명의 과학자들이 이 이론을 연구하고 있습니다. 오늘날 우리가 '루프이론' 또는 '루프양자중력이론'이라고 부르는 이론이 천천히 세워지고 있지요. 이어지는 여러 장에서는 이 이론에 대해 다루도록 하겠습니다. 루프이론이 중력양자이론을 연구하는 유일한 방향은 아니지만, 많은 연구자들이 가장 전도유망하다고 여기는 이론입니다.◆ 이 이론이 열어 보여준 실재의 풍경은 이상하고 당황스럽습니다. 다음 두 장에서는 그것을 기술해보겠습니다.

◆ 루프양자중력이론의 대안 중 가장 잘 알려진 것이 끈이론이다.

06

공간의 양자

앞 장은 양자중력의 가설적인 기본 방정식인 휠러-드위트 방정식에 대해 제이콥슨과 스몰린이 발견한 해들의 이야기로 끝을 맺었습니다. 이러한 해들은 닫힌 선들 혹은 '루프'에 의존합니다. 이 해들의 의미는 무엇일까요? 그것들은 무엇을 나타내는 것일까요?

패러데이의 선들을 기억하시나요? 전기력을 전달하고 패러데이의 상상 속에서는 공간을 채운다는 선들 말입니다. 장 개념의 기원이 되는 선들, 기억하세요? 자, 휠러-드위트 방정식의 해에서 나타나는 닫힌 선은 바로 중력장의 패러데이 선입니다.

그러나 패러데이의 아이디어에 두 가지가 새로이 더해집니다.

첫째는 우리가 지금 양자이론을 다루고 있다는 것입니다. 양자이론에서는 모든 것이 불연속적이고 '양자화'됩니다. 이는 패러데이 선들의 무한히 가늘고 연속적인 거미줄이 유한한 수의 별개의 가닥들을 가진 실제 거미줄과 비슷해진다는 것을 뜻합니다. 방정식의 해를 결정하는 선 하나가 이 거미줄의 가닥 하나를 기술하는 것입니다.

두 번째 새로운 면, 결정적으로 중요한 면은 우리가 이야기하고

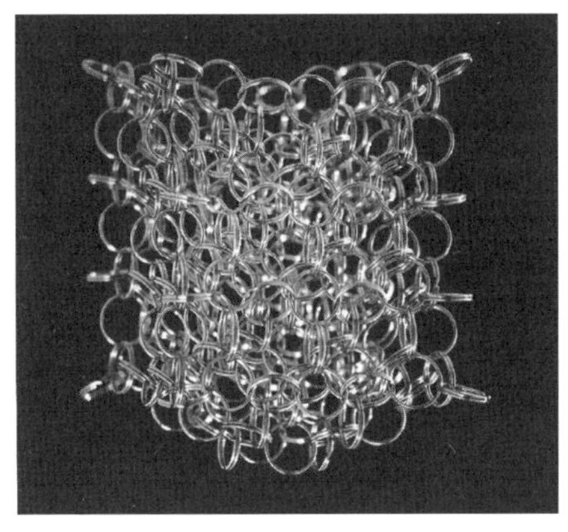

6-1 양자화된 패러데이 역선은 서로 연결된 고리(루프)들의 3차원적 그물처럼 공간을 짠다.

있는 것이 중력이고, 따라서 아인슈타인이 이해하였듯이, 공간 속에 들어 있는 장들이 아니라 공간 자체의 구조에 대해 이야기하고 있다는 것입니다. 양자중력장의 패러데이 선은 공간 자체를 짜고 있는 실인 것입니다. 처음에는 연구의 초점이 이 선들에 맞춰져, 어떻게 그것들이 우리의 3차원적 물리 공간을 '짜낼' 수 있는지를 알고 싶어 했습니다. 그림 6-1은 그 결과로 생겨나는 공간의 불연속적 구조를 직관적으로 생각하려는 시도를 나타낸 것입니다.

그러나 곧이어 아르헨티나의 호르헤 풀린Jorge Pullin, 1963~과 폴란드의 유레크 레반도프스키Jurek Lewandowski, 1948~와 같은 명민한 젊은 물리학자들의 직관과 수학 능력 덕분에, 이 해들의 물리학을 이해하는 열쇠가 이 선들이 만나는 점들에 있다는 것이 밝혀졌습니다. 이 점들을 '노드node'라고 부르고, 노드 사이를 잇는 선을 영어로 '링크link'라고 부릅니다. 그림 6-3처럼 교차하는 선들의 집합은 '그래프'라고 불리는 것을 형성하는데, 이는 링크에 의해 연결된 노드의 집합입니다.

실제로 계산을 해보면, 노드가 없이는 물리적 공간에 부피가 없다는 것이 드러납니다. 달리 말해 공간의 부피는 그래프의 선이 아니라 노드에 '있는' 것이죠. 선들은 개별 부피들을 '연결'하는 것이고요.

그러나 그림이 명확해지는 데에는 몇 년을 더 기다려야 합니다. 계산을 제대로 할 수 있으려면, 먼저 휠러-드위트 방정식의 대략적인 수학을 정합적이고 잘 정의된 수학적 구조로 변형해야 했습니다. 그 덕분에 정확한 결과를 얻을 수 있었죠. 그래프의 물리학적 의미를 밝히는 기술적인 결과는 부피와 넓이의 스펙트럼을 계산하는 것입니다.

부피와 넓이의 스펙트럼

아무 공간 영역이나 골라봅시다. 예를 들어 독자인 당신이 지금 이 책을 읽고 있는 방도 괜찮겠네요.(지금 방 안에 있다면 말이죠.) 이 공간은 얼마나 큰가요? 이 방의 공간의 크기는 그 부피로 측정됩니다. 부피는 기하학적인 양으로, 공간의 기하학에 의존하지만, 공간의 기하학은 (아인슈타인이 이해하고 제가 3장에서 설명했듯이) 중력장입니다. 그러므로 부피란 중력장의 한 변수이며, 방 안에 "중력장이 얼마만큼 있는가."를 표현합니다.

그러나 중력장은 물리량이며, 모든 물리량이 그렇듯, 양자역학의 법칙을 따릅니다. 특히 다른 모든 물리량처럼 부피는 4장에서 설명했듯이 임의의 값을 취하는 것이 아니라 오직 특정한 값만을 취할 수 있죠. 그러한 가능한 모든 값들의 목록을, 기억하실지 모르겠는데, 스펙트럼이라고 부릅니다. 그러므로 '부피의 스펙트럼'이 존재해야 합니다.(그림 6-2)

디랙은 모든 변수의 스펙트럼을, 즉 변수가 취할 수 있는 가능한

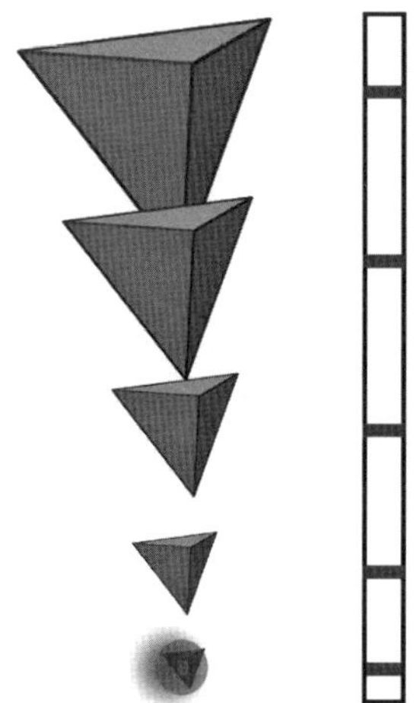

6-2 **부피의 스펙트럼** 자연계 내에서 가능한 정사면체의 부피들의 개수는 한정되어 있다. 바닥에 있는 가장 작은 것이 존재하는 가장 작은 부피이다.

값들의 목록을 계산할 수 있는 방법을 제시했습니다. 이 방법을 적용하면 부피의 스펙트럼을, 즉 부피가 취할 수 있는 모든 값을 계산할 수 있습니다. 계산을 먼저 공식화하고 또 완성하는 것은 시간이 걸리고 힘든 일이었습니다. 계산은 1990년대 중반에서야 완성되었는데, 그 해답은 예상했던 대로 (파인만은 먼저 결과를 알지 않고서는 계산을 하면 안 된다고 말하곤 했죠.) 부피의 스펙트럼이 불연속적이라는 것이었습니다. 즉 부피는 '불연속적인 다발'로만 이루어질 수 있다는 것입니다. 전자기장의 에너지가 '불연속적인 다발', 광자로 형성되어 있는 것과 좀 비슷하지요.

그래프의 노드는 부피의 불연속적인 다발을 나타내고, 광자의 경우처럼, 계산될 수 있는 특정한 개별적 크기만을 가질 수 있습니다. 그래프의 모든 노드 n은 그 자신의 부피 v_n을 갖습니다. 노드들은 공간을 이루는 기본 양자입니다. 그래프의 각 노드들은 '공간의 양자

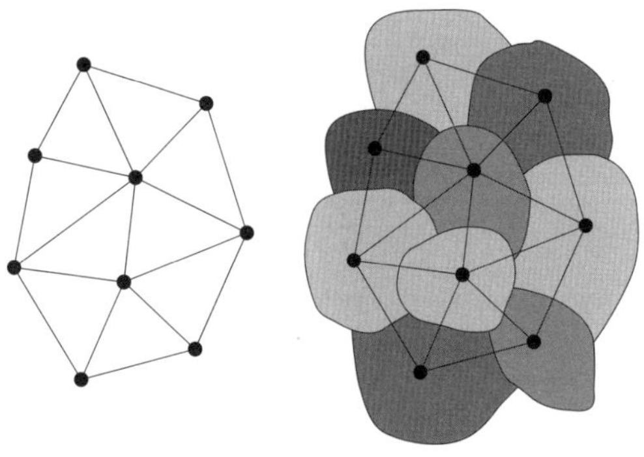

6–3 왼쪽은 링크로 연결된 노드들로 형성된 그래프이다. 오른쪽은 그래프가 나타내는 공간의 입자들이다. 링크는 표면에 의해 분리된 인접하는 입자들을 가리킨다.

입자'입니다. 그렇게 해서 생겨난 구조는 그림 6-3과 같이 나타낼 수 있습니다.

기억하시나요? 링크는 중력장의 패러데이 선의 개별 양자입니다. 이제 그것이 무엇을 나타내는지 이해할 수 있습니다. 두 노드를 두 개의 작은 '공간 영역'으로 상상하면, 이 두 영역은 작은 표면에 의해서 분리될 것입니다. 이 표면의 크기가 그 **넓이**입니다. 그러므로 부피 다음으로 공간의 양자 그물망을 특징짓는 이 두 번째 양이 각 선과 연관된 넓이입니다.◆

넓이 또한 부피와 마찬가지로 물리적 변수이므로, 디랙의 방정식을 사용해서 계산할 수 있는 스펙트럼을 갖습니다. 그 계산 결과는 간단해서 여기에 쓸 수 있습니다. 디랙의 스펙트럼이 어떻게 작동하는지 한 번이라도 볼 수 있도록 소개하겠습니다. 넓이 A의 가능한 값

◆ 따라서 중력의 양자 상태들은 $|j_l v_n>$로 지시되는데, 여기서 n은 노드를 가리키고 l은 그래프의 링크를 가리킨다.

j	$\sqrt{j(j+1)}$
½	0.8
1	1.4
3⁄2	1.9
2	2.4
5⁄2	2.9
3	3.4
–	–

표 6-4 스핀과 그에 대응하는 최소 넓이의 단위들에서 넓이의 값

은 다음 식으로 주어집니다. 여기에서 j는 '반-정수' 즉 0, ½, 1, 3⁄2, 2, 5⁄2, 3……과 같이 정수의 절반인 수를 가리킵니다.

$$A=8\pi L_p^2\sqrt{j(j+1)}$$

이 식을 봅시다. A는 두 공간 입자를 나누는 표면이 가질 수 있는 넓이입니다. 8은 특별할 게 없는 그냥 수 8입니다. π는 그리스문자 '파이'로, 학교에서 배웠듯이 원의 둘레와 지름 사이의 관계를 나타내는 상수인데요, 왜인지는 모르겠지만 물리학과 수학에서는 어디에나 나타납니다. L_p는 플랑크 길이로, 양자중력 현상이 발생하는 극도로 작은 척도입니다. L_p^2은 L_p의 제곱으로, 한 변의 길이가 플랑크 길이인 정사각형의 (엄청 작은) 넓이입니다. 그러므로 $8\pi L_p^2$은 간단히 '작은' 넓이입니다. 한 변이 약 10억분의 1의 10억분의 1의 10억분의 1의 백만분의 1센티미터인 작은 정사각형의 넓이죠.($8\pi L_p^2$은 약 $10^{-66}cm^2$입니다.) 이 식의 흥미로운 면은 제곱근과 그 안의 값입니다. 요점은 j가

반-정수라는 것, 다시 말해 ½의 배수들인 값만을 가질 수 있다는 것입니다. 그 각각의 값에 대해, 제곱근이 특정 값을 갖는데, 그 근사치가 표 6-4에 적혀 있습니다.

표의 오른쪽 수들에 넓이 $8\pi L_p^2$을 곱하면 표면의 넓이의 가능한 값들을 얻게 됩니다. 이러한 특별한 값들은 원자 속 전자들의 궤도 연구에서 나타나는 것들과 비슷한데, 양자역학에 의하면 원자 속에서는 오직 특정한 궤도들만이 허용되죠. 요점은 이것들 이외에 다른 넓이는 없다는 것입니다. 예컨대 $8\pi L_p^2$의 10분의 1의 넓이를 갖는 표면은 존재하지 않습니다. 그래서 넓이는 연속적이지 않고 입자적입니다. 임의적으로 작은 넓이는 없는 것이죠. 공간이 연속적인 것처럼 보이는 것은 우리의 눈이 개별 공간의 가장 작은 규모를 볼 수 없기 때문일 따름입니다. 티셔츠의 천을 가까이서 들여다보면 실로 짜여 있는 것이 보이듯이, 공간도 낱낱의 가닥들로 짜여 있습니다.

예를 들어 어떤 방의 부피가 100세제곱미터라고 말할 때, 사실 우리는 그 속에 있는 공간의 입자들을, 혹은 '중력장의 양자들'을 세고 있는 겁니다. 보통 크기의 방이라면 100자릿수보다 더 많이 들어 있습니다. 이 페이지의 넓이가 200제곱센티미터라고 할 때, 사실 우리는 이 페이지를 가로지르는 그물망, 혹은 루프들의 링크 수를 세고 있는 겁니다. 이 책의 한 페이지에는 약 70자릿수 정도의 양자가 존재합니다.

길이와 넓이와 부피의 측정이 궁극적으로는 개별 요소들을 세는 것이라는 생각은 19세기에 리만 자신이 옹호했던 것입니다. 연속적인 굽은 수학적 공간의 이론을 개발했던 이 수학자는 궁극적으로는 불연속적인 물리적 공간이 연속적인 공간보다 더 합리적이라는 것을 깨달았던 것입니다.

요약해봅시다. 루프양자중력이론, 혹은 '루프이론'은 일반상대성이론을 양자역학과 몹시 조심스럽게 결합합니다. 다른 어떤 가설도 이용하지 않고 오로지 이 두 이론만을 취해서 서로 양립할 수 있도록 알맞게 재정리하고 있기 때문입니다. 그러나 그 결과는 급진적입니다.

우리는 일반상대성이론 덕분에 공간이 단단하고 고정된 상자 같은 것이 아니라 전자기장처럼 역동적인 것임을 알게 되었습니다. 우리가 들어 있는 우주는 움직이는 거대한 연체동물과도 같아서 눌려지고 비틀리고 합니다. 양자역학은 그러한 모든 장이 양자로 이루어져 있다는 것을, 즉 섬세한 입자 구조를 가지고 있다는 것을 가르쳐 줍니다. 자연에 관한 이러한 두 가지 일반적인 발견으로부터 어떤 사실이 따라 나올까요?

물리적 공간도, 장이기 때문에, '양자로 이루어져' 있다는 사실이 곧바로 따라 나옵니다. 다른 양자장들을 특징짓는 것과 똑같은 입자 구조가 양자중력장을 특징짓고, 따라서 공간을 특징짓습니다. 그러므로 우리는 공간이 알갱이로 되어 있다고 예상합니다. 우리는 빛의 양자, 전자기장의 양자가 존재하고 기본입자가 양자장의 양자로서 존재하듯이, '공간의 양자'가 존재한다고 예상하는 것입니다. 그런데 공간은 중력장이므로 중력장의 양자가 '공간의 양자', 즉 공간의 입자적 구성 성분인 것입니다.

따라서 루프이론의 핵심 예측은 공간이 연속적이지 않다는 것, 무한히 나눌 수 없다는 것, '공간의 원자들'로 이루어져 있다는 것입니다. 정말 작습니다. 가장 작은 원자핵의 10억분의 10억분의 1보다도 작죠.

루프 이론은 공간의 원자적이며 입자적인 구조를 정확한 수학적 형식으로 기술합니다. 이 수학적 형식은 디랙이 쓴 양자역학의 일반 방정식을 아인슈타인의 중력장에 적용하면 얻을 수 있습니다.

특히 부피는 (예컨대 정육면체의 부피는) 임의로 작을 수가 없습니다. 최소 부피가 존재하는 것이죠. 이 최소 부피보다 더 작은 공간은 존재하지 않습니다. 부피의 최소 '양자'가 존재하는 겁니다. 공간의 기본 원자인 것이죠.

공간의 원자

거북이를 쫓아가는 아킬레우스 이야기를 기억하시나요? 제논은 느린 거북이를 따라잡기 전에 아킬레스가 무한한 수의 간격을 통과해야 한다는 생각에 받아들이기 어려운 무언가가 있다는 사실을 주목했습니다. 수학은 이 곤란함의 근본 원인에 대처할 수 있는 길을 찾아내어, 어째서 점점 작아지는 간격들을 무한한 수로 더해도 전체 길이는 유한할 수 있는지를 보여주었습니다.

그러나 자연에서도 실제로 이런 일이 일어나는 것일까요? 아킬레우스와 거북이 사이에 정말로 임의로 짧은 간격이 존재할까요? 10억분의 10억분의 10억분의 1밀리미터에 대해 말하고, 또 그것을 다시금 수없이 나누는 것을 생각한다는 것이 정말로 말이 될까요?

기하학적 양들의 양자 스펙트럼을 계산해보면, 이 물음에 대한 답은 부정적입니다. 임의적으로 작은 공간의 조각은 존재하지 않습니다. 공간의 가분성에는 하한이 있습니다. 아주 작은 척도이기는 하지만 엄연히 존재합니다. 이것이 바로 마트베이 브론스테인이 1930년에 대략적인 논증에 근거해 직관적으로 깨달았던 것입니다. 일반상대성이론의 변수들에 디랙 방정식을 적용한 것을 기초로 몇 년 전에 완성된 부피와 넓이의 스펙트럼 계산은 브론스테인의 생각을 확증하고 그것을 수학적인 공식으로 정식화합니다.

그러므로 공간은 알갱이로 되어 있는 것입니다. 아킬레우스는 거북이를 따라잡기 위해 무한한 수의 걸음을 걷지 않아도 됩니다. 공간이 유한한 크기의 알갱이로 이루어져 있기에 무한히 작은 걸음이란 것이 존재하지 않기 때문입니다. 아킬레우스는 거북이에게 점점 다가가서 마지막으로 단 한 번의 양자도약만 하면 거북이를 따라잡게 될 것입니다.

그러나 잘 생각해보면, 이것이 바로 레우키포스와 데모크리토스가 제시한 해법이 아니었을까요? 그들은 물질의 입자적 구조에 대해서 말했는데, 공간의 구조에 대해서는 뭐라고 말했는지 모르겠네요. 불행히도 원문이 남아 있지 않고 다른 이들이 인용한 모호한 내용들밖에 없거든요. 그것은 마치 요약본으로부터 단테의 《신곡》을 재구성하려는 것과 같습니다.◆ 하지만 잘 생각해보면, 아리스토텔레스의 생각에 따를 때, 점들의 모음으로써의 연속체라는 생각이 모순이라는 데모크리토스의 논증은 물질보다는 공간에 더 잘 적용될 수 있습니다. 확신할 수는 없지만, 만일 우리가 데모크리토스에게 임의적으로 작은 공간을 측정한다는 것이 말이 되는지 물어볼 수 있다면, 그는 가분성에는 한계가 있을 수밖에 없다는 대답을 되풀이할 것이라고 저는 생각합니다. 압데라의 대 철학자에게 물질은 더 이상 나눌 수 없는 원자들로 이루어져 있는 것입니다. 일단 공간이 물질과 아주 비슷하다는 사실을 인정하고 나면 (그 자신이 말했듯, 공간은 나름의 본성, '어떤 물리적 본성을' 가지고 있으니) 나는 그가 주저 없이 공간은 나눌 수 없는 기본 원자들로 이루어져 있을 수밖에 없다고 결론 내릴 것이라고 생각합니다. 아무래도 우리는 데모크리토스의 발자취를 따라가고

◆ 만약 우리가 다른 사람들이 쓴 논평만 가지고 있고, 원문의 명료함과 복잡함을 포착할 수 없다면, 아리스토텔레스와 플라톤의 생각들이 얼마나 뒤죽박죽 터무니없는 얘기로 들릴지 상상해보자.

있나 봅니다.

물론 저는 지난 2천 년 동안의 물리학이 쓸모없었다거나, 실험들과 수학들이 도움이 되지 않았다거나, 데모크리토스가 현대 과학만큼 신뢰를 줄 수 있다는 얘기를 하려는 것은 아닙니다. 당연히 아니죠. 실험과 수학이 없었다면, 우리는 지금 우리가 이해하고 있는 것들을 결코 이해할 수 없었을 겁니다. 하지만 우리가 세계를 이해하기 위한 개념적 틀을 개발하는 일은 새로운 아이디어를 탐구하는 것으로도 가능하지만, 과거의 거인들에게서 가져온 깊고 강력한 직관에 의지하는 것으로도 가능합니다. 데모크리토스는 이러한 거인들 중 한 사람이며, 우리는 그의 거대한 어깨 위에 앉아 새로운 것을 발견할 수 있는 것이죠.

이제 다시 양자중력 이야기로 돌아갑시다.

스핀 네트워크

공간의 양자 상태를 기술하는 그래프는 각 노드에 대한 부피 v와 각 선에 대한 반-정수 j로 특징지어집니다. 이런 정보가 더해진 그래프를 '스핀 네트워크spin network'라고 부릅니다.(그림 6-5) 물리학에서 반-정수는 양자역학에서 아주 자주 나타나기 때문에 '스핀'이라고 부르죠. 스핀 네트워크는 중력장의 양자 상태를 나타냅니다. 즉 공간의 가능한 양자 상태를 나타내죠. 넓이와 부피가 불연속적인 입자적 공간입니다. 물리학에서는 연속적인 공간을 어림하기 위해 종종 촘촘한 모눈격자를 씁니다. 그러나 여기에는 어림할 연속적인 공간이 없습니다. 공간은 진짜로 알갱이로 되어 있습니다. 이것이 양자역학의 핵심입니다.

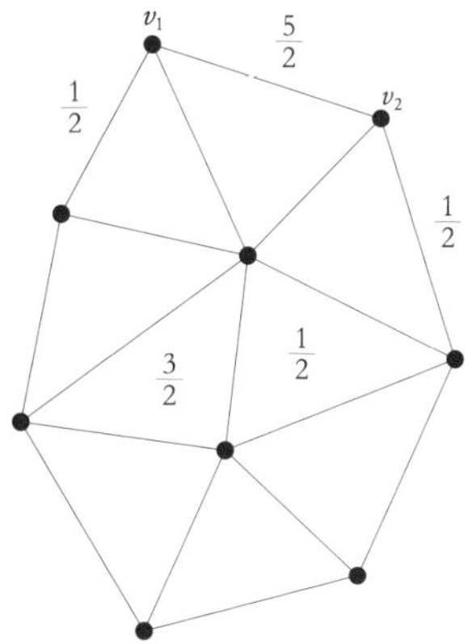

6-5 스핀 네트워크

전자기장의 양자인 광자와 '공간의 양자'인 그래프의 노드 사이에는 결정적인 차이가 있습니다. 광자는 공간 속에 존재하는 반면, 공간의 양자는 공간 자체를 구성하는 것이죠. 광자는 '그것이 있는 곳'에 의해 특징지어집니다.◆ 공간의 양자는 그 자체가 '공간'이기 때문에 그것이 있을 장소가 없습니다. 이 공간의 양자들은 그것들을 공간적으로 특징짓는 오직 하나의 정보를 가지고 있습니다. 어느 공간의 양자들과 인접해 있는지, 어느 것이 어느 것 옆에 있는지에 대한 정보입니다. 이 정보는 그래프의 링크들로 표현됩니다. 링크로 연결된 두 노드는 인접한 두 공간의 양자입니다. 서로 접촉하는 공간의 두 알갱이인 것이죠. 바로 이 '접촉'이 공간의 구조를 만듭니다.

노드와 링크가 나타내는 이러한 중력의 양자들은, 다시금 말하지만, 공간 속에 있는 것이 아니라, 공간 그 자체입니다. 중력장의 양자

◆ 포크(Fock) 공간에서 광자 상태의 양자 수는 운동량, 위치의 푸리에 변환(Fourier transform)이다.

구조를 기술하는 스핀 네트워크는 공간 속에 들어 있는 것이 아닙니다. 공간을 차지하고 있지도 않습니다. 개별 공간 양자의 위치는 다른 어떤 것과 관련해서 정의되지 않고, 오직 링크들에 의해, 그리고 공간 양자들 사이의 관계로만 정의됩니다.

공간의 한 입자에서 링크를 따라 인접한 입자로 이동하는 것을 생각해볼 수 있겠습니다. 만일 한 입자에서 다른 입자로 계속 이동해서 출발점으로 돌아와 닫힌 회로가 되면 '고리', 즉 '루프'가 만들어지는 것입니다. 이것이 루프이론에서 말하는 원래의 루프입니다. 4장에서 우리는 화살이 닫힌 루프를 통해 제자리로 돌아오는 평행 이동을 할 때, 계속 처음과 같은 방향을 가리켰는지 아니면 방향이 틀어졌는지를 확인함으로써 공간의 곡률을 측정할 수 있음을 보았습니다. 이 이론의 수학은 그래프상의 각 닫힌 회로에 대한 곡률을 결정하는데, 이로써 시공의 곡률을 계산할 수 있으며, 따라서 중력장의 힘을 계산할 수 있습니다.◆

하지만 양자역학은 어떤 물리량의 입자성 이상이라는 것을 기억해봅시다. 그것을 특징짓는 다른 두 가지 측면이 더 있습니다. 먼저, 오직 확률적으로만 변화한다는 사실입니다. 스핀 네트워크가 '변화'하는 방식은 무작위적이고 우리는 그 확률을 계산할 수 있는 것이죠. 이 부분은 시간을 다루는 다음 장에서 이야기하도록 하겠습니다.

다음으로, 양자역학의 또 다른 새로운 면이 있습니다. 우리는 사물이 '어떠한지'가 아니라 '어떻게 상호작용하는지'를 생각해야 한다는 것입니다. 이는 우리가 스핀 네트워크를 실체로 생각하면 안 된다는 것을 의미합니다. 마치 그것이 세계를 지탱하는 뼈대라도 되는 듯

◆ 입자적 공간의 기하학과 연관된 연산자는 중력 접속의 홀로노미(holonomy), 또는 물리학적 용어로는 일반상대성이론의 '윌슨 루프'이다.

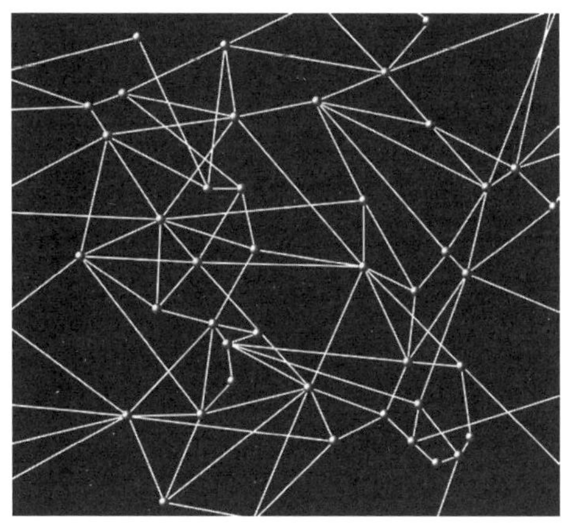

6-6 아주 작은 규모에서 공간은 연속적이지 않다. 공간은 상호 연결된 유한한 요소들로 짜여 있다.

이 말이죠. 우리는 그것을 사물에 미친 공간의 효과로 생각해야 합니다. 전자가 한 상호작용과 다른 상호작용 사이에는 어디에도 존재하지 않고 확률의 구름 속에 퍼져 있듯이, 공간도 특정한 하나의 스핀 네트워크가 아니라 모든 가능한 스핀 네트워크들의 전 영역에 걸쳐 있는 확률들의 구름입니다.

매우 작은 규모에서 보면, 공간은 중력의 양자들의 요동치는 무더기로서, 이 양자들은 서로에게 작용하고 함께 사물에 작용하며 이러한 상호작용 속에서 스핀 네트워크로, 서로 연결된 입자들로 나타납니다.(그림 6-6)

물리적 공간은 이러한 관계들의 망이 끊임없이 몰려드는 결과로 생겨난 조직입니다. 이 선들은 그 자체로는 어디에도, 어느 장소에도 존재하지 않습니다. 이 선들은 서로 간의 상호작용에서 장소를 만들어냅니다. 공간은 개개 중력 양자들 간의 상호작용에 의해 만들어지는 것입니다.

이렇게 해서 우리는 양자중력의 핵심 결과의 하나에 이르렀습니다. 공간은 불연속적 구조를 가지며 공간의 양자들에 의해 형성된다는 것입니다. 이는 양자중력을 이해하는 첫 단계일 뿐입니다. 둘째는 시간에 관련된 문제입니다. 다음 장에서 시간에 대해 다루겠습니다.

07

시간은 존재하지 않는다

누구라도 사물의 움직임과 떼어서 시간 그 자체를 느낄 수 있다고 말해서는 안 되는 것이니[…].

— 루크레티우스[1]

눈치 빠른 독자라면 앞 장에서 우리가 시간에 대해서는 이야기하지 않았음을 알아차렸을 겁니다. 그러나 한 세기 전에 아인슈타인은 우리가 시간과 공간을 분리할 수 없으며, 그것들을 한데 묶어서 하나로, 즉 시공으로 생각해야 한다는 것을 보여주었습니다. 이제 이를 바로잡고 시간을 다시 제자리로 돌려놓아야 할 때가 되었습니다.

양자중력에 관한 연구는 공간에 관한 문제들을 수년간 다룬 뒤에야 시간을 다룰 용기를 갖게 되었습니다. 최근 15년 동안 시간에 대해 생각하는 방식이 분명해지기 시작했습니다. 그것을 설명해보겠습니다.

사물들을 담고 있는 무정형의 용기用器로서의 공간은 양자중력과 더불어 물리학에서 사라집니다. 사물들(양자들)은 공간에 들어 있는 것이 아닙니다. 하나의 사물이 다른 사물의 부근에 있는 것이며 공간은 사물들이 근접하는 관계의 조직입니다. 우리가 공간을 불변하는 용기로 생각하는 것을 버린다면, 시간을 실재가 펼쳐지는 불변하는 흐름으로 생각하는 것도 버려야 합니다. 사물들을 담고 있는 연속적 공간이라는 생각이 사라지듯이, 현상들이 발생하는 흐르고 있는 연속적인 '시간'이라는 생각도 사라지는 것이죠.

어떤 의미에서 공간은 기본 이론에서는 더 이상 존재하지 않습니다. 중력장의 양자는 공간 속에 있지 않습니다. 마찬가지로 기본 이론에서는 시간도 더 이상 존재하지 않습니다. 중력의 양자는 시간 속에서 변화하지 않습니다. 그 양자들의 상호작용의 결과로서 생겨나는 것이 시간입니다. 휠러-드위트 방정식이 보여주듯, 기본 방정식에는 더 이상 시간 변수가 들어 있지 않습니다. 시간은 공간과 같이 양자중력장으로부터 발생하는 것입니다.

이는 시간이 중력장의 한 국면으로 나타나는 일반상대성이론에도 이미 해당됩니다. 그러나 양자들을 무시하는 한은, 우리는 여전히 시공을 꽤 관습적인 방식으로, 여타의 실재의 이야기가 그려져 있는 양탄자와 같이 생각할 수 있습니다. 비록 구불구불한 양탄자이기는 하지만 말이죠. 하지만 양자역학을 고려하는 순간, 우리는 시간 역시도 모든 실재에 공통적인 확률적 비결정성, 입자성, 관계성의 양상을 띨 수밖에 없다는 것을 깨닫게 됩니다. 지금까지 우리가 '시간'이라고 불러온 것과는 아주 다른 '시간'이 된 것이죠.

양자중력이론의 이 두 번째 개념적 귀결은 공간의 사라짐보다 더 극단적입니다.

한번 이해해봅시다.

시간은 우리가 생각하는 것과 다르다

시간의 본성이 우리가 보통 가지고 있는 생각과 다르다는 사실이 분명해진 지가 이미 한 세기도 넘었습니다. 특수상대성이론과 일반상대성이론은 이러한 견해를 강화한 것뿐이었죠. 오늘날 우리의 상식적인 시간관의 부적절함은 실험실에서 쉽게 확인할 수 있습니다.

예를 들어 3장에서 설명한 것과 같이 일반상대성이론의 첫 번째 귀결을 다시 살펴봅시다. 시계 두 개를 가져와 시간을 똑같이 맞추고는 하나는 바닥에 놓아두고 다른 하나는 책상 위에 올려둡니다. 한 시간 반을 기다린 다음에 두 시계를 나란히 놓고 확인해봅시다. 여전히 같은 시간을 가리킬까요?

3장에서 제가 말한 것을 기억하신다면, 그 대답은 '아니오'입니다. 보통의 손목시계나 휴대전화의 시계는 정밀하지 않아서 이런 사실을 확인할 수 없지만, 많은 물리학 실험실에는 그 차이를 보여줄 수 있을 정도로 정밀한 시계가 있습니다. 책상 위에 올려놓은 시계보다 바닥에 놓아둔 시계의 시간이 더 느리죠.

왜 그럴까요? 시간이 세계의 모든 곳에서 똑같이 흐르지 않기 때문입니다. 어떤 곳에서는 더 빨리 흐르는가 하면 다른 곳에서는 더 천천히 흐르죠. 지구의 중심에 가까울수록 중력◆이 더 강해져 시간이 더 천천히 흐릅니다. 3장의 쌍둥이 이야기 기억하시나요? 한 사람은 바닷가에 한 사람은 산꼭대기에 살다가 나중에 다시 만났더니 나이 든 정도가 달랐다는 이야기 말입니다. 물론 그 차이는 아주 미미합니다. 산에서 사는 것에 비해 바닷가에서 살면서 번 시간은 극소량

◆ 중력 퍼텐셜(gravitational potential)

이거든요. 그렇다고 해도 차이가 실제로 존재한다는 엄연한 사실이 달라지지 않습니다. 시간은 우리가 흔히 상상하는 것처럼 작동하지 않는 것입니다.

우리는 시간에 대해 마치 우주의 생애를 가리키는 커다란 우주적 시계가 있기라도 한듯이 생각해서는 안 됩니다. 시간을 국지적인 것으로 생각해야만 한다는 사실을 우리가 알게 된 지가 한 세기도 넘었습니다. 우주의 모든 대상은 자신만의 시간 흐름을 갖고 있으며, 그 흐름은 국지적인 중력장에 의해 결정된다는 것이죠.

그러나 중력장의 양자적 본성을 고려할 때는 이 국지적 시간조차도 더 이상 제대로 작동하지 않습니다. 양자 사건들은 아주 작은 규모에서는 시간의 흐름에 따라 순서를 매길 수 없습니다. 어떤 의미에서는 시간이 더 이상 존재하지 않는 것이죠.

하지만 시간이 존재하지 않는다는 말이 무엇을 의미하는 걸까요?

우선, 기본 방정식에 시간 변수가 없다는 것이, 아무것도 움직이지 않는다거나 변화가 일어나지 않는다는 의미는 아닙니다. 도리어 변화가 도처에 있다는 것을 의미합니다. 다만 기본적인 과정들을 순간들의 연쇄에 따라 순서를 매길 수 없을 뿐이죠. 공간의 양자들의 극도로 작은 규모에서 볼 때, 자연은 보편적인 시간을 지휘하는 단 한 명의 오케스트라 지휘자의 지휘봉 리듬에 따라 춤을 추지는 않습니다. 각각의 과정은 이웃과는 독립적으로 그 자신의 리듬에 따라 춤을 추지요. 시간의 흐름은 세계에 내재되어 있고, 세계이면서 그 자체로 자신의 시간을 만들어내는 양자 사건들 사이의 관계로부터 세계 속에 태어납니다. 사실 시간이 존재하지 않는다는 사실은 아주 복잡한 것을 의미하지는 않습니다. 한번 이해를 시도해봅시다.

샹들리에와 맥박

고전 물리학의 거의 모든 방정식에는 시간이 나타납니다. 시간 변수는 전통적으로 문자 t로 표시하죠. 방정식은 사물들이 시간에 따라 어떻게 변하는지를 말해줍니다. 그리고 우리가 과거에 일어난 일을 안다면 미래에 어떤 일이 일어날지를 예측할 수 있도록 해주죠. 더 자세히 말하면 우리는 변수들을, 예를 들면 대상의 위치 A, 흔들리는 진자의 진폭 B, 대상의 온도 C 등등을 측정합니다. 그리고 물리학의 방정식들은 이런 변수들 A, B, C가 어떻게 시간에 따라서 변화하는지를 말해줍니다. 즉, 그 방정식들은 초기 조건으로부터 시간 t에 따른 이 변수들의 변화를 기술하는 $A(t)$, $B(t)$, $C(t)$ 등의 함수들을 예측합니다.

갈릴레오 갈릴레이는 지구상에서 물체의 운동을 $A(t)$, $B(t)$, $C(t)$ 등의 시간 함수의 방정식으로 기술할 수 있다는 것을 이해하고 그러한 함수의 방정식을 만든 첫 번째 사람이었습니다. 갈릴레오가 발견한 지구상의 최초의 물리학 법칙은 예컨대 물체가 어떻게 낙하하는지, 즉 물체의 높이 x가 시간 t에 따라 어떻게 변화하는지를 기술한 것이었습니다.◆

이 법칙을 발견하고 증명하기 위해 갈릴레오에게는 두 가지 측정값이 필요했습니다. 그는 물체의 높이 x와 시간 t를 측정해야 했습니다. 그러므로 그에게는 시간을 측정할 기구가 필요했습니다. 바로 시계였죠.

갈릴레오가 살던 시기에는 정확한 시계가 없었습니다. 그러나 젊

◆ $x(t) = \frac{1}{2}at^2$

은 시절의 갈릴레오는 정확한 시계를 만드는 열쇠를 몸소 찾아냈습니다. 그는 진자의 진동 주기가 (진폭이 줄어들더라도) 일정하다는 것을 발견했습니다. 그러므로 진자가 진동하는 횟수를 그냥 세기만 하면 시간을 측정할 수 있는 것입니다. 우리에겐 너무도 당연한 생각처럼 보이겠지만, 갈릴레오로서는 발견해내야만 하는 일이었죠. 그전에는 아무도 그런 생각을 못 했으니까요. 과학은 이런 겁니다.

그러나 사정이 그리 간단치는 않습니다.

전해지는 바에 따르면 갈릴레오는 피사의 성당에서 커다란 샹들리에가 흔들리는 것을 보고서 통찰을 얻었다고 합니다. 그 샹들리에는 지금도 그곳에 걸려 있습니다.(샹들리에는 갈릴레오의 발견이 있은 지 몇 년이 지나고서 설치된 것이기 때문에 이 이야기는 거짓입니다만, 아름다운 이야기이기는 하죠. 아니면 어쩌면 그 전에 다른 샹들리에가 걸려 있었을지도 모르지요.) 이 과학자는 종교 의식이 진행되는 동안 샹들리에가 흔들리는 것을 지켜보고 있다가, 자신의 맥박이 뛰는 횟수를 한번 세어봅니다. 그러고는 몹시 흥분합니다. 샹들리에가 한 번 흔들릴 때마다 맥박 수가 똑같았던 것이죠. 그리고 샹들리에의 진동이 느려지고 진폭이 줄어드는 데도 계속 똑같았던 것입니다. 이로부터 갈릴레오는 샹들리에의 진동 시간이 일정하게 유지된다는 결론을 이끌어냈습니다.

아름다운 이야기이기는 하지만 더 주의 깊게 생각해보면 좀 혼란스러운 점이 있습니다. 그리고 이 혼란이 바로 시간 문제의 핵심이죠. 그 혼란은 이것입니다. 갈릴레오는 맥박이 일정하게 뛴다는 것을 도대체 어떻게 알았을까요?◆

갈릴레오의 발견이 있은 지 몇 년 지나지 않아 의사들은 시계를

◆ 더구나 그렇게 크게 흥분한 상태였다면…….

이용해 환자의 맥박을 재기 시작했습니다. 시계라고 해야 별게 아니라 고작 진자였지만요. 가만, 그런데 진자가 규칙적이라는 사실을 맥박이 뛰는 것으로 확인하고, 그러고는 진자를 사용해서 맥박이 규칙적으로 뛴다는 것을 확인한다……. 이건 순환 아닌가요? 이게 무엇을 의미하는 걸까요?

이는 우리가 실제로 측정하는 것이 시간 자체가 아니라는 것을 의미합니다. 우리는 언제나 물리적 변수들 A, B, C……(진동이나 맥박이나 다른 많은 것들)를 측정하는 겁니다. 그리고 한 변수를 다른 변수와 비교합니다. 즉 우리는 함수 $A(B)$, $B(C)$, $C(A)$……를 측정하는 것입니다. 우리가 잴 수 있는 것은 맥박이 몇 번 뛸 때 진자가 한 번 흔들리는지, 진자가 몇 번 흔들릴 때 내 시곗바늘이 한 번 째깍거리는지, 내 시곗바늘이 몇 번 째깍거릴 때 종탑의 시계 눈금이 바뀌는지……입니다.

비록 우리가 직접 측정할 수는 없더라도 모든 것의 근저에 변수 t가 존재한다고, '진짜 시간'이 존재한다고 상상하는 것은 유용합니다. 우리는 물리적 변수들이 있는 방정식을 이 관찰할 수 없는 t와 관련해서 씀으로써, 사물들이 t에 따라 어떻게 변화하는지 기술합니다. 예컨대 진자가 한 번 흔들릴 때 얼마만큼의 시간이 걸리는지, 심장이 한 번 뛰는 데 얼마만큼의 시간이 걸리는지 같은 것이죠. 이로부터 우리는 변수들이 서로와 관련해서 어떻게 변하는지를, 예컨대 진자가 한 번 흔들릴 때 맥박이 몇 번 뛸지를 계산할 수 있으며, 그리고 이 예측을 우리가 세계에서 관찰한 것과 비교할 수 있습니다. 비교 결과 그 예측이 옳다면, 우리는 이 복잡한 도식이 믿을 만하다는 결론을 내릴 수 있고, 특히 비록 시간을 직접 측정할 수는 없다고 해도 시간 변수 t를 사용하는 것이 유용하다는 결론을 내릴 수 있는 것입니다. 요컨대 시간 변수의 존재는 가정이지 관찰의 결과가 아닌 것입니다.

이 모든 것을 이해했던 사람이 뉴턴이었습니다. 그는 이런 방식으로 해나가는 것이 올바르다는 것을 깨닫고 이러한 도식을 명확히 하고 발전시켰습니다. 뉴턴은 자신의 저서에서 우리가 '진짜' 시간 t를 측정할 수는 없지만 그것이 존재한다고 **가정하면** 자연을 이해하고 기술하는 데에 아주 효과적인 도식을 만들 수 있다고 명시적으로 말하고 있습니다.

이 점을 명확히 해두었으니, 이제 양자중력으로 돌아와 '시간이 존재하지 않는다.'는 주장의 의미를 살펴보겠습니다. 그 의미는 우리가 아주 작은 것들을 다룰 때에는 뉴턴의 도식이 더 이상 작동하지 않는다는 것입니다. 뉴턴의 도식은 좋은 것이었지만 큰 현상들에만 유효했죠.

우리가 세계를 더 일반적으로 이해하고 싶다면, 우리에게 덜 친숙한 상황들에서도 세계를 이해하고 싶다면, 우리는 이러한 도식을 버려야만 합니다. 그 자체로 흐르며 모든 것이 그것에 대해서 변화한다는 시간 t라는 생각은 더 이상 유효한 생각이 아닙니다. 세계는 시간 t에 따른 변화의 방정식으로 기술되지 않습니다. 우리가 할 일은 우리가 **실제로** 관찰하는 변수들 A, B, C⋯⋯ 등을 그저 나열하고, **이러한** 변수들 사이의 관계를 기술하는 것뿐입니다. 즉 우리가 관찰하는 관계들 $A(B)$, $B(C)$, $C(A)$⋯⋯ 등에 대한 방정식을 쓰는 것이지, 우리가 관찰**할 수 없는** 함수들 $A(t)$, $B(t)$, $C(t)$ 등에 대한 방정식을 쓰는 것이 아닙니다.

맥박과 샹들리에의 예를 보면, 우리는 시간에 따른 맥박과 샹들리에의 움직임이 아니라, 두 변수가 서로에 대해서 어떻게 변하는지를 말해주는 방정식만을 갖는 것입니다. 즉, 맥박이 한 번 뛰는 시간 t와 샹들리에가 한 번 흔들리는 시간 t에 대해서 말하는 대신에, t에 대해서는 말하지 않고 샹들리에가 한 번 흔들릴 때 맥박이 몇 번이나 뛰는지를 직접 말해주는 방정식 말입니다.

그러니까 '시간 없는 물리학'은 시간을 언급하지 않고 오직 맥박과 샹들리에에 대해서만 말하는 물리학입니다.

이는 간단한 변화입니다만, 개념적인 관점에서 볼 때에는 엄청난 도약입니다. 우리는 세계를 시간에 따라 변화하는 것이 아니라 어떤 다른 방식으로 변화하는 것으로 생각하는 법을 배워야 합니다. 사물들은 오직 서로에 관해서만 변화합니다. 근본적인 수준에서는 시간이 존재하지 않습니다. 흐르는 시간이라는 인상은 오직 거시적 규모에서만 유효한 근사치일 뿐입니다. 이는 우리가 세계를 대충 지각한다는 사실에서 비롯되는 것이죠.

이 이론으로 기술되는 세계는 우리가 익숙한 세계와는 아주 다릅니다. 세계를 '담고' 있는 공간은 더 이상 없습니다. 사건들이 '그것에 따라' 발생하는 시간도 더 이상 없습니다. 공간의 양자들과 물질들이 서로 끊임없이 상호작용하는 기본적인 과정이 존재할 뿐입니다. 우리를 둘러싼 연속적인 공간과 시간이라는 가상은 이러한 기본적인 과정들이 무리지어 있는 것을 멀리서 흐릿하게 보고 있는 결과입니다. 투명하고 잔잔한 산정 호수가 무수한 작은 물 분자들의 빠른 춤으로 이루어져 있는 것처럼 말이죠.

시공의 가장자리

이러한 아이디어들이 어떻게 양자중력에 적용될까요? 세계를 담고 있는 공간도 없고 세계가 진행될 시간도 없는 곳에서 어떻게 변화를 기술할 수 있을까요? 그 열쇠는 공간과 시간 속에 보통의 물리적 과정들이 어떻게 자리하고 있을지를 물어보는 것입니다.

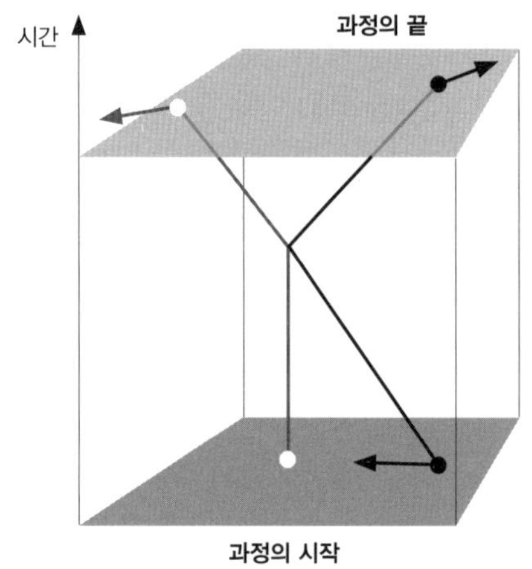

7-1 검은 공이 정지해 있는 흰 공을 쳐서 밀어내고 자신도 되튀는 공간 영역. 이 상자는 시공의 영역이다. 그 속에 두 공의 궤적이 그려져 있다.

어떤 과정을 하나 생각해봅시다. 예컨대 초록색 당구대 위에서 당구공 두 개가 부딪치는 것을 생각해봅시다. 빨간 공을 노란 공이 있는 쪽으로 칩니다. 빨간 공은 노란 공에 가까이 다가가서 충돌하고 두 공은 반대 방향으로 멀어져갑니다. 이 과정은 여느 과정들과 같이 유한한 공간 영역에서 일어납니다. 약 4제곱미터의 당구대 위에서죠. 또한 이 과정은 유한한 시간에 걸쳐 일어납니다. 3초라고 해보죠. 양자역학에서 이러한 과정을 다루기 위해서는 시간과 공간을 과정 자체에 포함해야만 합니다.(그림 7-1)

우리는 두 개의 당구공만이 아니라 그 주변에 있는 모든 것들까지도 함께 기술해야 합니다. 당구대와 다른 물체들, 그리고 특히 공을 친 순간부터 모든 과정이 끝날 때까지의 시간 동안 그것들이 들어 있는 공간도 기술해야 하는 것이죠. 공간과 시간은 중력장이라는 것을, 아인슈타인의 '연체동물'이라는 것을 기억해봅시다. 그러면 우리는 그 과정 속에 중력장, 즉 '연체동물'의 한 조각도 포함시켜 기술하고 있는 것입니다. 모든 것이 거대한 아인슈타인의 연체동물 속에 담겨 있습니다. 이 연체동물의 작은 부분을 회를 뜨듯이 잘라낸다고 상상해봅시다. 이 회 한 점에 두 당구공의 충돌과 그 주변의 모든 것들이 들어 있도록 말이죠.

이로부터 우리가 얻게 된 것은 그림 7-1과 같은 시공 상자입니다. 몇 초 동안의 몇 세제곱미터의 유한한 시공입니다. 이 과정이 시간 '속'에서 일어나지 않는다는 것에 주목해주세요. 상자는 시공 속에 있는 것이 아니라, 시공을 포함하고 있습니다. 공간의 양자가 공간 속에 있는 것이 아니듯이, 이 과정도 시간 속에서 일어나는 것이 아닙니다. 중력의 양자가 그 자체로 공간이기 때문에 공간 속에 있는 것이 아니듯이, 이 과정 자체가 시간의 흐름입니다.

양자중력이 어떻게 작동하는지를 이해하는 열쇠는 두 당구공이 만들어낸 물리적 과정만을 고려하는 것이 아니라, 중력장을 포함해 상자에 담긴 모든 것과 함께 상자 전체가 규정하는 전 과정을 고려하는 것입니다.

이제 하이젠베르크의 애초의 직관으로 돌아가봅시다. 양자역학은 어떤 과정 동안 무슨 일이 일어나는지를 말해주는 것이 아니라, 그 과정의 다양한 가능한 초기 상태와 최종 상태를 연결하는 확률을 말해줍니다. 우리의 사례에서 과정의 초기 상태와 최종 상태들은 시공 상자의 가장자리에서 일어나는 모든 것들에 의해서 주어집니다.

루프양자중력의 방정식들은 상자의 가능한 모든 가장자리와 연관된 확률을 줍니다. 예컨대 공이 어디로 들어가서 어떻게 부딪치면 어디로 나오게 되는지의 확률입니다.

이 확률은 어떻게 계산할까요? 앞서 양자역학에 대해 이야기할 때 언급했던 파인만의 '경로 합'을 기억하시나요? 양자중력에서도 확률을 같은 방식으로 계산할 수 있습니다. 즉 같은 가장자리를 갖는 모든 가능한 '경로'들을 고려하는 것입니다. 우리가 시공의 역학을 고려하고 있으니, 이는 상자의 같은 가장자리를 갖는 모든 가능한 시공들을 고려한다는 의미가 됩니다.

양자역학은, 공이 들어가는 최초 가장자리와 공이 나오는 최종 가장자리 사이에는 확정된 시공도 공의 확정된 경로도 존재하지 않는다고 여깁니다. 가능한 모든 시공들과 가능한 모든 경로들이 '함께 있는' 양자 '구름'이 있는 것이죠. 이리로나 저리로 나오는 공을 볼 수 있는 확률은 가능한 모든 '시공들'을 합하여 계산할 수 있습니다.

스핀 거품

만일 양자 공간이 스핀 네트워크의 구조를 갖는다면, 양자 시공은 어떤 구조를 가질까요? 앞에서 언급한 계산에 들어가는 '시공' 하나는 어떠할까요? 그것은 어떤 스핀 네트워크의 '역사', 즉 여정일 것입니다. 스핀 네트워크의 그래프를 가져와서 그것을 움직인다고 상상해 봅시다. 네트워크의 각 노드는 그림 7-1의 공처럼 하나의 선을 그리고, 네트워크의 각 링크는 움직이면서 하나의 표면을 그릴 겁니다. 예컨대 선분이 움직이면 직사각형이 만들어지는 것이죠. 그러나 더 많은 것들이 있습니다. 하나의 입자가 둘 이상의 입자들로 쪼개질 수 있듯이, 하나의 노드가 둘 이상의 노드들로 나뉠 수 있습니다. 혹은 둘 이상의 노드들이 한 노드로 결합할 수도 있죠. 이런 식으로 변화하는 네트워크는 그림 7-2와 같이 나타낼 수 있습니다. 그림 7-2에서 오른쪽에 있는 이미지를 '스핀 거품'이라고 부릅니다. '거품'이라고 한 까닭은, 이것이 표면들로 이루어져 있는데 이 표면들이 선에서

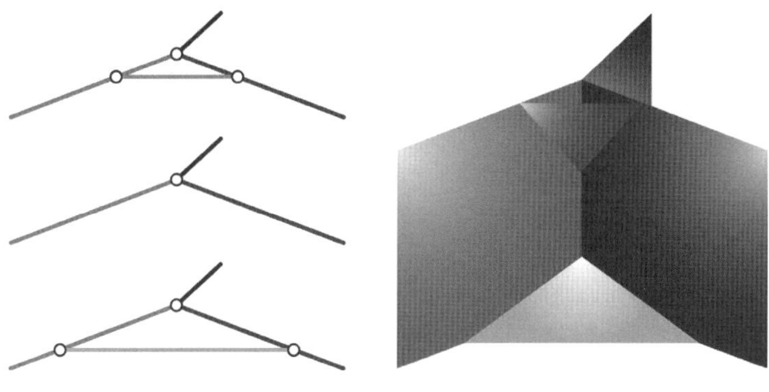

7-2 변화하는 스핀 네트워크: 세 개의 노드가 한 노드에서 결합되고 나서 다시 분리된다. 오른쪽 이미지는 이 과정을 나타내는 스핀 거품이다.

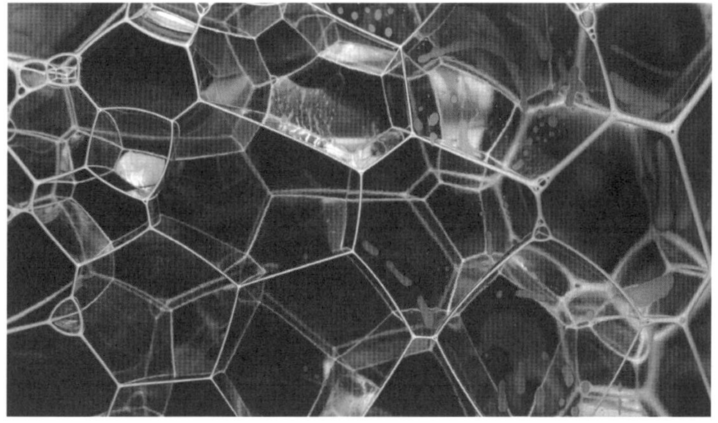

7-3 비눗방울의 거품

만나고 또 선들은 꼭짓점에서 만나는 식이어서, 비눗방울의 거품들이 만들어지는 것과 정확히 같은 방식이기 때문입니다.(사진 7-3) '스핀 거품'이라고 한 까닭은 스핀 네트워크의 선들이 스핀을 지니고 있고 그래서 이 거품의 면들도 스핀을, 즉 반-정수를 지니고 있기 때문입니다.

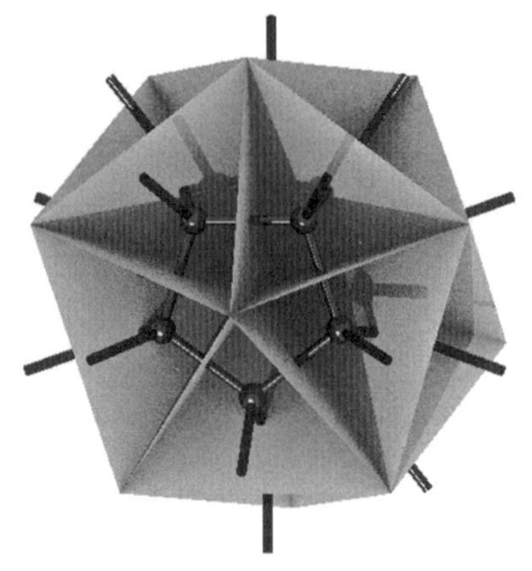

7-4 스핀 거품의 꼭짓점의 형태[2]

어떤 과정의 확률을 계산하기 위해서는 상자 속의 모든 가능한 스핀 거품들을, 즉 그 과정과 가장자리가 같은 스핀 거품들을 모두 합해야 합니다. 여기서 가장자리는 스핀 네트워크와, 과정에 들어가고 나오는 물질을 나타냅니다.

루프양자중력의 방정식들은 이러한 확률들을 주어진 가장자리들을 갖는 스핀 거품들의 합을 가지고 표현합니다. 이런 식으로 원칙적으로 모든 사건들의 확률을 계산할 수 있습니다.(더 정확히 하자면, 스핀 거품의 꼭짓점들의 구조는 그림 7-2보다 조금 더 복잡하며 그림 7-4와 더 유사합니다.)

기본 입자들의 표준모형을 이루며 지금까지 잘 검증되어온 양자장이론은 두 유형이 있습니다. 첫째 유형은 파인만이 만든 양자전기역학, 즉 QED Quantum Electro-Dynamics입니다. 이 이론에서는 입자들 사이의 기본 상호작용을 나타내는 '파인만 도형'과 연관된 수들로 계산을 합니다. 파인만 도형의 한 가지 예가 그림 7-5입니다. 이 그림은 서로 상호작용하는 두 입자를, 즉 두 양자장을 나타낸 것입니다. 처음

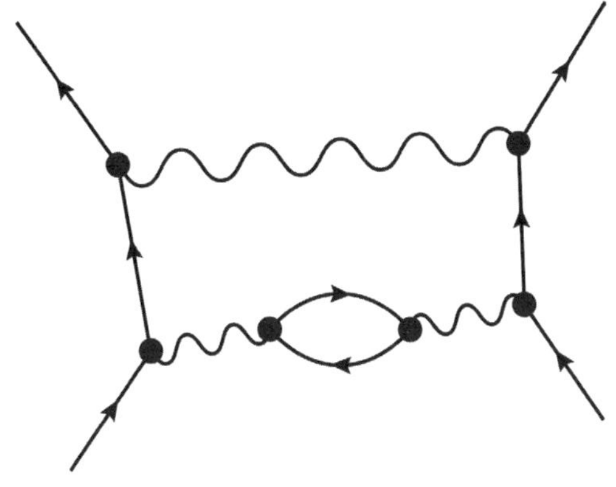

7-5 입자들 사이의 기본 상호작용을 나타내는 파인만 도형

에 왼쪽 입자가 두 입자로 쪼개지고, 다시금 그중 한 입자가 두 입자로 쪼개어지고, 그러고는 재결합하여 오른쪽 입자와 수렴합니다. 이렇게 해서 그래프는 양자장의 역사를 나타냅니다.

잘 작동하는 또 다른 양자장이론의 예는 양자색역학, 즉 QCD Quantum Chromo-Dynamics입니다. 이는 예를 들면 양성자 내의 쿼크들 사이의 힘을 기술합니다. QCD에서는 파인만 도형 기법을 적용할 수 없을 때가 종종 있습니다. 그러나 잘 작동하는 또 다른 계산 기법이 있죠. 그림 7-6처럼 격자를 사용하여 연속적인 물리 공간의 근사치를 구하는 '격자이론'이라는 방법입니다. 양자중력의 경우와 달리 이 격자는 공간의 정확한 기술이 아니라 근사치로만 간주됩니다. 엔지니어들이 유한한 수의 요소들로 다리의 구조 하중을 근사치로 계산하는 것처럼 말이죠.

파인만 도형과 격자이론, 이 두 계산 기법은 양자장이론의 가장 효과적인 두 가지 도구입니다.

그런데 양자중력에서는 뜻밖의 아름다운 일이 일어납니다. 두 계

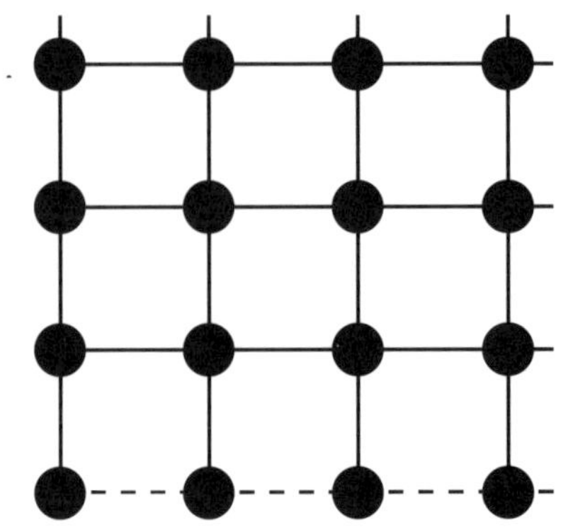

7-6 물리적 시공을 어림하는 격자

산 기법이 하나가 되어버리는 겁니다. 양자중력에서의 물리적 과정을 계산하기 위해 쓰이는 그림 7-2의 시공 거품은 파인만 도형으로도 격자 계산으로도 해석할 수 있습니다.

이것이 파인만 도형인 까닭은 그것이 QED 그래프에서처럼 정확히 양자의 역사이기 때문입니다. 이제 양자들은 공간 속에서 움직이는 양자가 아니라 공간의 양자인 것입니다. 이 양자들의 상호작용에서 그려지는 그래프는 공간 속의 입자들의 운동을 나타낸 것이 아니라 공간 자체의 도면을 나타낸 겁니다. 그리고 또한 이 도면은 QCD 계산에서 사용되는 것과 같이 정확히 격자입니다. 다만 차이가 있다면 그것은 근사치가 아니라 미시적 공간의 실제 불연속 구조라는 것입니다. QED와 QCD의 계산 기법들은 하나의 일반 기법의 특별한 경우들이었던 것입니다. 그 일반 기법이란 양자중력의 스핀 거품들을 합하는 것이죠.

앞에서 아인슈타인 방정식 때도 그랬듯이, 여기에서도 이 이론의 방정식을 적고 싶은 마음을 참을 수가 없네요. 상당한 양의 수학과

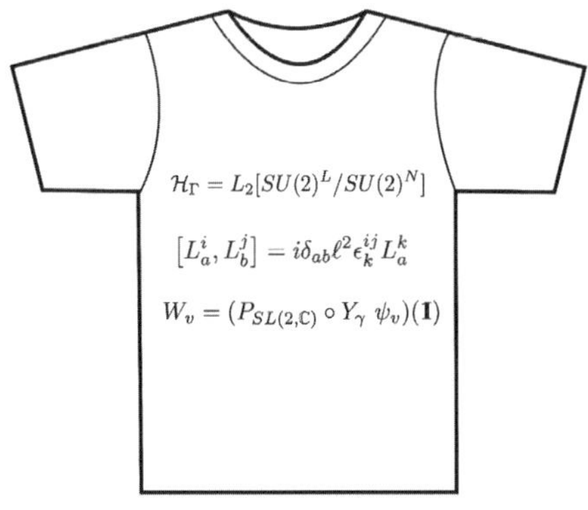

7–7 티셔츠 한 장에 요약한 루프양자이론의 방정식들

전문 교과를 공부하지 않은 독자로서는 방정식을 해독하지 못한다고 하더라도 말이죠. 방정식을 티셔츠 한 장에 요약해서 쓸 수 없는 이론은 믿을 만하지 않다고 누군가 말했는데요. 자, 티셔츠가 여기 있습니다.(그림 7-7)

이 방정식들은◆ 앞에서 두 장에 걸쳐 설명한 세계를 수학적으로 기술한 것입니다. 물론 우리는 이 방정식이 정말로 참인지, 수정하거나 어쩌면 근본적으로 뜯어고쳐야 하는지 확신할 수 없습니다. 그러나 제가 보기에는 이것이 현재 우리가 이해하는 최선의 것입니다.

공간은 스핀 네트워크이며, 그 노드는 기본 입자들을 나타내고 링크는 그것들의 인접 관계를 나타냅니다. 시공은 이러한 스핀 네트워크들이 상호 변환되는 과정들에 의해서 생성되며, 이러한 과정들은 스핀 거품들의 합으로 표현됩니다. 하나의 스핀 거품은 하나의 스핀

◆ 첫 번째는 이론의 힐버트 공간을 정의합니다. 두 번째는 연산자들의 대수를 기술합니다. 세 번째는 그림 7-4에서와 같이 각 꼭짓점의 추이의 폭을 기술합니다.

네트워크의 이상적 경로를, 역사를, 즉 노드들이 결합하고 분리되는 입자적 시공을 나타냅니다.

공간과 시간을 생성하는 양자들의 이 미시적 무리는 우리를 둘러싼 거시적 현실의 고요한 외관의 기저에 놓여 있습니다. 세제곱미터의 공간 하나하나가, 흘러가는 일 초 일 초가 극도로 작은 양자들이 춤추는 거품의 결과인 것입니다.

세계는 무엇으로 이루어져 있는가?

공간이라는 배경이 사라졌습니다. 시간도 사라졌습니다. 고전적 입자도 사라졌고 고전적 장도 사라졌습니다. 그러면 세계는 무엇으로 이루어져 있는 걸까요?

답은 간단합니다. 자, 입자는 양자장의 양자입니다. 빛은 장의 양자에 의해 형성됩니다. 공간은 장에 지나지 않으며, 이 또한 양자입니다. 그리고 시간은 바로 이 장의 과정들로부터 태어납니다. 달리 말하면, 세계는 오로지 양자장들로 이루어져 있습니다.(그림 7-8)

이러한 장들은 시공간 속에 들어 있는 것이 아닙니다. 그것들은 말하자면 하나 위에 다른 하나가 얹혀 있는 것, 장 위에 얹혀 있는 장입니다. 우리가 거시적 규모에서 지각하는 공간과 시간은 이러한 양자장들의 하나인 중력장의 대략적인 흐릿한 이미지입니다.

시공이 바탕에서 지탱할 필요가 없이, 그 자체로 존립하면서 시공 자체를 생성할 수 있는 장들을 '공변 양자장covariant quantum fields'이라고 부릅니다. 세계의 실체는 최근에 극적으로 단순화되었습니다. 세계, 입자, 빛, 에너지, 공간과 시간, 이 모든 것은 단 한 가지 유형의 존재자가 드러난 것일 따름입니다. 바로 공변 양자장들이죠.

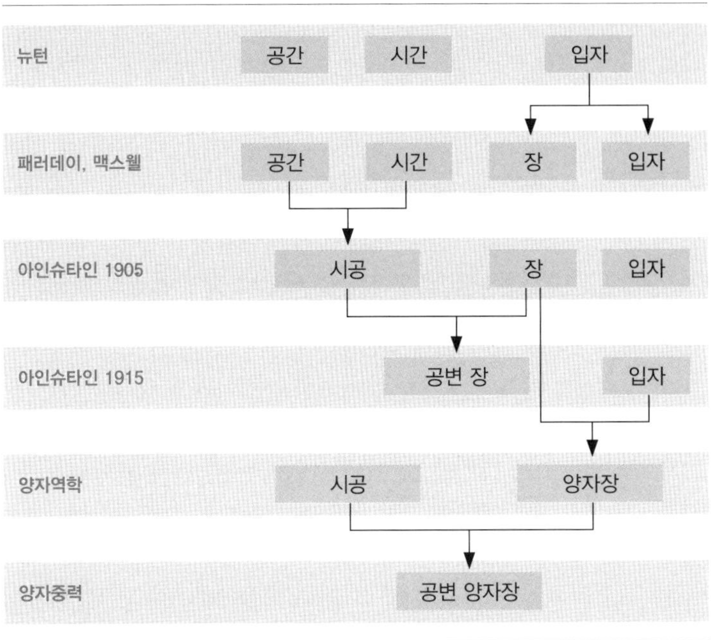

7-8 세계는 무엇으로 이루어져 있는가? 단 하나의 재료, 공변 양자장으로 이루어져 있다.

공변 양자장은 최초의 과학자이자 철학자인 아낙시만드로스가 가정했던 만물의 원질인 '아페이론ἄπειρον', 무한정자를 오늘날 가장 잘 나타낸 것입니다.[3]

아인슈타인의 일반상대성이론의 연속적인 굽은 공간과 양자역학의 평평하고 균일한 공간 속에 있는 불연속적인 양자들 사이의 분리는 이제 완전히 해소되었습니다. 더 이상 모순은 없습니다. 시공연속체와 공간의 양자 사이의 관계는 전자기파와 광자 사이의 관계와 같습니다. 전자기파는 광자를 큰 규모에서 어림하여 본 것입니다. 광자는 전자기파들이 상호작용하는 방식이고요. 연속적인 공간과 시간은 중력의 양자들의 역학을 큰 규모에서 어림하여 본 것입니다. 중력의 양자는 공간과 시간이 상호작용하는 방식이고요. 동일한 수학이 일관되게 양자중력장과 다른 양자장들을 기술합니다.

우리가 치러야 했던 개념적 대가는 공간과 시간이 세계의 틀이 되는 일반적인 구조라는 생각을 버리는 것이었습니다. 공간과 시간은 큰 규모에서 나타나는 근사적近似的인 것들입니다. 어쩌면 칸트가 인식의 주체와 대상은 분리할 수 없다고 말했던 것이 옳을지도 모르겠습니다. 그러나 칸트가 뉴턴적인 공간과 시간이 인식의 선험적 형식이라고, 세계를 이해하는 필수 불가결한 문법이라고 생각한 것은 틀렸습니다. 이 문법은 우리 인식의 성장과 더불어 진화해왔고 여전히 진화하고 있습니다.

일반상대성이론과 양자역학은 처음에 보였던 것만큼 서로 긴장관계에 있지 않습니다. 사실은 잘 들여다보면 서로 손을 잡고 깊은 대화를 나누고 있습니다. 아인슈타인의 굽은 공간을 엮어내는 공간적 관계들이 양자역학의 기본 체계들 사이의 관계들을 엮어내는 바로 그 상호작용입니다. 공간과 시간이 하나의 양자장의 측면들이라는 것과 양자장이 외부 공간 속에 '발을 디디지' 않고서도 존재할 수 있다는 것을 깨닫자마자 일반상대성이론과 양자역학은 동전의 양면처럼 양립하며 제휴하게 됩니다.

물리적 세계의 근본 구조에 대한 이 순도 높은 그림이 오늘날 루프양자중력이 제시하는 실재의 모습입니다.

다음 장에서 보게 되겠지만, 이러한 물리학이 주는 주요한 보상은 무한이 사라진다는 것입니다. 무한히 작은 것은 더 이상 존재하지 않습니다. 연속된 공간상에서 정의되어 양자장이론을 괴롭히던 무한은 이제 사라져버립니다. 바로 공간의 연속성이라고 하는 물리적으로 잘못된 가정에서 생겨났던 것이었으니까요. 중력장이 너무 강해질 때 아인슈타인 방정식을 부조리하게 만들던 특이성들도 사라졌습니다. 그것들은 장의 양자화를 무시해서 생겨났던 것일 뿐이거든요. 조금씩 퍼즐 조각이 제자리를 찾아가고 있습니다. 이 책의 마지막 장에 가면, 이 이론의 몇 가지 물리적 귀결들을 설명하겠습니다.

공간과 시간 속에 있는 것이 아니라, 상호작용을 통해 공간과 시간을 엮어내는 불연속적인 기본 실체들을 생각한다는 것이 좀 이상하고 어렵게 보일 수도 있겠습니다. 그러나 아낙시만드로스가 우리 머리 위에서만 보이는 하늘이 발아래에도 있다고 말했을 때 사람들이 얼마나 이상하게 느꼈을까요? 또 아리스타르코스가 달과 태양이 지구로부터 너무나도 멀리 떨어져 있으므로 작은 공만 한 정도가 아니라 거대한 크기이고 태양은 지구보다 훨씬 크다는 사실을 발견했을 때, 그 이야기를 들은 사람들은요? 또는 허블이 별들 사이의 희미한 구름들이 엄청나게 먼 별들의 광활한 바다라는 것을 깨달았을 때는요?

수 세기 동안 우리를 둘러싼 세계는 넓어져 왔습니다. 우리는 세계를 더 멀리 보고 더 잘 이해하며, 세계가 우리의 상상 이상으로 훨씬 더 다채롭다는 것에 놀라고 또한 우리가 세계에 대해서 가질 수 있는 이미지의 한계에 놀라고 있습니다. 이와 동시에 우리가 내놓는 세계에 대한 기술은 점점 더 단순해지고 있습니다.

우리는 세상에 대해 아는 것이 거의 없는 땅속의 두더지와 비슷하지만, 계속해서 배워가고 있고…….

그렇게 함께 변모한 그들 모두의 마음은
연심의 상상보다 더 많은 걸 증언하고
엄청나게 일관적인 무언가로 자라나요.
그러나 어쨌든 이상하고 감탄스러워요.[4]

네 번째 강의

우리가 보는 세계 너머

세 번째 강의에서 저는 양자중력의 기초와 그로부터 귀결되는 세계의 이미지를 설명했습니다. 마지막 네 번째 강의에서는 이 이론의 몇 가지 귀결들에 대해서 이야기하고자 합니다. 그 이론이 빅뱅과 블랙홀 같은 현상들에 대해서 무엇을 말해주는지를 말이죠.

또한 그 이론을 검증하기 위해 할 수 있는 실험들이 현재 어떠한 상태인지에 대해서도 다루고, 자연이 우리에게 말해주는 바가 무엇인지, 특히 예상했던 관찰에 실패한 초대칭 입자들에 대해서도 다룰 것입니다. 끝으로 우리가 여전히 세계에 대해 이해하지 못하고 있는 것들에 관한 몇 가지 성찰로 이 책을 마무리하겠습니다. 특히 양자중력처럼 시간과 공간이 없는 이론에서 정보와 열역학의 역할을 규정하는 것 그리고 시간의 출현을 이해하는 것에 관해 살펴보겠습니다.

이 모든 것들은 우리가 알고 있는 것의 가장자리로 우리를 데려갑니다. 바로 거기에서 우리는 우리가 분명히 알지 못하는 것을, 우리를 둘러싸고 있는 아름답고 거대한 미스터리를 대면하게 됩니다.

08

빅뱅을 넘어서

마에스트로

1927년, 예수회에서 교육을 받고 가톨릭 사제로 서원을 했던 한 젊은 벨기에 과학자가 아인슈타인의 방정식을 연구하다가, 아인슈타인이 그랬던 것과 같이, 그 방정식이 우주가 팽창하거나 수축되고 있다고 예측한다는 사실을 알아차립니다. 그러나 아인슈타인이 그랬던 것처럼 그러한 결과를 어리석게 부인하거나 고집스레 피하고자 하는 대신에, 이 벨기에 사제는 그것을 진지하게 받아들이고, 검증을 위해 은하의 관측 자료를 찾기 시작합니다.

당시는 아직 '은하'라고 불리지 않았습니다. 망원경으로 봤을 때 별들 사이에 있는 유백색 구름처럼 보였기 때문에 '성운'이라고 불렀죠. 이때는 아직 그것들이 우리가 있는 은하계처럼 멀리 있는 별들의 거대한 군도라는 것이 밝혀지지 않았습니다. 그러나 이 젊은 벨기에 사제는 관측 자료가 우주가 실제로 팽창하고 있다는 생각과 부합한다는 것을 이해합니다. '근처에 있는 은하들은 하늘로 쏜 것처럼 빠른 속도로 멀어져가고 있다. 멀리 있는 은하들은 훨씬 더 빠른 속도로 멀어져가고 있다. 우주 전체가 풍선처럼 팽창하고 있는 것이다.'

8-1 헨리에타 리비트 그녀는 성운의 거리를 측정하는 기법을 발견하고 성운들과 우리 은하계 사이의 실제 거리를 보여주었다.

2년 뒤 미국의 두 천문학자 헨리에타 리비트Henrietta Leavitt, 1868~1921(사진 8-1)와 에드윈 허블Edwin Hubble 덕분에 이러한 직관이 확증됩니다. 리비트는 성운의 거리를 측정하는 기법을 발견하는데, 이로써 성운들이 우리의 은하계로부터 실제로 아주 멀리 떨어져 있다는 것을 확증합니다. 허블은 같은 기법과 팔로마 산 천문대의 거대한 망원경을 사용해 은하들이 멀어져간다는 사실을 확증하는 정확한 자료를 수집합니다.

그러나 1927년에 이미 이러한 결정적인 결론을 끌어낸 사람은 그 젊은 벨기에 사제였습니다. 돌이 위로 날아가는 것이 보인다면, 이는 돌이 아래에 있었고 무언가가 그것을 위로 던졌다는 것을 의미합니다. 은하들이 멀어져가고 우주가 팽창하는 것이 보인다면, 이는 은하들이 이전에는 더 가까이에 있었고 우주는 더 작았으며, 무언가가 우주가 팽창을 시작하도록 만들었다는 것을 의미하죠. 이 젊은 벨기에 사제는 우주가 처음에는 작고 압축되어 있었는데, 거대한 폭발로 팽창을 시작했다고 주장합니다. 그는 이 초기 상태를 '원시 원자'라고 부릅니다. 오늘날에는 '빅뱅'이라고 부르죠.

그의 이름은 조르주 르메트르Georges Lemaître, 1894~1966입니다.(사진 8-2) 불어에서 '르메트르'는 이태리어로 '마에스트로'에 해당하는 '르 메트르le maître'와 발음이 같습니다. 빅뱅의 최초 발견자에게 딱 어울리는 이름이죠. 그렇지만 르메트르는 수줍고 삼가는 성격으로 논쟁을 피하고 우주의 팽창을 발견한 공을 내세우지 않았습니다. 결국 그 공로는 허블에게 돌아갔죠. 그러나 그의 생각은 위대했고 우리는 그 생각의 그늘 속에서 살고 있습니다. 그의 인생에서 두 가지 일화가 그의 심오한 지성을 잘 보여줍니다. 첫 번째는 아인슈타인과의 일화이고 두 번째는 교황과의 일화입니다.

8–2 **조르주 르메트르**[1] 그는 작고 압축되어 있던 우주가 거대한 폭발로 팽창하고 있음을 발견했다.

앞서 언급했듯이 아인슈타인은 처음에는 우주의 팽창에 대해 아주 회의적이었습니다. 그는 우주가 고정되어 있다고 생각하며 자랐는데, 그것이 사실이 아니었다는 것을 곧바로 받아들일 수가 없었던 겁니다. 가장 위대한 과학자조차도 실수를 저지르고 선입견의 먹이가 되기도 하는 것이죠. 르메트르는 아인슈타인을 만나 그의 편견을 벗기려고 노력하였습니다. 아인슈타인은 처음에는 저항했습니다. 그는 이렇게 말하기까지 했습니다. "올바른 계산, 끔찍한 물리학." 후에 아인슈타인은 르메트르가 옳았다는 것을 인정해야 했습니다. 아인슈타인을 반박하는 것은 아무나 할 수 있는 일은 아니죠.

같은 일이 또 일어납니다. 3장에서 보았듯, 아인슈타인은 자신의 방정식을 정적인 우주와 양립하도록 만들려는 (그릇된) 희망을 가지고 방정식에 작지만 중요한 수정을 가했습니다. '우주상수'를 도입한 것이죠. 이후에 아인슈타인이 우주가 정적이지 않다는 것을 인정해야 했을 때, 그는 우주상수에 반감을 가졌습니다. 르메트르는 두 번째로 아인슈타인이 마음을 바꾸도록 설득을 시도했습니다. 우주상수는 우주를 정적으로 만들지도 않고, 그 자체로는 옳기도 해서 그것을 버릴 이유가 없다는 것이었죠. 이번에도 르메트르가 옳았습니다. 우주상수는 우주가 팽창하는 가속도를 산출했으며, 이 가속도는 최근에 측정되었습니다. 다시금 아인슈타인이 틀렸고 르메트르가 옳았습니다.

우주가 빅뱅에서 생겨났다는 생각이 받아들여지기 시작하자, 교황 비오 12세Pius XII는 (1951년 11월 12일) 연설에서 빅뱅 이론이 창세기의 이야기를 확증한다고 선언했습니다.[2] 르메트르는 이러한 교황의 입장 표명에 큰 우려를 품었고, 교황의 과학 고문에게 연락을 취해 교황이 하느님의 창조와 빅뱅 사이의 관계에 대해서 공개적으로 언급하는 것을 삼가도록 설득하기 위해 온갖 노력을 했습니다. 르메트르는 과학과 종교를 이런 식으로 섞는 것이 터무니없는 일이라고 확신했습니다. 성서는 물리학에 대해서 아무것도 모르고 물리학은 하느님에 대해 아무것도 모른다는 것이었죠.[3] 비오 12세는 설득되었고 다시는 공개적으로 언급하지 않았습니다. 교황을 반박하는 것은 아무나 할 수 있는 일은 아니죠.

그리고 물론 이번에도 르메트르가 옳았습니다. 오늘날 우리는 빅뱅이 진짜 시작이 아니라 그 전에 또 다른 우주가 존재했을 수 있는 가능성에 관해 많이들 이야기합니다. 만일 르메트르가 교황을 막지 못해 빅뱅이 천지창조라는 것이 공식적인 교리가 되었더라면, 오늘날 가톨릭교회가 얼마나 난처한 입장에 처했을지 상상해보십시오. '빛이 있으라.'를 '빛을 다시 밝혀라.'로 수정해야 했겠지요.

아인슈타인과 교황을 모두 반박하여 그들이 틀렸다는 것을 납득시키고, 두 경우 모두에서 옳은 결과를 얻는 것은 정말 대단한 성과라고 하겠습니다. '마에스트로'라는 이름에 걸맞죠.

오늘날에는 우주가 먼 과거에 극도로 뜨겁고 극도로 작았었다가 그 후로 팽창되어왔다는 증거들이 많이 축적되어 있습니다. 우리는 우주의 역사를 초기의 뜨거운 압축 상태에서부터 자세히 재구성할 수 있습니다. 우리는 어떻게 이 초기 상태에서 원자, 원소, 은하 및 별이 형성됐는지를, 우주가 어떻게 오늘날의 모습을 갖게 됐는지를 알고 있습니다. 플랑크 인공위성이 수행한 우주배경복사에 대한 최근의 관찰은 빅뱅 이론을 다시 한 번 확증했습니다. 그러므로 오늘날 우리는 고밀도의 뜨거운 불덩이였던 우주에 지난 140억 년 동안 무슨 일이 일어났는지를 상당히 확실하게 알고 있습니다.

그리고 애초에 '빅뱅이론'이라는 다소 우스운 이름이, 반대자들이 조잡한 이론이라며 비웃느라고 불렀던 데에서 비롯된 것이었다는 사실을 생각해보면……. 그런데도 결국 우리는 모두 설득되었습니다. 140억 년 전 우주는 압축된 불의 공이었던 것이죠.

그러나 이 처음의 뜨겁고 압축된 상태 이전에는 무슨 일이 있었을까요?

과거로 거슬러갈수록 온도가 올라가고 물질과 에너지의 밀도가 증가합니다. 그러다가 플랑크 규모에 다다르는 시점이 있는데, 바로 140억 년 전이죠. 그 시점에서는 우리가 더 이상 양자역학을 무시할 수 없기 때문에 일반상대성이론의 방정식들이 유효하지 않습니다. 우리는 양자중력의 영역으로 들어가는 것입니다.

양자 우주론

140억 년 전에 무슨 일이 있었는지 이해하기 위해서는 양자중력이 필요합니다. 이 주제에 대해 루프가 무엇을 이야기해줄까요?

비슷하지만 더 단순한 상황을 생각해봅시다. 고전역학에 따르면 핵을 향해 곧바로 떨어지는 전자는 핵에 의해 삼켜져 사라지게 됩니다. 그러나 실제로는 이런 일이 일어나지 않습니다. 고전역학은 불완전하며 양자 효과를 고려해야만 하는 것이죠. 실제의 전자는 양자적 대상이므로 정확한 궤적을 따르지 않습니다. 한 지점에 전자를 계속 붙들어두는 것은 불가능합니다. 실제로는 더 정확하게 전자의 위치를 설정할수록 더 빠르게 빠져나갑니다. 만일 전자를 핵 주위에 멈춰두고 싶다면, 우리가 결국 할 수 있는 것이라고는 가장 작은 원자 궤도함수 크기의 궤도 속으로 강제로 밀어넣는 것입니다. 전자는 극히 짧은 순간 말고는 핵에 더 가까이 갈 수 없어 곧바로 튀어나오고 마니까요. 이렇게 양자역학은 실제 전자가 핵 속으로 떨어지는 것을 막습니다. 마치 양자가 본성적으로 반발력이 있어 전자가 핵에 너무 가까이 다가올 때 전자를 밀쳐내는 것 같습니다. 이처럼 양자역학 덕분에 물질은 안정을 유지합니다. 만약 그렇지 않다면 모든 전자들이 핵 속으로 떨어질 테고, 그러면 원자도 없을 것이고 우리도 존재하지 않겠지요.

우주도 이와 같습니다. 우주가 수축되어 매우 작아져 그 자신의 무게로 붕괴되는 것을 상상해봅시다. 아인슈타인의 방정식에 따르면 이 우주는 무한히 붕괴되고, 어떤 시점이 되면 핵으로 떨어지는 전자처럼 사라져버릴 것입니다. 이것이 양자역학을 무시할 경우 아인슈타인의 방정식이 예측하는 빅뱅의 형태입니다.

그러나 양자역학을 고려하게 되면, 우주가 한없이 붕괴될 수는 없

8-3 우주의 되튐[4]

습니다. 마치 그런 일을 막는 양자의 반발력이 있는 것처럼 말입니다. 수축하는 우주는 어떤 한 점으로 내려앉지 않고 되튀어 마치 우주 폭발이 일어난 것처럼 팽창하기 시작합니다.(그림 8-3)

그러므로 우리 우주의 과거도 그런 되튐의 결과일 수 있습니다. 거대한 되튐, 혹은 영어로 하면, 빅뱅이 아니라 빅 바운스big bounce인 것입니다. 이것이 루프양자중력의 방정식을 우주의 팽창에 적용했을 때 나타나는 일입니다.

되튐의 이미지를 글자 그대로 받아들여서는 안 됩니다. 은유로 보아야 합니다. 전자의 경우로 돌아가, 전자를 원자에 가능한 한 가까이 두려고 하는 경우에, 전자가 더 이상 입자가 아니라는 것을 떠올려봅시다. 대신 우리는 전자를 확률의 구름으로 생각할 수 있습니다. 전자의 정확한 위치라는 것은 더 이상 존재하지 않죠. 우주도 마찬가지입니다. 빅뱅이라는 결정적 변화 과정에서 우리는 더 이상 잘 정의된 공간과 시간을 생각할 수가 없고, 공간과 시간이 완전히 사라져버린 확률들의 구름만 생각할 수 있습니다. 빅뱅 때의 세계는 확률 구름으로 녹아 있는데, 우리는 그 확률도 방정식으로 기술할 수 있습니다.

우리의 우주는 또 다른 우주가 공간과 시간이 확률 속에 용해되어 있는 이러한 양자적 국면을 거쳐 붕괴한 결과물일지도 모릅니다.

물론 이렇게 되면 '우주'라는 단어가 애매해집니다. 만일 '우주'라는 말로 '존재하는 모든 것'을 의미한다면, 그 정의상 두 번째 우주는 존재할 수 없습니다. 그러나 '우주'라는 말은 우주론에서는 또 다른 의미를 갖게 됩니다. 그것은 우리 주위에서 볼 수 있는 은하들로 가득 차 있는 시공연속체를 가리키는 말로서, 우리는 그 기하학적 구조와 역사를 연구할 수 있습니다. 이런 의미에서는 이 우주가 존재하는 유일한 우주라고 확신할 이유가 없는 것입니다. 특히 우리가 과거의 역사를, 존 휠러의 이미지처럼, 시공연속체가 바다 거품처럼 부서지고 양자 확률 구름 속으로 녹아 들어가는 시간과 공간까지 재구성할 수가 있다면, 이 뜨거운 거품 너머에 우리가 주위에서 보는 것과 다소 유사한 또 다른 시공연속체가 존재할 수도 있다는 생각을 진지하게 여기지 않을 이유가 없는 것입니다.

우주가 수축 국면으로부터 팽창 국면으로 옮겨가 빅 바운스를 거쳐서 생성되었을 확률은, 다음 장에서 설명할 기법을 써서 계산할 수 있습니다. 바로 시공 상자죠. 수축하는 우주를 팽창하는 우주와 연결시키는 스핀 거품을 써서 합을 구하는 방법입니다.

이 모든 것은 아직 탐구 단계에 있습니다만, 이 이야기에서 주목할 만한 것은 우리가 이러한 사건들에 대한 기술을 시도해볼 수 있는 방정식들을 지금 가지고 있다는 사실입니다. 우리는 지금으로서는 이론적일 뿐이기는 하지만, 빅뱅 너머로 조심스러운 눈길을 던지기 시작했습니다.

09

확증 가능한 것

양자 우주론의 호소력은 빅뱅 이전에 무엇이 있었는지를 이론적으로 탐구하는 매력적인 작업에 그치지 않습니다. 이 이론을 우주론에 적용하는 연구를 하는 또 다른 이유가 있습니다. 그것은 이 이론이 실제로 옳은지 아닌지 알아내는 기회가 되기 때문입니다.

과학이 성립하는 것은, 가설과 추론, 직관과 시각, 방정식과 계산 후에, 우리가 제대로 했는지 그렇지 않은지를 알 수 있기 때문입니다. 이론은 우리가 아직 관찰하지 못한 것들에 대한 예측을 제공하고, 우리는 그 이론의 예측이 옳았는지 아닌지를 확인할 수 있습니다. 어떤 이론이 옳은지 그른지 확인할 수 있다는 것, 이것이 과학의 위대한 힘이며, 과학을 신뢰하고 마음 편히 믿을 수 있는 이유인 것입니다. 그리고 이것이 누가 옳고 그른지를 결정하는 것이 몹시 곤란하고 때로는 무의미하기까지 한 다른 종류의 사고들과 과학을 구별해주는 것입니다.

르메트르가 우주는 팽창한다는 생각을 지지하고 아인슈타인은 그것을 믿지 않을 때, 그중 한 사람은 맞고 다른 한 사람은 틀린 것입니다. 아인슈타인의 모든 업적과 명성과 과학계에 미치는 영향력과 엄청난 권위도 아무런 소용이 없습니다. 관찰 결과 그가 틀렸음이 증명되고 게임이 끝납니다. 무명의 벨기에 신부가 옳았습니다. 바로 이것이 과학적 사고가 힘을 갖는 이유입니다.

과학사회학은 과학적 지식이 성장하는 과정의 복잡성을 강조해왔습니다. 다른 모든 인간적 작업처럼 과학도 비합리성에 시달리고 권력 게임과 엮여 있으며 온갖 종류의 사회적이고 문화적인 영향을 받습니다. 하지만 이 모든 사실에도 불구하고 그리고 몇몇 포스트모더니스트와 문화상대주의자 등의 과장이 있기는 해도, 과학적 사고의 실제적인, 무엇보다 이론적인 유효성은 줄어들지 않습니다. 과학은 결국에는 대부분의 경우 누가 옳고 누가 그른지 분명하게 밝혀낼 수 있다는 사실에 기반을 두고 있기 때문입니다. 그리고 심지어 위대한 아이슈타인조차도 "아, 내가 틀렸어!" 하고 말해야 하는 것이 (실제 그렇게 말했습니다.) 과학이기 때문입니다.

이는 과학이 측정 가능한 예측을 하는 기술로 환원된다는 의미가 아닙니다. 어떤 과학철학자들은 과학을 수치적인 예측으로 환원합니다. 제 의견으로는 그들은 과학에 대해서 전혀 이해하지 못했습니다. 도구와 목표를 혼동하고 있기 때문입니다. 검증 가능한 양적 예측은 가설을 검증하기 위한 도구입니다. 과학 연구의 목표는 예측을 내어놓는 것이 아니라 세계가 어떻게 작동하는지를 이해하는 것입니다. 세계에 대한 이미지를 만들고, 세계를 생각할 수 있는 개념적 틀을 발전시키는 것입니다. 과학은 기술이기 이전에 시각입니다.

검증 가능한 예측이라는 것은 우리가 언제 잘못 이해했는지를 알 수 있게 해주는 잘 벼려진 도구입니다. 관찰에 근거하여 확인되지 않은 이론은 아직 시험을 통과하지 못한 것입니다. 이 시험은 끝이 없으며, 이론은 몇 차례의 실험으로 완전히 확증되지 않습니다. 이론은 예측이 옳은 것으로 밝혀질수록 점점 더 신뢰성을 획득해갑니다. 처음에는 많은 이들이 난색을 표했던 일반상대성이론과 양자역학과 같은 이론들도, 전혀 그럴 법하지 않고 엉뚱해 보이는 예측들이 실험과 관찰로 확증되자 신뢰를 얻었던 것입니다.

실험적 검증이 중요하다고 해서, 새로운 실험 데이터 없이는 과학이 진보할 수 없다는 뜻은 아닙니다. 과학은 새로운 실험 데이터가 있을 때에만 앞으로 나아간다고들 종종 이야기하죠. 만일 이 말이 참이라면, 우리는 새로운 무언가를 측정하기 전에는 양자중력이론을 발견할 가망이 거의 없을 겁니다. 그러나 이것은 참이 아닙니다. 코페르니쿠스에게 무슨 새로운 데이터가 있었습니까? 아무것도 없었습니다. 프톨레마이오스도 마찬가지입니다. 뉴턴은 어떤 새로운 데이터를 가지고 있었을까요? 거의 없었습니다. 그가 가지고 있었던 진짜 재료는 케플러의 법칙과 갈릴레오의 결과들뿐이었습니다. 아인슈타인은 일반상대성이론을 발견하기 위한 어떤 새로운 데이터를 가지고 있었을까요? 아무것도 없었습니다. 그가 가진 재료는 특수상대성이론과 뉴턴의 이론이었습니다. 그러니까 새로운 데이터가 제공될 때에만 물리학이 진보한다는 것은 전혀 사실이 아닙니다.

코페르니쿠스, 뉴턴, 아인슈타인 그리고 다른 많은 이들이 한 일은 자연의 방대한 영역에 걸친 경험적 지식을 종합한 기존의 이론들로 터를 닦고, 그 이론들을 더 좋은 방식으로 결합하고 재고할 수 있는 길을 찾아내는 것이었습니다.

이것이 양자중력에 대한 최선의 연구가 이루어지기 위한 토대입니다. 과학에서는 언제나 그렇듯, 지식의 기원이 결국에는 어쨌든 경험적인 것입니다. 그러나 양자중력의 기초가 되는 자료는 새로운 실험이 아닙니다. 세계에 대한 우리의 지식을 부분적으로 일관적인 형태로 구조화해놓은 이론적인 구성물들이 자료입니다. 양자중력에 대한 이른바 '실험 자료'는 일반상대성이론과 양자역학입니다. 우리는 이것들을 바탕으로 해서, 양자와 굽은 공간이 모두 존재하는 세계를 어떻게 일관되게 만들 수 있을지 이해하려고 노력하면서 미지의 것들을 바라보려고 시도하는 것입니다.

이와 비슷한 상황에서 뉴턴과 아인슈타인과 디랙과 같은 거인들이 거둔 엄청난 성공은 우리에게 힘이 됩니다. 우리가 그들과 같은 수준이라고 말할 수는 없습니다만, 그래도 우리는 그들의 어깨 위에 앉을 수 있는 이점이 있습니다. 그 덕분에 더 멀리 보려는 노력을 할 수가 있지요. 이렇게 저렇게 시도해보지 않을 수 없습니다.

단서는 증거와 구별해야 합니다. 단서는 셜록 홈즈가 미스터리한 사건을 올바른 방향으로 해결해갈 수 있도록 하는 것입니다. 증거는 판사가 유죄를 선고하는 데 필요한 것이죠. 단서는 올바른 이론으로 향하는 길을 우리에게 열어줍니다. 증거는 우리가 세운 이론이 정말로 좋은 것인지 아닌지를 확증해줍니다. 단서가 없으면 잘못된 방향에서 찾게 됩니다. 증거가 없으면 계속 의심스러운 상태로 남아 있게 됩니다.

양자중력도 마찬가지입니다. 이 이론은 아직 초창기입니다. 그 이론적 장치는 견고해지고 기본적인 아이디어는 명확해져가고 있으며, 단서들은 좋고 견고하지만 아직 확증된 예측들은 없는 상태입니다. 아직 시험을 치르지 않은 것이지요.

자연의 신호

하지만 제가 생각하기에는 자연이 우리에게 주는 신호가 아주 호의적입니다.

이 책에서 언급한 것 가운데 가장 많이 연구된 대안은 끈이론입니다. 끈이론을 연구하는 대부분의 물리학자들은, LHC(대형 강입자 충돌기)라고 불리는 제네바에 있는 유럽입자물리연구소(세른)의 새로운 입자 가속기가 작동하기만 하면 끈이론이 예측한 새로운 종류의 입자를 관찰할 수 있게 되리라고 기대했습니다. 이른바 초대칭 입자죠. 끈이론이 일관되기 위해서는 이러한 입자가 필요합니다. 그 때문에 '끈이론가'들은 그것들이 발견되기를 기대하고 있는 것입니다. 반면에 루프양자중력이론은 초대칭 입자가 없더라도 잘 정의됩니다. 그래서 '루프이론가'들은 이러한 입자들이 존재하지 않을 것이라고 생각하는 편입니다.

초대칭 입자는 관찰되지 않았고 많은 이들이 크게 실망했습니다. 뒤이은 2013년 힉스 보손Higgs boson의 발견으로 인한 커다란 소동이 그러한 실망을 덮어주었죠. 초대칭 입자는 많은 끈이론가들이 기대한 에너지 수준에서는 존재하지 않았습니다. 물론 이것이 어떤 것에 대한 확정적인 증거는 아닙니다. 그러나 자연은 두 대안 가운데에서 루프이론 쪽에 호의적인 작은 단서를 준 것으로 보입니다.

기초 물리학과 관련해서 최근의 중요한 실험적 결과는 세 가지입니다. 첫 번째는 제네바의 세른 연구소에서 힉스 보손이 발견된 것입니다. 전 세계 수많은 언론들이 그 소식을 전했죠.(그림 9-1) 두 번째는 2013년에 공개된 플랑크 인공위성이 관측한 자료입니다.(그림 9-2) 세 번째는 2016년 초 발표한 최초의 중력파 검출입니다. 이것들이 자연이 최근에 우리에게 준 세 가지 신호입니다.

이 세 가지 결과 사이에 공통점이 있습니다. 사실은 전혀 놀랄 일이 아니었다는 것입니다. 힉스 보손의 발견은 양자역학에 기초한 기본입자 표준모형의 확고한 확증입니다. 그것은 30년 전에 했던 예측을 검증한 것이죠. 플랑크 인공위성의 측정 결과는 우주상수가 있는

9-1 힉스 입자 형성을 보여주는 세른의 입자 충돌과 붕괴 사건

9-2 2013년, 정밀한 우주배경복사 관측으로 우주의 나이가 140억 년이라는 사실을 알려준 플랑크 인공위성

일반상대성이론에 기초한 표준우주모형에 대한 확고한 확증입니다. 그리고 중력파의 검출은 100년 된 이론인 일반상대성이론의 극적인 확증입니다. 수많은 과학자들이 협력해 엄청난 기술적인 노력을 쏟고 막대한 비용을 들여 얻어낸 이 세 가지 결과들은 우주의 진화에 대한 우리의 이미지를 강화할 뿐이었습니다. 진짜로 깜짝 놀랄 일은 아니었단 말이죠. 그러나 이처럼 놀랄 일이 없다는 사실 자체가 놀

라운 것이었습니다. 많은 이들은 놀라운 일들을 기대했었거든요. 그들은 세른에서 힉스 보손이 아니라 초대칭 입자를 기대했습니다. 그리고 많은 이들은 플랑크 인공위성이 표준우주모형과는 불일치하는 관측 결과를 내놓을 것이라고 기대했습니다. 그래서 대안적인 다른 우주론을, 즉 일반상대성이론에 대안적인 다른 이론을 지지할 관측 결과를 예상했던 것이죠.

하지만 아니었습니다. 자연이 우리에게 말하고 있는 것은 단순합니다. 일반상대성이론, 양자역학, 그리고 양자역학의 틀 내의 표준모형이 맞았죠.

오늘날의 많은 이론물리학자들은 모험적이고 자의적인 가설을 만듦으로써 새로운 이론을 찾고 있습니다. '……라고 상상해봅시다.'라는 식이지요. 저는 이런 방식의 과학하기가 좋은 결과를 가져왔다고 생각하지 않습니다. 우리가 가지고 있는 흔적들을 이용하지 않고서, 세계가 어떻게 만들어질 수 있는지 '상상하기'에는 우리의 상상력은 너무 제한되어 있습니다. 우리가 가진 흔적들, 즉 우리가 가진 단서들은 성공적이었던 이론들과 실험 자료들뿐입니다. 그리고 이 자료들과 이론들에서 우리가 아직 상상하지 못했던 것을 발견하려는 시도를 해야 합니다. 바로 그것이 코페르니쿠스, 뉴턴, 맥스웰, 아인슈타인이 했던 일입니다. 그들은 결코 새로운 이론을 '상상하려고 시도하지' 않았습니다. 제 생각에 오늘날에는 너무 많은 이론물리학자들이 그러고 있지만 말입니다.

제가 언급한 최근의 세 가지 실험 결과들은 마치 자연의 목소리로 말을 하고 있는 듯합니다. "새로운 장과 이상한 입자, 부가적 차원과 또 다른 대칭, 평행 우주, 끈 등등을 꿈꾸는 일을 그만하라. 문제의 자료는 단순하다. 일반상대성이론, 양자역학, 그리고 표준모형이다. '그저' 그것들을 올바른 방식으로 결합하기만 하면 다음 단계로 나아갈 수 있을 것이다." 하고 말입니다. 이는 루프양자중력 쪽에는 안심이 되는 지침입니다. 그 이론의 가설이라고는 일반상대성이론과 양자역학, 그리고 표준모형과의 양립 가능성밖에 없으니까요. 공간의 양자라든가 시간의 사라짐과 같은 급진적인 개념적 귀결들은 대담한 가설이 아니라, 두 이론을 진지하게 받아들이고 그 귀결을 연역해 낸 결과입니다.

그러나 다시 말하지만 이것들이 확정적인 증거는 아닙니다. 예를 들어 초대칭 입자가 아직 우리가 다다르지 못한 에너지 규모에서 존재할지도 모르고, 루프이론이 맞는다고 하더라도 존재할지도 모를 일입니다. 그래서 초대칭성이 예측되었던 곳에서 나타나지 않아서, 끈이론가들의 얼굴은 다소 어두워지고 루프이론가들의 얼굴이 더 밝아진 것은 사실이지만, 이는 여전히 단서일 뿐이지 증거는 아닙니다.

이 이론을 뒷받침할 더 확고한 증거를 찾기 위해서는 다른 쪽을 바라보아야 합니다. 바라건대 너무 멀지 않은 미래에 원시우주에 대한 연구가 이 이론을 증명할 수 있는 창을 열어줄 수도 있을 것입니다. 혹은 반증할지도요.

양자중력 쪽으로 난 창

만일 우리에게 우주가 초기의 양자 상태로부터 이행해가는 과정을 기술하는 방정식이 있다면, 초기의 양자 현상들이 오늘날 관찰할 수 있는 우주에 미친 효과를 계산할 수 있습니다. 우주 전체는 우주배경복사cosmic background radiation로 가득 차 있습니다. 초기의 고온 상태의 잔여물인 빛이 광자의 바다로 남아 우주를 채우고 있는 것이죠.

달리 말하면, 은하들 사이의 거대한 공간 속에 있는 전자기장은

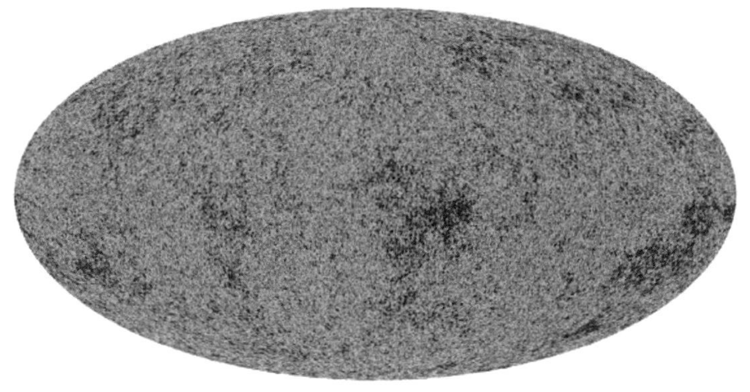

9-3 **우주배경복사의 요동** 이는 우리가 가지고 있는 우주에서 가장 오래된 대상의 이미지다. 이 요동은 140억 년 전에 생성되었다. 그러한 요동의 통계 속에서 우리는 양자중력의 예측들에 대한 확증을 발견하길 희망한다.

폭풍이 치고 난 뒤의 바다 표면처럼 떨리고 있습니다. 우주 전체에 퍼져 있는 이 떨림이 우주배경복사입니다. 그동안 COBE(1989년 발사), WMAP(2001)와 같은 인공위성들을 통해, 그리고 가장 최근에는 플랑크 인공위성을 통해 이 복사를 조사하였습니다. 그림 9-3은 우주배경복사의 미세 요동의 이미지입니다. 이 복사의 세부적인 구조는 우리에게 우주의 역사를 말해주는데요, 그 세부 사이사이에는 우리 우주의 양자적 시작의 자취도 숨어 있을지 모릅니다.

루프양자중력에서 가장 활발한 분야 중 하나는 원시우주의 양자역학이 이러한 데이터에 어떻게 반영되는지를 연구하고 있습니다. 그 결과는 초보적이기는 하지만 고무적입니다. 확실하지는 않습니다만, 더 많은 계산과 더 많은 정확한 측정을 함으로써 이론을 시험하는 단계에 이를 수 있을 것입니다.

2013년에 아브헤이 아쉬테카, 이반 아구요Ivan Agullo, 윌리엄 넬슨William Nelson은 특정 가설 하에서 이 우주배경복사의 요동의 통계적 분

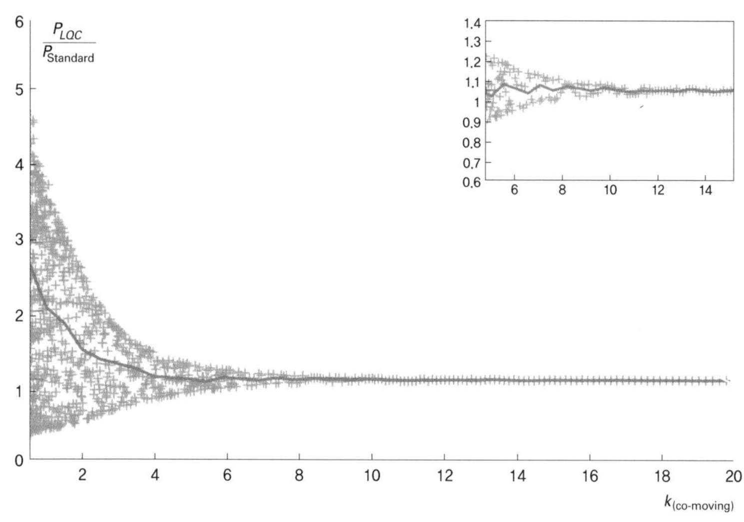

9-4 현재의 실험 오차(점들)와 비교한, 배경복사 스펙트럼에 대한 루프양자중력의 예측(실선)[1]

포가 우주의 최초 되튐의 영향이어야 한다는 계산을 담은 논문을 발표했습니다. 광각廣角 요동은 양자를 고려하지 않은 이론이 예측한 것보다 더 커야 한다는 것입니다. 그림 9-4는 현재의 측정 상태를 나타낸 것으로, 실선은 아쉬테카와 아구요와 넬슨이 예측한 것이며, 점들은 실험 데이터입니다. 보다시피 지금으로서는 세 물리학자가 제시한 실선의 위쪽 굴곡이 맞는지 틀렸는지를 평가하기에 충분치 않습니다. 측정이 이론을 시험할 수 있는 쪽으로 접근해가고 있지만, 아직은 부족합니다. 게다가 이 세 물리학자들의 계산상 특정한 가설이 옳은지도 확실치 않습니다. 그래서 상황은 여전히 유동적입니다. 그러나 저처럼 양자 공간의 비밀을 이해하기 위해 삶을 보낸 연구자들은 깊은 관심과 염려와 희망을 지니고서 관찰과 측정과 계산 능력을 부단히 정련해가며, 자연이 우리가 옳았는지 틀렸는지를 말해줄 순간을 기다리고 있습니다.

공간 그 자체인 중력장조차도 바다의 표면처럼 떨리고 있어야 합니다. 그리고 전자기파보다 더 오래된 중력배경복사도 존재해야 합니다. 전자기파보다 중력파가 물질에 의해 방해를 덜 받기에 전자기파가 통과할 수 없을 만큼 우주가 고밀도였을 때에도 중력파는 방해받지 않고 지나갈 수 있기 때문이죠.

아인슈타인의 방정식이 예측한 중력파는 이제 라이고LIGO 검출기에 의해 직접 관찰되었습니다. 이 검출기는 4킬로미터 길이의 통로 두 개를 서로 직각으로 설치한 것으로 그 속의 레이저빔이 고정된 세 지점 사이의 거리를 측정합니다. 중력파가 지나갈 때, 공간이 미세하게 늘어나고 줄어드는데, 레이저가 이 작은 변화를 검출하는 것입니다.◆

리사(LISA, 레이저 간섭계 우주 안테나)라고 부르는 훨씬 더 야심 찬 실험이 평가 단계에 있는데, 이는 같은 작업을 훨씬 더 큰 규모로 진행하는 실험입니다. 인공위성 세 기를 지구 주위 궤도가 아니라 태양 주위의 궤도에 마치 행성처럼 띄워서 지구를 그 궤도에서 일정 거리를 두고 뒤따르도록 합니다. 이 세 인공위성들은 레이저 빔으로 연결되어 있는데 중력파가 지나갈 때 서로 간의 거리 변화를 측정합니다. 만일 리사가 발사된다면, 별과 블랙홀에 의해서 생성된 중력파뿐만 아니라 빅뱅에 가까운 시기에 생성된 원시중력파의 확산된 배경을 관찰할 수 있는 길이 열릴 것입니다.

지구 주위 공간의 미세한 불규칙성 속에서 우리는 우리 우주가 기원한 140억 년 전에 일어난 사건들의 흔적을 찾아내고, 시간과 공간의 본성에 대한 우리의 추론들을 확인해볼 수 있을 것입니다.

◆ 이것은 간섭계(干涉計)입니다. 두 통로를 따라 오가는 레이저 사이의 간섭을 이용해서 이 다리 시설들의 길이에서 일어나는 미세한 변화를 포착합니다.

10

블랙홀의 열

블랙홀은 우리 우주에 아주 많이 있습니다. 블랙홀은 공간이 아주 강력하게 굽어 꺼져 들어가고 시간이 멈출 때까지 느려지는 지역입니다. 이를테면 블랙홀은 별이 수소를 모두 다 태우고 그 자신의 무게 때문에 붕괴할 때 형성됩니다.

종종 붕괴된 별이 이웃한 별과 쌍을 이루는 경우가 있는데, 그때는 이웃한 별과 블랙홀이 서로 공전을 하면서 블랙홀이 다른 쪽 별에서 물질을 끊임없이 빨아들입니다.(그림 10-1)

천문학자들은 태양과 비슷한 수준의 질량을 가진 많은 블랙홀들을 발견했습니다. 그러나 거대한 블랙홀도 있습니다. 거대 블랙홀 중의 하나는 거의 모든 은하의 중심에 있습니다. 우리 은하계 중심에도 있죠.

우리 은하계의 중심에 있는 블랙홀은 현재 자세히 연구되고 있습니다. 그것은 태양보다 백만 배나 더 큰 질량을 가지고 있습니다. 태양 주위를 공전하는 행성들처럼 그 블랙홀을 공전하는 별들도 있습니다. 때로 어떤 별은 이 괴물 같은 블랙홀에 너무 가까이 간 나머지

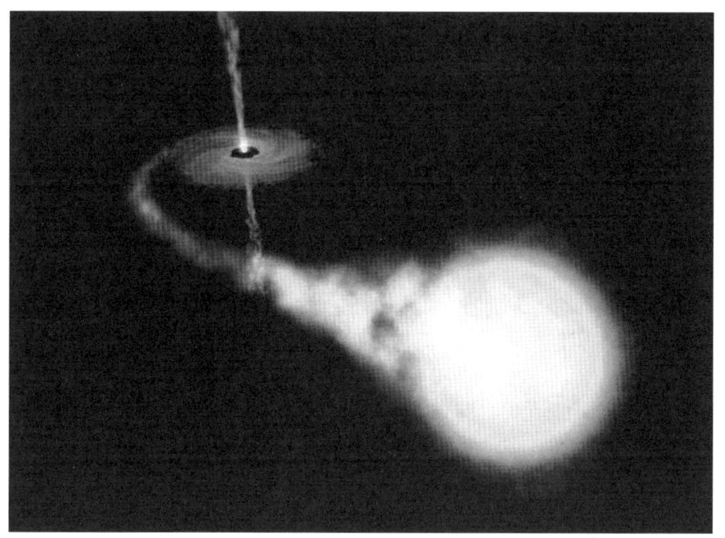

10–1 **별과 블랙홀의 쌍을 나타낸 그림** 별이 잃은 질량의 일부는 블랙홀이 흡수하고 다른 일부는 극방향으로 분사된다.

중력에 의해 분쇄되어, 마치 상어에게 삼켜지는 물고기처럼 거대한 블랙홀에 삼켜져 버립니다. 태양보다 백만 배나 큰 괴물이 우리의 태양과 행성들을 순식간에 삼킨다고 상상해보면…….

멋진 프로젝트가 진행되고 있습니다. 지구의 북극에서 남극까지 전파 안테나의 연결망을 만들어서 우리의 은하 중심 블랙홀을 말 그대로 '볼' 수 있는 해상도를 만들어보자는 것입니다. 우리가 기대하고 있는 것은 무시무시한 구멍 속으로 빠져들어 가는 물질의 복사선이 만들어낸 빛으로 둘러싸인 검은 원판의 모습입니다.

적어도 양자이론을 일단 무시한다면, 블랙홀 속으로 들어간 것은 다시는 밖으로 나오지 않습니다. 빛조차도 나오지 않습니다. 블랙홀의 표면은 한 방향으로만 갈 수 있는 현재와 같습니다. 그곳을 지나면 미래가 되고 미래에서는 돌아올 수 없는 것과 같죠.

블랙홀을 이해하기는 그리 어렵지 않습니다. 어떤 대상도 넘어설 수 없는 최대 속도가, 즉 빛의 속도가 있다는 사실을 한번 떠올려봅시다. 공 하나를 위로 던진다고 상상해보세요. 공은 아래로 떨어집니다. 그러나 공을 충분히 빠르게 던져 올리면 지구의 인력을 벗어나 날아갈 수 있을 것입니다. 지구를 벗어날 수 있는 최소 속도를 '탈출 속도'라고 부릅니다. 지구의 탈출 속도는 약 초속 11킬로미터입니다. 높은 속도이긴 합니다만 빛의 속도보다는 훨씬 낮습니다. 행성이나 별이 더 무겁고 더 압축되어 있을수록 탈출 속도는 더 높아집니다. 어떤 별은 너무 무겁고 압축되어서 탈출 속도가 빛의 속도보다 더 높게 됩니다. 빛조차도 중력의 끌어당김을 벗어날 만큼 빠르게 움직일 수 없습니다. 위로 올라가던 빛은 최대 높이에 다다른 뒤에 결국 아래로 떨어지고 맙니다. 그리고 빛의 속도가 최대 속도이고 어떤 것도 빛을 따라잡을 수는 없기에, 그 어떤 물체라도 탈출하지 못하고 다시 떨어지고 만다는 결론이 따라 나옵니다. 어떤 것도 이 최대 높이 밖으로 벗어날 수 없는 것이죠. 이것이 블랙홀입니다. 외부에서 볼 때 블랙홀은 들어갈 수는 있지만 아무도 나올 수 없는 영역과 같습니다.

로켓을 블랙홀의 **지평선**이라고 부르는 이 영역으로부터 일정 거리를 두고 머무르게 할 수는 있습니다. 그러나 그렇게 하려면 강한 엔진 출력을 유지해서 블랙홀의 중력을 견뎌야 합니다. 블랙홀의 강한 중력 때문에 로켓 속에 있는 사람에게는 시간이 아주 느려지게 됩니다. 로켓이 지평선 근처에서 한 시간 동안 있다가 빠져나오면 그동안 바깥에서는 몇 세기가 지났다는 것을 알아차리게 될 것입니다. 로켓이 지평선에 더 가까이 갈수록 시간은 더욱 느려집니다. 바깥 시간은 더 빨리 흐르는 셈이죠.(과거로의 여행은 어렵지만 미래로의 여행은 원칙적으로 쉽습니다. 그저 우주선을 타고 블랙홀에 가까이 가서 잠깐 머물러 있다가 다시 빠져나오면 됩니다.) 지평선 자체에서는 시간이 멈춥니다. 만일 우리가 이 지평선에 아주 가까이 갔다가 (우리 기준으로) 몇 초 뒤에 빠져나오면 블랙홀 바깥의 우주에서는 몇백만 년이 지나 있을 것입니다.

정말 놀라운 사실은 오늘날에는 흔히 관찰되는 이러한 이상한 대상의 속성들을 아인슈타인의 이론이 이미 예견했었다는 것입니다. 오늘날의 천문학자들은 하늘에서 이러한 대상들을 연구하지만, 몇 년 전까지만 해도 블랙홀은 아인슈타인 이론의 이상한 귀결일 뿐, 믿는 사람이 많지 않았습니다. 제 대학 시절의 교수가 블랙홀을 아인슈타인 방정식의 해라고 소개하면서 실제로 존재하는 대상과 일치하지는 않을 것 같다고 했던 말이 기억나네요. 하지만 하늘에 이러한 대상들이 실제로 존재한다는 증거가 더욱 유력해지기 시작했을 때, 대상들을 보기 전에도 발견할 수 있는 이론물리학의 놀라운 능력이 다시금 확인됩니다.

우리가 관측한 블랙홀은 아인슈타인의 이론으로 잘 기술되며, 일반적으로는 그것을 이해하기 위해 양자역학이 필요하지는 않습니다. 그러나 블랙홀의 속성에는 두 가지 수수께끼 같은 측면이 존재하는데, 그 때문에 양자역학을 고려할 필요가 있습니다. 그리고 루프이론은 그 두 가지에 대한 해답을 갖고 있습니다.

일단 별이 그 자신의 무게 때문에 붕괴하면, 외부에서 보아서는 별이 사라지게 됩니다. 별이 블랙홀 안쪽에 있기 때문이죠. 그러나 블랙홀 안쪽에서는 무슨 일이 벌어질까요? 우리가 블랙홀 속으로 들어간다면 무엇을 보게 될까요?

처음에는 아무런 특별한 일도 일어나지 않습니다. 우리는 딱히 별 탈 없이 블랙홀의 표면을 통과할 것입니다. 특히 블랙홀이 충분히 크다면 말이죠. 그러다가 갑자기 중심 쪽으로 빠져들어가서 점점 더 빠르게 추락해갑니다. 그러고 나서는? 일반상대성이론은 블랙홀의 중심에서는 모든 것이 붕괴하여 무한히 작으면서도 무한한 밀도를 가진 점이 된다고 예측합니다. 이는 적어도 우리가 양자중력을 무시할 때 일어나는 일입니다.

하지만 양자중력을 감안하면 이 예측은 더는 맞지 않습니다. 빅뱅 때 우주가 도약하게 만드는 반발력과 동일한 양자 반발력이 있기 때문입니다. 우리가 예측하는 바로는 떨어지는 물질이 중심에 접근해가면서 이 반발력에 의해 점점 느려져, 아주 높은 밀도이기는 해도 무한한 밀도에 다다르지는 않게 됩니다. 응축되기는 하지만 무한히 작은 점으로 붕괴되지는 않는 것이죠. 작아짐에도 한계가 있기 때문입니다. 바로 이것이 루프이론을 블랙홀의 물리학에 적용한 첫째 부분입니다.(그림 10-2)

두 번째 적용은 블랙홀과 관련된 희한한 사실에 대한 것입니다. 그것을 발견한 사람은 영국 물리학자 스티븐 호킹Stephen Hawking, 1942~2018입니다. 그는 심각한 병으로 휠체어에 앉아 컴퓨터로만 의사소통을 해야 하는데도 연구를 계속하는 것으로 유명해졌죠. 1970년대 초에 호킹은 블랙홀이 '뜨겁다'는 것을 (이론을 통해) 발견했습니다. 즉, 블랙홀은 뜨거운 물체처럼 일정 온도가 되면 열을 방출한다는 것입니다. 열을 방출하면서 블랙홀은 에너지를 잃고 그러고 나면 (에너지와 질량은 같기 때문에) 질량을 잃고서 점점 작아지게 됩니다. 이른바 블랙홀이 '증발'하는 것이죠. 이러한 '블랙홀의 증발'이 호킹의 가장 중요한 발견입니다. 이는 블랙홀의 구멍 속으로 떨어진 물질에 무슨 일이 벌어질 것인가 하는 물음에 대답할 수 있게 해줍니다. 블랙홀이 증발해가면서 줄어들면 조만간 아주 작아져 들어왔던 모든 것을 내어놓게 될 것입니다.(과학계에서는 이 주제에 대한 논란이 여전히 분분합니다만 제게는 이것이 가장 그럴듯한 시나리오로 보입니다.)

블랙홀 속에 들어온 물질은 얼마나 오랫동안 머물러 있게 될까

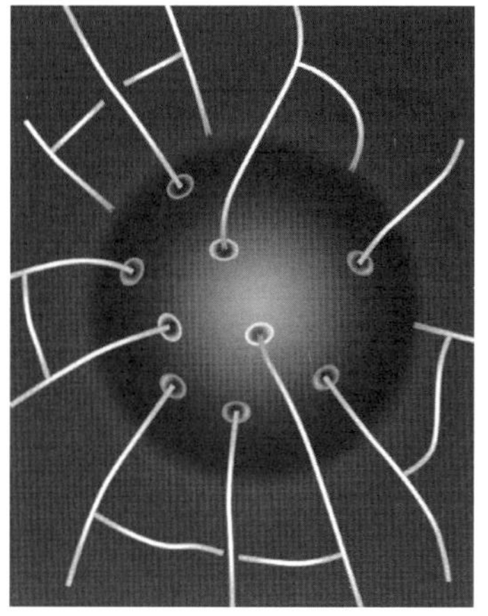

10-2 블랙홀의 표면을 루프들이 가로지르고 있다. 즉, 중력장의 상태를 기술하는 스핀 네트워크의 단일한 링크들이 가로지르고 있는 것이다. 각 루프는 블랙홀 표면의 양자 영역에 대응한다. ©존 바에즈(John Baez)

요? 물음이 좀 오해의 소지가 있습니다. 사람마다 시간이 다르게 걸릴 테니까요. 외부의 관찰자에게는 블랙홀 속에 떨어진 물질이 아주 긴 시간 동안 머물러 있는 것으로 보일 것입니다. 물질은 블랙홀에서 벗어나기 위해서 블랙홀이 증발하기를 기다려야 하는데, 이것은 아주 느리게 진행되는 현상이죠. 은하계에도 많이 있는, 별과 같은 규모의 블랙홀은 완전히 증발하기 전에 영원한 시간이 흐를 것이고 그러는 동안에 하늘에 있는 모든 별이 사라져버리겠죠.

그러나 기억하시나요? 질량이 있는 물체에 다가갈수록 시간이 더 느려진다는 것을요? 블랙홀에 떨어진 물질에게는 시간이 극도로 느리게 갑니다. 만일 우리가 (아주 튼튼한!) 시계를 블랙홀 속에 던져넣으면 아주 오랜 시간이 흐른 뒤에야 나올 테지만, 시곗바늘은 아주 짧은 시간밖에 지나지 않았음을 보여줄 것입니다. 만일 우리가 블랙홀 속에 들어가면 우리는 곧바로 먼 미래로 나올 겁니다. 요컨대 블랙홀은 이런 것이죠. 먼 미래로 가는 지름길.

일반적으로 물체가 뜨거운 까닭은 미시적인 구성 성분들이 움직이기 때문입니다. 예를 들어 뜨거운 철 조각은 그 원자들이 평형 위치 부근에서 매우 빠르게 진동하고 있기 때문입니다. 뜨거운 공기 분자는 차가운 공기 분자보다 훨씬 더 빠르게 움직이고 있는 것이죠.

만일 블랙홀이 뜨겁다면 그것의 진동하는 기본 '원자'들은 무엇일까요? 이것이 스티븐 호킹이 남겨놓은 문제입니다. 루프이론은 이 물음에 대한 대답을 제시합니다. 블랙홀을 뜨겁게 하는 진동하는 '원자들'은 표면에 있는 공간의 개별 양자들입니다.

이처럼 루프이론을 이용하면 호킹이 말한 블랙홀의 이상한 열을 이해할 수가 있습니다. 그것은 개별 루프의, 공간의 개별 원자의 미시적 '진동'의 결과입니다. 이러한 것들이 진동하는 까닭은 양자역학의 세계에서는 모든 것이 진동하고 있고, 어떤 것도 멈춰있지 않기 때문입니다. 그 어떤 것도 한 장소에 가만히 머물러 있을 수 없다는 것이 양자역학의 핵심이죠. 이처럼 블랙홀의 열은 루프양자중력의 공간 원자들의 요동에 직접 연관되어 있습니다.

블랙홀의 지평선의 정확한 위치는 중력장의 이러한 미시적 요동과 관련해서만 결정됩니다. 그래서 어떤 의미에서는 블랙홀의 지평선이 뜨거운 물체처럼 요동하고 있습니다.

블랙홀의 열원熱源을 이해하는 또 다른 길이 있습니다. 양자 요동은 블랙홀의 내부와 외부 사이에 상관관계를 만들어냅니다.(12장에서 이 상관관계와 온도에 대해 더 이야기하겠습니다.) 양자역학 특유의 불확실성은 블랙홀의 지평선에 '걸쳐서' 존재하기도 합니다. 지평선 너머에 있는 것은 우리의 시각에서는 사라지기 때문에, 이 불확실성은 블랙홀의 표면 부근이 요동하는 또 하나의 이유가 됩니다. 그러나 '요동'이라는 말은 확률을 의미하고, 따라서 통계적임을, 따라서 열역학적임을, 따라서 온도를 의미합니다. 블랙홀은 우주의 한 부분을 숨기면서도, 그 양자 요동을 열로 나타냅니다.

이러한 아이디어들과 루프양자중력의 기본 방정식들에 기초하여, 이탈리아의 한 젊은 과학자가 호킹이 예측한 블랙홀의 열에 대한 공식을 도출해내는 우아한 계산을 완료했습니다. 그의 이름은 에우제니오 비안키Eugenio Bianchi, 1979~이며 지금은 미국에서 물리학 교수로 있습니다.(사진 10-3)

10-3 스티븐 호킹과 에우제니오 비안키
칠판에는 블랙홀을 기술하는 루프양자중력의 주요 방정식들이 적혀 있다.

11

무한의 끝

일반상대성이론은 빅뱅 시기에 우주가 무한히 작은 단일한 점으로 무한히 압축되어 있다는 예측을 내놓았지만, 양자중력을 고려할 때 그러한 무한히 작은 점은 없습니다. 그 이유는 이해하기 어렵지 않습니다. 양자중력은 무한히 작은 점이란 존재하지 않는다는 사실의 발견, 바로 그것이니까요. 공간을 분할할 수 있는 하한下限이 있는 것이죠. 그 어떤 것도 플랑크 규모보다 더 작을 수는 없기 때문에 우주도 플랑크 규모보다 더 작을 수가 없습니다.

양자역학을 무시하는 것은, 이 하한의 존재를 무시하는 겁니다. 일반상대성이론은 그 이론상에서 무한한 양이 나타나는 어떤 병적인 상황을 예견하는데, 이를 '특이점'이라고 부릅니다. 양자중력은 무한에 한계를 주어서 일반상대성이론의 특이점을 '치료'합니다.

앞 장에서 보았듯, 블랙홀의 중심에서도 똑같은 일이 일어납니다. 고전적인 일반상대성이론이 예견한 '특이점'이 일단 양자중력을 고려하고 나면 사라져버립니다.

양자중력이 무한에 한계를 가하는 또 다른 경우가 있습니다. 그것은 전자기력과 같은 힘에 관련된 것입니다. 디랙이 시작하고 파인만과 그의 동료들이 1950년대에 완성한 양자장이론은 그러한 힘들을 잘 기술하지만 수학적으로 부조리한 점들이 많은 이론입니다. 그 이론을 써서 물리적 과정들을 계산하면 대개 무한한 결과들을 얻게 되는데 이는 아무 의미가 없는 결과입니다. 이것들을 '발산'이라고 부릅니다. 그러고 나면 기술적 계산과정을 거쳐 이 무한한 값들을 계산 결과에서 제거해 유한한 최종 결과를 만들어냅니다. 실제로 이 작업은 잘 작동합니다. 그래서 결국에는 맞는 수치들이 나옵니다. 즉 실험 측정값과 일치하는 것이죠. 그러나 이 이론은 왜 합당한 수치를 산출하기 위해 이처럼 무한을 거치는 부조리한 길을 가야만 하는 걸까요?

디랙은 삶의 마지막 몇 해 동안 그의 이론 속에 이러한 무한이 들어 있는 것을 불만스러워하였고, 사물들이 어떻게 작동하는지를 진정으로 이해하고자 하는 자신의 목표를 결국 이루지 못했다고 느꼈습니다. 디랙은, 비록 그에게 명확한 것이 남에게도 늘 명확한 것은 아니기는 했어도, 개념적인 명확함을 사랑했습니다. 그러나 무한이란 명확함의 요소는 아니죠.

하지만 양자장이론의 무한들은 그 이론을 뒷받침하는 한 가지 가정에서 따라 나온 것이었습니다. 바로 공간의 무한한 가분성이죠. 예를 들어 어떤 과정의 확률을 계산하기 위해 우리는, 파인만이 가르쳐준 바에 따라, 이 과정이 일어날 수 있는 모든 길의 합을 구합니다. 그러나 이 길은 무한합니다. 연속적인 공간의 무한한 점들 어디에서도 그 과정이 일어날 수 있기 때문이죠. 바로 이 때문에 계산의 결과가 무한해지는 일이 종종 생겨나는 것입니다.

양자중력을 고려하면, 이러한 무한들조차 사라집니다. 그 까닭은 명확합니다. 공간은 무한히 나눌 수 없으며, 점들도 무한히 많지 않고, 합해야 할 무한한 것들이 존재하지 않는 것입니다. 공간의 입자

물리량	기본 상수	이론	발견
속도	c	특수상대성	최대 속도의 존재
정보(작용)	h	양자역학	최소 정보의 존재
길이	L_P	양자중력	최소 길이의 존재

표 11-1 이론물리학이 발견한 기본 한계들

적이고 불연속적인 구조가 양자장이론을 괴롭히던 무한을 제거함으로써 이 이론의 난점들을 해결합니다.

정말 근사합니다. 한편으로는 양자역학을 감안하여 아인슈타인의 중력이론의 무한이 만들어낸 문제들인 특이점을 해결합니다. 다른 한편으로는 중력을 감안하여 양자장이론이 유발한 난점들인 발산의 문제를 해결합니다. 첫인상과 달리 두 이론은 서로 모순되기는커녕 다른 쪽의 문제에 대한 해결책이 되는 것이죠! 이는 이 이론의 신뢰성을 크게 높입니다.

무한에 한계를 가하는 것은 현대 물리학에서 되풀이되는 주제입니다. 특수상대성이론은 모든 물리계에는 최대 속도가 존재한다는 사실의 발견으로 요약할 수 있습니다. 양자역학은 모든 물리계에는 최대 정보가 존재한다는 사실의 발견으로 요약할 수 있습니다. 최소 길이는 플랑크 길이 L_P이고, 최대 속도는 빛의 속도 c이며, 단위 정보는 플랑크 상수 $\hbar$에 의해서 결정됩니다. 이 모든 것을 표 11-1에 정리하였습니다.

길이, 속도 및 작용에 대한 이러한 최솟값과 최댓값의 존재는 자연의 단위 체계를 수정합니다. 속도를 시간당 킬로미터 또는 초당 미터 단위로 측정하는 대신 빛의 속도와의 비율로 측정할 수 있습니다. 정의상 속도 c의 값을 1로 정하고, 예를 들어 빛의 속도의 절반으로 움직이는 물체에 대해 $v=½$이라고 쓸 수 있습니다. 마찬가지로 정의상 $L_p=1$로 놓고 플랑크 길이의 배수로 길이를 측정할 수 있습니다. 역시 마찬가지로 $\hbar=1$로 놓고 작용을 플랑크 상수의 배수로 측정할 수 있습니다. 이렇게 하면, 우리는 다른 단위들의 토대가 되는 기본 단위들의 자연적 체계를 만들 수 있습니다. 예를 들어, 시간의 단위는 빛이 플랑크 길이를 지나는 데에 걸리는 시간이 됩니다. 이러한 '자연 단위'들은 보통 양자중력 연구에서 사용됩니다.

그러나 이러한 발견들에는 더 깊은 귀결이 있습니다. 이 세 가지 기본 상수들의 확인은 자연에서 무한히 가능해 보이는 것들에 한계를 짓습니다. 이는 무한처럼 보이는 것들은 우리가 아직 이해하지 못하고 헤아리지 못하는 것일 뿐이라는 사실을 보여줍니다. 저는 이것이 일반적으로 참이라고 생각합니다. 결국 '무한'은 우리가 아직 모르는 것에 붙이는 이름일 뿐입니다. 자연은, 우리가 연구해보면, 결국에는 정말로 무한한 것은 없다고 말해주는 듯합니다.

우리의 사고를 언제나 혼란스럽게 만들어온 또 다른 무한이 있습니다. 우주의 공간적 크기의 무한입니다. 그러나 3장에서 설명한 것처럼 아인슈타인은 경계가 없는 유한한 우주를 생각하는 길을 찾아냈습니다. 현재 측정한 결과에 따르면 우주의 크기는 약 천억 광년입니다. 이 길이는 우리가 관측할 수 있는 우주의 최대 크기입니다. 플랑크 길이보다 약 10^{120}배 더 큰 길이입니다. 1에 0을 120개나 붙인 수죠. 따라서 플랑크 규모와 우주적 규모 사이에는 120제곱차수의 크기라는 엄청난 차이가 있습니다. 정말 크지요. 그러나 유한합니다.

이 공간 속에서, 즉 공간 양자의 미세한 크기에서부터 쿼크, 광자, 원자, 화학적 구조, 산, 별, (태양과 같은 별 약 천억 개로 이루어진) 은하, 은하단, 천억 개 이상의 은하들로 이루어진 거대한 가시적 우주에 이르기까지의 공간 속에서 우리 우주의 복잡성이 펼쳐집니다. 우리는 그 몇 가지 측면밖에는 알지 못합니다. 거대하죠. 그러나 유한합니다.

우주적 규모는 우리 이론의 기본 방정식에 들어 있는 우주상수 Λ의 값에 반영됩니다. 이리하여 기본 이론 속에는 우주적 규모와 플랑크 규모 사이의 비율이라는 아주 큰 수가 포함됩니다. 이 수는 세계의 온갖 복잡성으로 향하는 길을 엽니다. 하지만 지금 우리가 보고 이해하고 있는 우주는 무한의 심연이 아닙니다. 광대한 바다이기는 하지만, 유한합니다.

성서의 외경 가운데 하나인 《집회서》는 굉장한 질문으로 시작합니다.

> 누가 바다의 모래와 빗방울과 영원의 날들을 셀 수 있으랴? 누가 하늘의 높이와 땅의 넓이를, 심연과 지혜를 헤아릴 수 있으랴?

그 누구도 바닷가 모래알을 모두 헤아릴 수 없다는 것이죠.

그러나 이 글이 지어진 뒤 오래 지나지 않아 또 다른 위대한 문헌이 만들어집니다. 그 첫머리는 여전히 울림을 줍니다.

> 겔론 왕이여, 어떤 사람들은 모래알의 수가 무한하다고 생각합니다.

이는 아르키메데스의 《모래알 계산*Psammites*》의 첫머리입니다. 이 책에서 고대의 가장 위대한 과학자는…… 모래알을 셉니다. 그는 모래알의 수가 유한하며 결정될 수 있다는 것을 보여주기 위해 그렇게 합니다. 고대의 산법으로는 큰 수를 다룰 수가 없었습니다. 《모래알 계산》에서 아르키메데스는 우리의 지수와 유사한 새로운 산법을 개발합니다. 이로써 아주 큰 수를 다룰 수 있게 되었고, 바닷가에 있는 모래알뿐만 아니라 우주 전체에 있는 모래알이 얼마나 많은지를 (아주 손쉽게) 셀 수 있음을 보여줍니다.

《모래알 계산》은 쾌활하면서도 깊이가 있습니다. 아르키메데스는 시대를 앞지른 계몽주의로 비상하여, 애초에 인간의 정신으로 접근할 수 없는 신비가 존재한다고 주장하는 지식의 형태에 반기를 듭니다. 아르키메데스는 우주의 정확한 크기나 모래알의 정확한 개수를 안다고 주장하는 것이 아닙니다. 그가 옹호한 것은 지식의 완전함이 아닙니다. 반대로 그는 자신이 추정한 값이 근사치이며 잠정적임을 명시합니다. 예를 들어 그는 우주의 크기에 관한 여러 가지 대안들을 다루지만, 분명한 의견을 갖지는 않습니다. 여기서 중요한 것은 완전한 지식을 가졌다는 자부심이 아닙니다. 오히려 그 반대죠. 중요한 것은, 어제의 무지가 오늘 밝혀질 수 있고, 오늘의 무지가 내일 밝혀질 수 있다는 인식입니다.

중요한 것은 알려는 욕망을 포기하는 것에 대한 반항입니다. 이는 세계를 이해할 수 있다는 믿음의 표명이며, 무지에 만족하고 이해하지 못하는 것을 무한이라 부르면서 앎을 다른 곳에 위임해버리는 사람들에 대한 당당한 회답입니다.

수 세기가 지나고, 《집회서》는 성서와 함께 수많은 사람들의 집에서 찾아볼 수 있게 되었지만, 아르키메데스의 책은 아주 소수의 사람만이 읽을 수 있게 되었습니다. 아르키메데스는 마그나 그라이키아(대 그리스)의 마지막 자부심이었던 시칠리아의 도시 시라쿠사가 로마에 점령당할 때에 로마인들에 의해 살해되었습니다. 이후 로마 제국은 《집회서》를 국교의 근본 문서로 채택하였고, 《집회서》는 천년 이상 그 지위를 유지합니다. 그 천년의 시간 동안 아르키메데스의 계산법은 아무도 이해할 수 없는 것으로 남아 있게 됩니다.

시라쿠사 근처에는 이탈리아에서 가장 아름다운 장소 중 하나인 타오르미나 극장이 있습니다. 지중해와 에트나 산을 굽어보고 있죠. 아르키메데스의 시대에는 소포클레스와 에우리피데스의 연극을 상연하기 위해서 사용되었습니다. 로마인들은 이곳을 검투장으로 사용하여 검투사들이 죽어가는 것을 보며 즐거워했죠.

《모래알 계산》의 세련된 쾌활함은 대담한 수학적 구성이나 고대의 가장 특출한 지성의 탁월함에서 비롯된 것만은 아닐 것입니다. 그것은 자신의 무지를 알지만 지식의 원천을 다른 것들에게 위임하려 하지 않는 이성의 당당한 외침이기도 합니다. 그것은 무한에 맞서는 작고 신중하며 더없이 지성적인 선언, 몽매주의에 반대하는 선언입니다.

양자중력은 《모래알 계산》의 탐구를 이어가는 많은 길 가운데 하나입니다. 우리는 우주를 이루고 있는 공간의 알갱이를 세고 있습니다. 광대한 우주이지만, 유한합니다.

오직 우리의 무지만이 무한할 뿐입니다.

12

정보, 정의되지 않은 생각

우리는 이 여행의 끝으로 다가가고 있습니다. 이전 몇 장에서는 양자중력을 구체적으로 적용한 사례들에 대해 이야기했습니다. 빅뱅 시기에 우주에서 일어났던 일, 블랙홀의 열 속성들, 무한 제거하기 등을 다루었죠.

결론을 내리기 전에 이 양자중력이론으로 돌아가 이 이론의 미래를 바라보면서 '정보'에 관해서 한마디하겠습니다. 정보는 열광과 혼란을 불러일으키면서 이론물리학자들 사이를 돌아다니는 유령입니다.

이 장은 이전의 장들과는 다릅니다. 이전 장들에서는, 아직 검증되지 않았지만 잘 정의된 아이디어들과 이론들에 대해 이야기했습니다만, 이 장에서는 아직 매우 혼란스럽고 더 다듬어야 하는 아이디어들에 대해 이야기할 것이기 때문입니다. 그러니 여기까지 조금 힘들게 따라온 독자는 이제 마음을 더 단단히 먹으세요. 왜냐하면 이제 우리는 공기가 없는 곳에서 날아다닐 테니까요. 이 장의 내용이 특히 불투명하다면, 독자 여러분의 생각이 혼란스럽기 때문이 아닙니다.

제 생각이 혼란스럽기 때문이지요.

'정보' 개념이 물리학이 새로운 단계로 나아가는 열쇠가 될 것이라고 생각하는 과학자들이 많이 있습니다. '정보'라는 용어는 열역학의 기초와 양자역학의 기초 및 그 밖의 다른 영역들에서 종종 몹시 부정확하게 사용됩니다. 저는 이 정보라는 개념에 중요한 무언가가 있다고 생각합니다. 이 장에서는 그 이유를 설명하고, 그것이 양자중력과는 무슨 연관이 있는지 설명해보도록 하겠습니다.

무엇보다도 먼저, 정보란 무엇일까요? '정보'라는 말은 오늘날 아주 다양한 의미로 쓰이고 있는데, 그 때문에 과학적 용법에서도 혼란이 생겨났습니다. 하지만 정보의 과학적 개념은 1948년 미국의 수학자이자 공학자인 엔지니어 클로드 섀넌Claude Shannon, 1916~2001이 분명하게 했는데요, 아주 간단합니다. 정보란 어떤 것의 가능한 대안들의 수를 측정한 것입니다. 예를 들어 주사위를 던지면 여섯 면 중 하나가 나옵니다. 그중 특정한 면이 나오는 것을 보았을 때, 가능한 대안들이 여섯 개이기 때문에, 정보의 양이 N=6입니다. 내가 어떤 사람의 생일을 모르는 경우라면, 365개의 다른 가능성이 존재합니다. 그가 나에게 생일 날짜를 말해준다면 나는 N=365라는 정보를 갖게 되는 겁니다.

대안들의 수 N 대신에 정보를 가리키기 위해 'S'라고 부르는 섀넌 정보를 단위로 쓰는 것이 더 편리합니다. 이는 밑을 2로 하는 로그대수를 써서 $S=\log_2 N$(N은 대안들의 수)으로 정의됩니다. 이렇게 하면, ($1=\log_2 2$이니까) 측정 단위 $S=1$이 N=2에 대응됩니다. 즉 대안들의 최소치인 두 가지 가능성이 있는 경우인 것이죠. 이 측정 단위는 두 가지 대안들 사이의 정보이며, '비트'라고 부릅니다. 내가 룰렛에서 검정색 숫자가 아니라 빨간색 숫자가 나왔다는 것을 안다면, 나는 1비트의 정보를 가지고 있는 것입니다. 빨간색 짝수가 나왔다는 것을 안다면 2비트의 정보를 가지고 있는 것이고요. 그리고 빨간색 짝수 로우(룰렛 판에서 18이하의 숫자)가 나왔다는 것을 안다면 3비트의 정보를 가지고 있는 것이죠. 2비트의 정보는 네 가지 대안에 해당하고(빨간색 짝수, 빨간색 홀수, 검은색 짝수, 검은색 홀수), 3비트의 정보는 여덟 가지 대안에 해당합니다.◆

핵심은 정보는 어떤 곳에 국한될 수 있다는 것입니다. 예를 들어 당신이 손에 바둑돌을 하나 쥐고 있다고 상상해봅시다. 그리고 나 또한 바둑돌을 하나 쥐고 있다고 해보죠. 내 쪽에 두 가지 가능성이 있고 당신 쪽에도 두 가지 가능성이 있으니 가능한 총 경우의 수는 4(2×2)입니다. 흰색–흰색, 검은색–흰색, 흰색–검은색, 검은색-검은색이죠. 만일 두 바둑돌의 색깔이 서로 독립적이라면 이 모든 가능성들이 실현될 수 있습니다. 그런데 자 이제 다른 가정을 하나 해봅시다. 어떤 물리적인 이유 때문에, 우리는 두 바둑돌이 같은 색깔이라는 것을 확실히 알고 있다고 해봅시다.(예를 들어 우리가 같은 바둑통에서 바둑돌을 꺼낸 경우라고 하죠.) 이 경우 대안들이 내 쪽에도 여전히 둘이고 당신 쪽에도 여전히 둘인데도, 대안들의 총 경우의 수는 2밖에 되지 않습니다(흰색–흰색 또는 검은색–검은색). 이런 경우에는 총 경우의 수(2)가 당신 쪽 경우의 수(2)와 내 쪽 경우의 수(2)의 곱(4)보다 더 적습니다. 이런 상황에서 특별한 일이 벌어진다는 것에 주목해봅시다. 당신이 자신의 바둑돌을 보면 내 바둑돌의 색을 압니다. 이런 경우에 두 바둑돌의 색깔이 '상호연관'되어 있다고 말합니다. 즉 서로 연

◆ 정보는 내가 아는 것을 측정하는 것이 아니라 가능한 대안들의 수를 측정하는 것이다. 룰렛에서 숫자 3이 나왔을 때 룰렛에는 37개의 숫자가 있기 때문에 내가 얻은 정보는 N=37이다. 그러나 빨간색 3이 나왔을 때에는 빨간색 숫자가 18개가 있기 때문에 내가 가진 정보는 N=18이다. 그렇다면 카라마조프가의 형제들 중 한 사람이 아버지를 죽였다는 것을 내가 알고 있다면 나는 얼마나 많은 정보를 갖고 있는 것일까? 그 답은 카라마조프가의 형제들이 몇 명인지에 달려 있다.

결되어 있는 것이죠. 그리고 내 바둑돌 색깔의 정보는 당신 바둑돌 색깔의 정보이기도 합니다. 내 바둑돌에는 당신 바둑돌의 '정보가 있는' 것이죠.

생각해보면 이것은 정확히 우리가 의사소통을 할 때 일어나는 일입니다. 예를 들어 내가 누군가에게 전화를 걸 때 나는 전화기가 저쪽의 소리가 내 쪽의 소리에 의존하도록 만든다는 것을 알고 있습니다. 양쪽의 소리가 바둑알의 색깔처럼 서로 연결되어 있는 것이죠. 이 예시는 무작위로 고른 것이 아닙니다. 정보이론을 고안한 섀넌은 전화 회사에서 일했었고, 전화선이 얼마나 많이 '전달'할 수 있는지를 정확히 측정하는 방법을 찾고 있었거든요. 그런데 전화선이 무엇을 '전달'하는 건가요? 바로 정보를 전달하죠. 대안들 사이를 구별하는 능력을 전달하는 겁니다. 바로 이러한 이유 때문에 섀넌이 정보를 정의했던 것입니다

그러면 왜 정보의 개념이 세계를 이해하는 데에 유용하며 근본적이기까지 할까요? 좀 미묘한 이유입니다만, 정보는 한 물리계가 다른 물리계와 소통하는 능력을 측정하기 때문입니다.

마지막으로 한 번 더 데모크리토스의 원자로 돌아가봅시다. 서로 튕기고 끌어당기고 달라붙고 하는 원자들만이 가득한 바다로 이루어진 세계를 상상해보세요. 무언가가 빠져 있지 않나요?

플라톤과 아리스토텔레스는 정말로 무언가가 빠져 있다고 주장했습니다. 그들은 세계를 이해하기 위해서는 사물을 이루고 있는 물질에 무언가를 더해야 하는데 그 무언가가 바로 사물의 형상이라고 생각했습니다. 플라톤에게서는 이 형상들은 어떤 절대적인 세계인 이데아의 세계에서 그 자체로 존재하는 것입니다. 말馬의 이데아는 그 어떤 현실의 말보다도 앞서서 독립적으로 존재합니다. 플라톤에게 현실의 말은 이상적인 말의 흐릿한 반영에 지나지 않습니다. 말을 이

루고 있는 원자들은 거의 혹은 전혀 중요하지 않습니다. 중요한 것은 '말임horseness', 즉 추상적 형상입니다. 아리스토텔레스는 조금 더 현실적이지만 그에게서도 형상은 물질로 환원되지 않습니다. 어떤 석상에는 그 재료가 되는 돌 이상의 것이 있습니다. 바로 이 이상의 것이 아리스토텔레스에게서는 형상입니다. 이것이 데모크리토스의 강력한 유물론에 대한 고대의 비판이었으며 여전히 유물론에 대한 주요 비판으로 남아 있습니다.

그러나 데모크리토스의 제안이 정말로 모든 것이 원자로 환원된다는 의미였을까요? 오늘날의 지식에 비추어 좀 더 자세히 살펴봅시다. 데모크리토스는 원자들이 결합할 때 그 결합 방식뿐만 아니라 그것들의 형태와 구조상의 배열이 중요하다고 말합니다. 그는 알파벳 글자들을 예시로 듭니다. 글자는 20자 정도밖에 되지 않지만 "다양한 방식으로 배열되어 희극이나 비극, 우스운 이야기나 서사시를 만들 수 있다."고 말합니다.

이러한 생각에는 단지 원자 이상의 것이 들어 있습니다. 원자들이 서로와 관련해서 배열되는 방식으로 포착되는 무언가가 있는 것이죠. 그러나 원자밖에는 없는 세계에서 원자들이 배열되는 방식이 무슨 상관이 있을까요?

만약 원자들이 알파벳이기도 하다면, 누가 그런 알파벳으로 쓰인 문장들을 읽을 수 있을까요?

대답은 미묘합니다. 원자들이 배치되는 방식이 다른 원자들이 배치되는 방식과 상호 관련되어 있을 수 있다는 겁니다. 따라서 원자들의 어떤 집합은, 우리가 위에서 기술한 전문적이고 정확한 의미에서, 원자들의 다른 집합에 대한 정보를 가지고 있을 수 있는 것입니다.

물리적인 세계에서 이런 일은 매 순간 모든 곳에서 끊임없이 일어납니다. 우리 눈에 도달하는 빛은 그 빛이 거쳐온 대상에 대한 정보를 담고 있습니다. 바다의 색깔에는 그 위 하늘의 색깔에 대한 정보가 담겨 있습니다. 세포에는 그것을 공격하는 바이러스에 관한 정보가 담겨 있습니다. 새로운 생명체는 그 부모와 그 종과 상호 관련되어 있기 때문에 정보를 담고 있습니다. 그리고 독자 여러분도 이 글을 읽는 동안에, 내가 이 책을 쓰면서 생각한 것에 관한 정보를 얻습니다. 즉 내가 이 글을 쓸 때 나의 뇌 속에서 일어나고 있는 것에 관한 정보를 얻고 있는 것이죠. 독자의 뇌 속의 원자들에서 일어나고 있는 일은 나의 뇌 속의 원자들에서 일어나고 있는 일과 더 이상 완전히 독립적이지는 않은 것입니다.

그렇다면 세계는 단지 충돌하는 원자들의 네트워크만은 아닙니다. 세계는 원자들의 집합 사이의 상호관계들의 네트워크이기도 하며, 물리계들 사이의 상호적인 정보의 네트워크이기도 한 것입니다.

이 모든 것에 관념적이거나 영적인 내용은 전혀 없습니다. 그저 대안들을 셀 수 있다는 섀넌의 아이디어를 응용한 것뿐입니다. 그러나 이 모든 것은 알프스 산맥의 돌들과 꿀벌의 윙윙거림과 바다의 파도처럼 세계의 한 부분입니다.

이 상호적인 정보의 네트워크가 우주에 존재한다는 사실을 일단 이해했으면, 이 비장의 아이디어를 써서 세계를 기술해보려는 것이 당연한 일일 겁니다. 19세기 말 이래로 잘 이해된 세계의 한 측면에서부터 시작해봅시다. 바로 열입니다. 열은 무엇일까요? 어떤 물체가 뜨겁다는 것은 무엇을 의미할까요? 왜 뜨거운 커피는 식어가기만 하고 더 뜨거워지지는 않는 것일까요?

그 이유를 처음으로 알아낸 사람은 통계역학을 만든 오스트리아 과학자 루트비히 볼츠만이었습니다.* 열은 분자들의 무작위적인 미세한 운동입니다. 커피가 뜨거울수록 분자들은 더 빨리 움직입니다. 그러나 왜 커피가 식는 것일까요? 볼츠만은 멋들어진 가설을 제시했습니다. 공기가 차고 커피가 뜨거운 경우에 상응하는 분자들의 가능한 상태의 수가, 커피가 차고 공기가 약간 뜨거운 경우에 상응하는 분자들의 가능한 상태의 수보다 더 크기 때문이라는 것입니다. 섀넌의 정보 개념을 이용하면 이 아이디어는 곧바로 다음과 같은 말로 옮겨질 수 있습니다. '찬 커피와 따뜻한 공기에 담긴 정보가 뜨거운 커피와 찬 공기에 담긴 정보보다 적다. 그리고 정보는 저절로 증가하지 않기 때문에 커피가 저절로 뜨거워질 수 없다.'

설명해보겠습니다. 커피의 분자는 아주 작고 많기에 우리는 그 정확한 움직임을 알 수 없습니다. 그래서 정보가 결핍되어 있습니다. 이 결핍된 정보는 계산할 수 있습니다.(볼츠만이 해냈죠. 뜨거운 커피 분자들이 얼마나 많은 다른 상태에 있을 수 있는지를 계산한 겁니다.) 만일 커피가 식어간다면, 약간의 에너지가 공기 중으로 퍼져나갑니다. 그러므로 커피의 분자들은 더 천천히 움직이지만 공기의 분자들은 더 빨리 움직이게 됩니다. 이제 결핍된 정보를 계산해보면 그것이 증가했다는 것을 알게 됩니다. 만약 정반대의 일이 벌어진다면, 즉 커피가 찬 공기로부터 열을 흡수하여 더 뜨거워졌다면, 그 정보는 (기억하세요. 정보란 가능한 대안들의 개수일 뿐이라는 것을요. 이 사례에서는 주어진 온도에서 커피와 공기 분자의 운동 방식들의 개수입니다.) 증가하고 정보의 결핍은 감소했을 것입니다. 그러나 정보는 하늘에서 떨어져 내릴 수가 없습니다. 우리가 모르는 것은 그저 모르는 것이기 때문에 정보는 그 자체로 증가할 수는 없는 것이죠. 따라서 찬 공기에 닿은 커피가 저절로 뜨거워질 수는 없는 것입니다.

볼츠만의 생각은 그다지 진지하게 받아들여지지 않았고, 그는 쉬

◆ 볼츠만은 정보라는 개념을 쓰지는 않았지만, 그의 작업을 이런 식으로 읽어낼 수도 있다.

여섯의 나이에 트리에스테 근처 두이노에서 자살하고 말았습니다. 오늘날 그는 물리학의 천재들 가운데 한 사람으로 여겨지고 있지요. 그의 무덤가에는 다음과 같은 공식이 새겨져 있습니다.

$$S=k\log W$$

이 공식은 (결핍된) 정보의 양을 대안들의 수의 대수로 표현하고 있습니다. 섀넌의 핵심 아이디어죠. 볼츠만은 이 양이 열역학에서 사용되는 엔트로피와 정확히 일치한다는 것을 알았습니다. 엔트로피는 '결핍된 정보', 즉 음수 기호가 붙은 정보인 것이죠. 정보는 오직 감소할 수만 있다는 사실 때문에 엔트로피의 총량은 오직 증가할 수만 있습니다.◆

오늘날 물리학자들은 정보를 열과학의 기초에 빛을 비춰줄 개념적 도구로 쓸 수 있다는 사실을 일반적으로 받아들이고 있습니다. 더 대담하지만 점점 많은 이론가들이 옹호하고 있는 아이디어는, 정보의 개념이 5장에서 언급했던 양자역학의 신비한 측면들을 이해할 수 있게 해준다는 것입니다.

양자역학의 핵심 아이디어 중 하나가 바로 정보가 유한하다는 사실이라는 점을 잊지 맙시다. 고전역학에 따르면 어떤 물리계를◆◆ 측정하여 우리가 얻을 수 있는 대안적인 결과들의 수는 무한합니다. 그러나 양자이론 덕분에 우리는 그것이 실제로는 유한하다는 것을 이해하게 되었죠. 이처럼 우리는 근본적으로 양자역학을 자연 속에서

◆ 엔트로피는 위상 공간의 부피의 대수에 비례합니다. 비례 상수 k는 볼츠만 상수라고 부르는데, 이는 정보의 측정 단위(비트)를 엔트로피의 측정 단위(J/K, 켈빈 당 줄)로 변환합니다.

◆◆ 그 위상 공간의 유한한 영역에서

정보가 언제나 유한하다는 사실의 발견으로 이해할 수도 있습니다.

실제로, 양자역학의 전체 구조를 다음과 같이 정보와 관련해서 읽어내고 이해할 수 있습니다. '어떤 물리계는 오직 언제나 다른 물리계와 상호작용함으로써만 나타난다. 따라서 어떤 물리계의 기술은 언제나 그것이 상호작용하는 다른 물리계에 관계해서 주어진다. 그러므로 어떤 물리계의 상태에 관한 그 어떤 기술도 그 물리계가 다른 물리계에 대해 갖는 정보의 기술, 즉 물리계들 사이의 상관관계의 기술이다.' 이런 식으로 양자역학을 물리계들이 상호 간에 갖는 정보의 기술로 해석하면, 양자역학의 신비를 들여다보기가 더 쉬워집니다.

요컨대 어떤 물리계를 기술한다는 것은 그 물리계의 과거의 모든 상호작용들을 요약하고, 미래의 상호작용들의 결과를 예측할 수 있는 방식으로 과거의 상호작용들을 조직하려고 하는 일일 따름입니다.

이런 아이디어를 바탕으로 할 때, 양자역학의 형식적인 전체 구조는 두 가지 간단한 가정에서 도출해낼 수 있습니다.[1]

1. 그 어떤 물리계에서도 관련 정보는 유한하다.
2. 어떤 물리계에 대한 새로운 정보를 항상 얻을 수 있다.

여기에서 '관련 정보'란 우리가 과거에 해당 물리계와 상호작용한 결과로 가지게 된 정보입니다. 이 정보 덕분에 미래에 이 동일한 물리계와의 상호작용의 결과가 어떻게 될지를 예측할 수 있지요. 첫째 가정은 양자역학의 입자성을 특징짓습니다. 유한한 수의 가능성이 존재한다는 사실이죠. 둘째 가정은 양자역학의 비결정성을 특징짓습니다. 우리가 새로운 정보를 얻을 수 있게 하는 예측할 수 없는 무언가가 언제나 존재한다는 사실이죠. 우리가 어떤 물리계에 대한 새로운 정보를 얻게 될 때, 총 관련 정보는 (첫째 가정 때문에) 무한히 커질 수 없기에, 기존 정보의 일부분이 **관련성을 잃게** 된다는, 즉 더 이상 미래에 대한 예측에 어떤 영향도 미치지 않게 된다는 사실이 따라 나옵니다. 이런 이유로 양자역학에서 우리가 어떤 물리계와 상호작용할 때에는, 우리가 무언가를 얻을 뿐만 아니라 동시에 그 동일한 물리계에 관한 관련 정보의 일부분을 '삭제'하기도 하는 것입니다.◆

크게 보아 이 두 가지 간단한 가정들에서 양자역학의 전체적인 형식적 구조가 따라 나옵니다. 이는 놀랍게도 이 이론 자체를 정보의 관점에서 표현할 수 있다는 것을 의미합니다.

정보의 개념이 양자역학을 이해하는 데 근본적이라는 것을 처음으로 알아차린 사람이 양자중력의 아버지 존 휠러였습니다. 이 아이디어를 표현하기 위해 그는 "It from bit."이라는 슬로건을 만들었습니다. 번역하기가 쉽지 않습니다만, 글자 그대로는 "그것은 비트로부터"가 됩니다. 여기서 '비트'는 최소 정보 단위, 그렇다와 아니다 사이의 최소 대안입니다. 그리고 'It', '그것은'은 '그 어떤 것이든'을 의미합니다. 그래서 그 의미는 "모든 것은 정보이다." 정도가 되겠습니다.

정보가 양자중력의 맥락에서 다시 나타났습니다. 어떤 표면의 넓이가 이 표면을 교차하는 루프의 스핀에 의해 결정된다는 것을 기억하시나요? 이 스핀들은 불연속적인 양이며, 각각 이 넓이에 기여합니다.

고정된 넓이를 가진 표면이 이러한 넓이의 기본 양자들로 이루어지는 방식은 여러 가지일 수가 있습니다. 말하자면 N가지 수의 방법일 수 있죠. 그래서 내가 표면의 넓이를 알지만 그 넓이의 양자들이 어떻게 분포되어 있는지를 정확히 모른다면, 표면에 대한 결핍된 정

◆ 알맞지 않은 표현이지만, 이것이 바로 파동 함수의 '붕괴'라고 불리는 것이다.

보가 있는 것입니다. 이것이 바로 블랙홀의 열을 계산하는 한 가지 방법입니다. 특정 넓이의 표면 속에 에워싸인 블랙홀의 넓이의 양자들은 N가지의 서로 다른 방식으로 분포되어 있을 수 있습니다. 마치 뜨거운 커피의 분자들이 N가지 다른 방식으로 움직일 수 있는 경우와 비슷하죠. 이는 '결핍된 정보'의 양, 즉 엔트로피를 블랙홀과 연관시킬 수 있다는 것을 의미합니다.

블랙홀과 연관된 정보의 양은 그 블랙홀의 넓이 A에 직접 의존합니다. 블랙홀이 더 클수록 결핍된 정보의 양도 더 많은 것이죠.

정보가 블랙홀 속에 들어가게 되면 외부에서는 더 이상 그 정보를 복구할 수 없습니다. 그러나 블랙홀 속에 들어가는 정보는 언제나 에너지를 지니고 가기에, 그 덕분에 블랙홀은 더 커지고 그 넓이가 증가합니다. 외부에서 볼 때 블랙홀 속으로 사라져버린 정보는 이제 블랙홀의 넓이와 연관된 엔트로피로 나타나는 것입니다. 이와 유사한 것을 처음으로 눈치챈 이는 야코브 베켄슈타인Jacob Bekenstein, 1947~2015이었습니다.

그러나 상황은 전혀 명확하지 않습니다. 앞 장에서 보았듯이 블랙홀은 열복사를 방출하며 천천히 증발하여 점점 작아지다가, 플랑크 규모의 공간을 이루는 미시적 블랙홀들의 바닷속에서 뒤섞여 사라져갈 것이기 때문이죠. 블랙홀 속으로 들어갔던 정보는 블랙홀이 수축해가면 결국 어떻게 되는 걸까요? 이론 물리학자들이 이 문제에 대해서 논쟁을 하고 있지만 아무도 완전히 명확한 해답을 내놓지는 못하고 있습니다.

제 생각으로는 이 모든 상황들은, 세계에 대한 이해의 기초에 일반상대성이론과 양자역학에 더하여 열이론, 즉 통계역학과 열역학, 즉 정보이론까지도 포함되어야 한다는 사실을 가리킵니다. 그러나 일반상대성의 열역학은, 즉 공간 양자의 통계역학은 아직 걸음마 단계에 있습니다. 아직은 모든 것이 혼란스럽고, 이해해야 할 것들이 많이 남아 있습니다.

이 모든 것들은 이 책에서 기술하는 마지막 물리학적 아이디어로 이어집니다. 그것은 열 시간thermal time입니다.

열 시간

열 시간이라는 아이디어를 낳은 문제는 간단합니다. 7장에서 저는 물리학을 기술하는 데에 시간 개념을 반드시 써야 할 필요가 없으며, 오히려 이 개념을 아예 잊어버리는 것이 더 낫다는 것을 설명하였습니다. 시간은 물리학의 근본적인 수준에서는 아무런 역할을 하지 않습니다. 일단 이것을 이해하고 나면 양자중력의 방정식을 쓰는 것이 더 쉬워집니다.

우주의 기본 방정식에서는 아무런 역할을 하지 못하는 일상적 개념들이 꽤 많습니다. 예를 들어 '위'와 '아래', '뜨겁다'와 '차갑다'와 같은 개념들이 그렇습니다. 그래서 기본 물리학에서는 일상적인 개념들이 사라져버리는 것이 아주 이상하지는 않은 것이죠. 하지만 일단 이런 생각을 받아들이게 되면 또 다른 문제가 명백히 드러납니다. 우리의 일상적인 경험에서의 '시간' 개념은 어떻게 회복할 수 있는 걸까요?

예를 들어 '위'와 '아래'의 개념은 물리학의 기본 방정식에는 들어 있지 않지만, 우리는 절대적인 위와 아래가 없이도 어떤 틀 내에서 그것이 무엇을 의미하는지 압니다. '아래'는 행성과 같이 가까이에 있는 질량이 큰 물체가 중력으로 우리를 끌어당기는 방향을 가리키고, '위'는 그 반대의 방향을 가리킵니다. '뜨겁다'와 '차갑다'의 경우도 마찬가지입니다. 미시적인 수준에서는 '뜨거운' 것도 '차가운' 것도 존재하지 않습니다. 하지만 우리가 많은 수의 미시적 성분들을 한데 모으고 그것들을 평균값으로 기술하면 '뜨거움'이라는 개념이 나타납니다. 뜨거운 물체란 개별 성분들의 평균 속도가 높은 물체입니다. 그래서 우리는 '위'나 '뜨겁다'의 의미를 적절한 상황에서 이해할 수 있는 것입니다. 가까이에 질량이 큰 물체가 있는 상황이거나, 우리가 많은 분자들의 평균값만을 다루고 있다는 사실과 같은 경우에 말입니다.

'시간'의 경우에도 이와 비슷할 것이 틀림없습니다. 시간의 개념이 기본적인 수준에서는 아무런 역할을 하지 않는다고 하더라도, 분명 우리 생활에서는 ('위'나 '뜨겁다'와 같이) 중요한 역할을 합니다. 그런데 시간이 세상의 근본적인 기술의 한 부분이 아니라면, '시간의 흐름'이란 무엇을 의미하는 것일까요? 열 시간이라는 아이디어로 대답을 얻으려는 문제가 바로 이것입니다.

답은 간단합니다. 시간의 기원은 열의 기원과 유사합니다. 시간은 많은 미시적 변수들의 평균으로부터 나옵니다. 한번 살펴봅시다.

시간과 온도 사이에 깊은 연관성이 있다는 것은 오래전부터 되풀이되어온 생각입니다. 아무도 정확히 이 연관이 무엇인지는 이해하지 못했지만요. 잘 생각해보면, 우리가 시간의 흐름과 결부시키는 현상들은 모두 온도와 관련이 되어 있습니다.

더 정확히 말해보겠습니다. 시간의 가장 두드러진 특징은 앞으로만 가고 뒤로는 가지 않는다는 사실입니다. 다시 말해 되돌릴 수 없다는 것이죠. '기계적' 현상들, 즉 열이 수반되지 않는 현상들은 언제나 되돌릴 수 있습니다. 다시 말해, 그 현상을 촬영하고 거꾸로 영사하면 완벽하게 현실적인 현상을 볼 수 있습니다. 예를 들어 흔들리는 진자나 위로 던져졌다가 떨어지는 돌을 촬영하고서 필름을 거꾸로 돌려서 보면, 진자가 흔들리고 돌이 위로 솟구쳤다가 아래로 떨어지는 아주 그럴법한 모습을 볼 수 있습니다.

여러분은 이렇게 말하겠죠. "그래! 하지만 그건 진짜가 아니잖아! 땅에 떨어진 돌은 정지한 거야. 필름을 거꾸로 돌려서 보면 돌이 땅에서 저절로 솟구치는 모습을 보게 되지만, 이는 사실 불가능하지." 네, 정확히 맞습니다. 자, 그런데 돌이 땅에 떨어져서 멈추었다고 하면, 그 에너지는 어디로 간 걸까요? 바로 그 땅을 데우는 겁니다! 열로 바뀐 거죠. 열이 생성된 바로 그 순간 되돌릴 수 없는 현상이 일어납니다. 정방향의 필름을 역방향의 필름으로부터, 과거를 미래로부터 명확히 구분 짓는 현상이 일어난 것입니다. 궁극적으로 과거를 미래로부터 구분 짓는 그것은 언제나 열입니다.

이것은 보편적인 일입니다. 타오르는 촛불은 연기로 변하지만, 연기는 촛불로 변하지 않습니다. 그리고 촛불은 열을 만들어내죠. 뜨거운 커피 한 잔은 식어가지, 더 뜨거워지지 않습니다. 열을 발산하는 것이죠. 우리는 살아가고 나이가 들어갑니다. 그러면서 열을 만들어내죠. 자전거도 시간이 갈수록 낡아갑니다. 마찰로 열을 만들어내죠. 태양계를 생각해봅시다. 얼핏 보면, 거대한 기계장치처럼 언제나 똑같이 계속 돌아가는 것 같습니다. 열을 만드는 것 같지도 않고, 거꾸로 돌려서 본다고 해도 전혀 이상할 게 없을 것만 같습니다. 그러나 더 자세히 들여다보면 그렇지가 않습니다. 태양은 수소를 소모하고 있고 언젠가 수소가 바닥이 나면 꺼져버릴 것입니다. 태양도 늙어가고 있고, 실제로 열을 만들어내고 있죠. 그뿐만이 아닙니다. 달도 언제나 똑같이 지구 주위를 돌고만 있는 것처럼 보이지만, 천천히 멀어져가고 있습니다. 달이 조수를 일으키고, 조수가 바다를 미미하게나마 데우면서, 달과 에너지를 교환하기 때문입니다. 시간의 흐름을 보여주는 현상이 벌어질 때마다, 언제나 열이 발생합니다. 그리고 열은 많은 변수들을 평균화한 것이죠.

열 시간이라는 아이디어는 이러한 관찰을 뒤집는 것입니다. 말하자면, 왜 시간이 열 소산消散을 낳는지를 이해하려고 하는 대신에, 왜 열 소산이 시간을 낳는지를 묻는 것입니다.

볼츠만의 천재성 덕분에, 열의 개념이 우리가 많은 변수들의 평균량과만 상호작용한다는 사실로부터 나온다는 것을 우리는 알고 있습니다. 열 시간이라는 아이디어는, 시간의 개념 또한 우리가 많은 변수들의 평균량과만 상호작용한다는 사실에서 나온다는 점에 착안한 것입니다.◆

우리가 한 물리계에 대한 완전한 기술에 치중하는 한, 물리계의 모든 변수들은 동등하며 어떤 것도 시간을 나타내지 않습니다. 그러나 우리가 물리계를 많은 변수들의 평균량을 가지고 기술하자마자, 이 평균량들이 마치 시간이 존재하는 것처럼 작동하게 됩니다. 그 시간에 따라 열이 소산되어갑니다. 우리의 일상적인 경험에서의 시간이죠.

이리하여 시간은 세계의 근본적인 구성 성분은 아니지만, 어디에나 있는 것입니다. 세계는 거대하고, 우리는 세계 속의 작은 체계로서 수많은 작은 미시적 변수들을 평균한 거시적 변수들과만 상호작용하고 있을 뿐이기 때문입니다. 우리는, 일상생활에서는, 결코 기본입자나 공간 양자와 같은 것들을 볼 수 없습니다. 우리는 돌, 해넘이, 친구의 미소를 봅니다. 그리고 우리가 보는 하나하나는 모두 무수한 기본 성분들의 모음입니다. 우리는 언제나 평균과 관계하고 있습니

◆ 전문적인 설명은 다음과 같다. 볼츠만의 통계적 상태는 해밀토니언(Hamiltonian)을 지수로 하는 위상 공간에서의 함수로 기술된다. 해밀토니언은 시간의 변화를 생성하는 연산자이다. 시간이 정의되지 않은 계에는 해밀토니언이 존재하지 않는다. 그러나 우리가 통계적 상태를 가지고 있는 경우에는, 그것에 로그 대수를 취하면 해밀토니언이 정의되고, 따라서 시간의 개념도 정의되는 것이다.

다. 그리고 평균은 언제나 평균으로 작용하죠. 열을 분산하고, 그 자체로 시간을 생성합니다.

이러한 생각을 파악하기 어려운 까닭은 우리가 시간이 없는 세계와 시간의 형성에 대해 대충이라도 생각하기가 아주 어렵다는 사실에서 비롯됩니다. 우리는 현실을 오직 시간 속에서만 존재하는 것으로 생각하는 데에 너무 익숙해져 있습니다. 우리는 시간 속에서 살아가는 존재인 것이죠. 시간 속에서 생활하고 시간을 먹고 살죠. 우리는 미시적 변수들의 평균값이 만들어낸 이 시간성의 효과입니다. 그러나 직관의 어려움 때문에 길을 잃어서는 안 됩니다. 세계를 더 잘 이해한다는 것은 종종 직관을 거슬러서 가야 한다는 것을 의미하니까요.

시간은 우리가 사물들의 물리적 미시 상태를 간과한 효과일 따름입니다. 시간은 우리가 가지고 있지 않은 정보입니다. 시간은 우리의 무지인 것입니다.

실재와 정보

왜 정보의 개념이 그처럼 핵심적인 역할을 할까요? 아마도 우리가 어떤 체계에 대해서 알고 있는 것을 그 체계 자체의 절대적인 상태와 혼동해서는 안 되기 때문입니다. 더 구체적으로 말하면, 우리가 아는 것은 언제나 우리와 체계 사이의 관계에 관한 어떤 것이기 때문입니다. 모든 지식은 본질적으로 관계입니다. 그러므로 그것은 주체와 대상에 동시적으로 의존합니다. 한 체계의 그 어떤 상태도 또 다른 물리적 체계를 명시적으로나 암묵적으로 가리킵니다. 고전역학은 이러한 단순한 진리를 무시하는 것이 가능하고, 관찰자로부터 독립적인 실재에 대한 시각을 적어도 이론적으로는 가질 수 있다고 생각했습니다. 그러나 물리학의 발전은 이러한 것이 궁극적으로 불가능하다는 것을 보여주었습니다.

주의하세요. 예를 들어 우리가 커피의 온도에 대한 "정보를 가지고 있다."고 말하거나, 각 분자의 속도에 대한 "정보를 가지고 있지 않다."고 말할 때, 우리는 어떤 심적 상태나 추상적인 관념을 이야기하는 것이 아닙니다. 그저 물리학의 법칙이 우리 자신과 온도 사이에 어떤 상관관계가 있음을(예컨대 우리가 온도계를 본 것이죠.) 규정하고, 우리 자신과 개별 분자의 속도 사이에는 상관관계가 없음을 규정한다는 말입니다. 마찬가지 의미로, 당신의 손안에 있는 하얀 바둑돌이 내 손에 있는 바둑돌도 하얀색이라는 "정보를 지니고 있다."고 말해봅시다. 이는 물리적 사실이지 심적인 개념이 아닙니다. 바둑돌은 생각을 하지 않더라도 정보를 가지고 있을 수 있습니다. 마치 컴퓨터의 USB 메모리가 생각하지는 않더라도 정보를 담고 있는 것처럼 말입니다.(USB 메모리에 쓰여 있는 기가바이트 숫자는 얼마나 많은 정보를 저장할 수 있는지를 나타내지요.) 이러한 정보, 체계들의 상태 사이의 이러한 상호작용은 우주 어디에나 존재합니다.

실재를 이해하기 위해서는, 우리가 실재에 대해서 말하는 것이 세계를 이루는 관계들의 연결망에, 즉 상호적 정보들의 연결망에 밀접하게 연관되어 있다는 사실을 명심해야만 합니다. 어쨌든 우리가 언제나 이야기하고 있는 것은 그런 것이니까요.

예를 들어 우리는 우리 주위의 실재를 여러 대상으로 쪼갭니다. 그러나 실재는 대상들로 이루어져 있지 않습니다. 그것은 변화무쌍한 흐름입니다. 우리는 이러한 가변성에 경계를 지음으로써 실재에 대해서 이야기할 수 있는 것입니다. 바다의 파도를 생각해보세요. 파도 하나는 어디에서 끝나나요? 어디에서 시작하나요? 누가 말할 수 있을까요? 하지만 파도는 실재입니다. 산을 생각해보세요. 산 하나는 어디에서 시작하나요? 어디에서 끝나나요? 땅속 어디까지가 그 산일까요? 이는 모두 의미 없는 물음입니다. 파도 하나, 산 하나는 그 자체로는 대상이 아니기 때문입니다. 그것들은 이야기를 더 쉽게 할 수 있도록 우리가 세상을 나누는 방식들입니다. 그것들의 경계는 자의적이고 관습적이며 편의적입니다. 그것들은 우리가 가진 정보를 조직하는 방식들, 아니 그보다는 우리가 가진 정보의 형식입니다.

그러나 잘 생각해보면, 그것은 살아 있는 유기체를 포함한 모든 대상에도 마찬가지입니다. 그렇기 때문에 잘라낸 손톱이 여전히 나인 건지 아니면 이미 내가 아닌 건지를 묻는 것이나, 소파 위에 떨어져 있는 우리 집 고양이의 털이 여전히 그 고양이의 일부인지 아닌지, 정확히 언제 아기의 생명이 시작되는지를 묻는 일이 무의미한 것입니다. 아이의 생명이 시작된 날은, 어떤 남자와 여자가 그 아이를 처음으로 생각한 날이거나, 아이 속에 최초의 자아상이 형성된 날이거나, 아이가 처음으로 숨을 쉰 날이거나, 자신의 이름을 알게 된 날이거나, 아니면 그 어떤 다른 관례들에 따라 정해진 날입니다. 이 모든 것은 전적으로 자의적입니다. 그것들은 사고의 방식이며 복잡성 속에서 방향을 잡는 방식입니다.

심지어 물리학의 많은 분야가 의지하고 있는 '물리적 체계'라는 개념도 그저 하나의 이상화, 실재에 대한 우리의 유동적인 정보를 조직하는 하나의 방식일 따름입니다.

살아 있는 체계는 끊임없이 자신을 재형성하며 외부 세계와 그치지 않고 상호작용하는 특별한 체계입니다. 그중에서 가장 효과적으로 작동하는 체계들만이 계속해서 존재하며, 따라서 존재하는 체계들은 그것들의 생존에 알맞은 속성들을 나타냅니다. 이러한 이유로 우리는 살아 있는 체계를 지향성과 목적을 가지고서 해석할 수 있습니다.

생물학적 세계에서 목적이란 생존에 효과적인 복잡한 형태들의 선택의 결과입니다.(이것이 다윈의 중대한 발견이죠.) 그러나 어떤 환경 속에서 존속하는 가장 효과적인 방법은 외부 세계와의 상호작용을, 즉 정보를 적절하게 관리하고 정보를 수집, 저장, 전달, 처리하는 것입니다. DNA와 면역체계, 감각 기관, 신경계, 복잡한 두뇌, 언어, 책, 알렉산드리아 도서관, 컴퓨터, 위키피디아 등이 존재하는 것도 바로 그 때문입니다. 정보 관리의 효율성을 최대화하기 위한 것이죠. 즉 상호관계에서 관리의 효율성을 최대화하기 위한 것입니다.

아리스토텔레스가 대리석 덩어리에서 보고 있는 조각상은 존재하고 실재하는 것이며, 대리석 덩어리 이상의 어떤 것이지만, 그것은 조각상 자체에 그치는 것이 아닙니다. 그것은 아리스토텔레스 또는 우리의 머리와 대리석 사이의 상호작용 속에 존재하는 어떤 것입니다. 아리스토텔레스나 우리에게 의미 있는 무언가에 관해 대리석이 제공하는 정보와 관련된 어떤 것입니다. 그것은 원반 던지는 사람, 페이디아스Pheidias, 아리스토텔레스, 대리석에 관한 아주 복잡한 어떤 것이며, 조각상의 원자들의 상호 관련된 배열 속에 그리고 이 원자들과 우리와 아리스토텔레스의 머리에 있는 수많은 다른 원자들 사이의 상관관계 속에 있는 것입니다. 이것들은 당신 손에 든 하얀 바둑돌이 내 손에 있는 바둑돌도 하얗다는 것을 알려주듯이, 원반 던지는 사람에 대해서 이야기해줍니다. 우리는 정확히 이것을, 즉 정보를 가장 잘(유지되기 가장 좋게) 관리하기 위해 선택된 구조입니다.

이는 간단한 개요일 뿐이지만, 세계를 이해하려는 현재의 시도들에서 정보 개념이 중대한 역할을 한다는 것은 분명합니다. 통신 체계의 구조에서 생물학의 유전적 기초에 이르기까지, 열역학에서 양자역학, 그리고 양자중력에 이르기까지 정보의 개념은 이해의 도구로서 점점 더 지지를 얻고 있습니다. 어쩌면 세계는 원자들의 무정형의 집합으로 이해되어야 할 것이 아니라, 오히려 이 원자들의 조합이 빚어낸 구조들 사이의 상호작용을 바탕으로 한 거울 놀이로 이해되어야 할 것입니다.

데모크리토스가 말했듯이, 단지 어떤 원자들이 있는가가 문제인 것만이 아니라 그것들이 어떤 순서로 배열되어 있는가 하는 것이 문제이기도 합니다. 원자는 알파벳 글자와 같습니다. 아주 유능해서 읽을 수도 비출 수도 심지어 자신에 관해 생각할 수도 있는 특별한 알파벳입니다. 우리는 원자가 아닙니다. 우리는 원자들이 배열된 순서입니다. 다른 원자들을 비출 수 있고 우리 자신을 비출 수 있는 그런 순서입니다.

데모크리토스는 '사람'을 이상하게 정의합니다. "사람이란 우리 모두가 아는 것이다."[2] 이는 아무 내용이 없는 어리석은 말처럼 보여 비판을 받아왔습니다만, 사실은 그렇지 않습니다.

데모크리토스 연구의 대가인 살로몬 루리아Salomon Luria, 1891~1964는 데모크리토스가 진부한 이야기를 하고 있는 것이 아님을 지적합니다. 인간의 본질은 신체의 물리적 구조가 아니라 그가 속한 개인적, 가족적, 사회적 상호작용의 연결망에 의해서 주어집니다. 바로 이것들이 우리를 '만들고' 우리를 지킵니다. '인간'으로서 우리는 우리에 관한 다른 이들의 앎, 우리 자신에 관한 우리의 앎, 우리에 관한 다른 이들의 앎에 관한 우리의 앎으로 이루어져 있습니다. 우리는 상호적 정보의 풍부한 연결망 속의 복합적인 매듭입니다. 이 모든 것은 아직은 이론입니다. 우리의 내적 세계를 더 잘 이해하려는 노력으로 우리가 걸어가고 있는 행로죠. 아직도 이해해야 할 것들이 많이 남아 있습니다. 마지막 장에서 그것들을 이야기하고자 합니다.

13

신비

진실은 깊은 곳에 있다.

— 데모크리토스[1]

지금까지 저는 오늘날까지 우리가 알게 된 것들에 비추어서 사물의 본성이라고 생각되는 바를 이야기했습니다. 기초 물리학의 몇 가지 핵심 아이디어의 성장을 빠르게 따라왔죠. 그리고 20세기 물리학의 위대한 발견들을 설명하고 양자중력 방향의 연구에서 나타나고 있는 세계상을 기술했습니다.

이 모든 것을 확신할 수 있을까요? 그렇지 않습니다.

과학의 역사의 첫머리에 있는 가장 아름다운 대목이 플라톤의《파이돈》에 등장합니다. 여기서 소크라테스는 지구의 모양을 설명합니다. 소크라테스는 지구가 구형이며 그 속에 있는 커다란 골짜기에서 사람들이 산다고 "생각한다."고 말합니다. 약간의 혼동은 있지만 꽤 맞죠. 그리고 그는 덧붙입니다. "나는 확신하지 않는다." 이 한 대목이 대화편의 나머지를 채우고 있는 영혼의 불멸에 관한 터무니없는 이야기들 전부보다 더 가치가 있습니다. 지구가 둥글다는 사실을 명시적으로 이야기한, 우리에게 전해지는 가장 오래된 문서이기 때문이라서가 아닙니다. 무엇보다도 그 대목이 빛나는 것은 플라톤이 당시 지식의 한계를 분명하게 인정하고 있다는 사실 때문입니다. 소크라테스는 말합니다. "나는 확신하지 않는다."

우리의 무지에 대한 이런 날카로운 의식이 과학적 사고의 핵심입니다. 우리 지식의 한계에 대한 바로 이러한 의식 덕분에 우리가 세계에 관해서 그렇게 많은 것을 알게 된 것입니다. 소크라테스가 지구가 구형임을 확신하지 않았듯이 오늘날 우리도 우리가 짐작하는 모든 것을 확신하지 않으며, 지식의 가장자리에 놓여 있는 것을 탐구하고 있습니다.

지식의 한계에 대한 의식은, 우리가 아는 것 혹은 우리가 안다고 믿는 것이 부정확하거나 틀린 것으로 밝혀질 수도 있다는 의식이기도 합니다. 우리가 믿고 있는 것이 틀릴 수도 있다는 사실을 마음에 품고 있어야만 우리는 그것에서 벗어날 수 있고 더 많이 배울 수 있습니다. 무언가를 더 많이 배우기 위해서는, 가장 뿌리 깊은 믿음까지 포함하여 우리가 알고 있다고 생각하는 것이 틀릴지도, 너무 순진한 것일지도, 조금 어리석은 것일지도 모른다는 사실을 받아들이는 용기를 가져야만 합니다. 플라톤의 동굴 벽에 비친 그림자들인 것이죠.

과학은 이러한 겸손의 실행으로부터 태어납니다. 자신의 직관을 맹목적으로 믿지 말라. 모든 사람이 말하는 것을 믿지 말라. 선조들이 축적해온 지식을 믿지 말라. 만일 우리가 본질적인 것을 이미 알고 있다고 생각한다면, 본질적인 것은 책에 이미 쓰여 있고 어르신들의 가르침 속에 이미 들어 있다고 생각한다면, 우리는 아무것도 배우지 못합니다. 사람들이 자신들의 믿음에 확신을 가졌던 시기가 있었지요. 그 수 세기 동안에는 모든 것이 정체되어 있었고 아무도 새로운 것을 배우지 못했습니다. 아인슈타인과 뉴턴과 코페르니쿠스가 선조들의 지식을 맹목적으로 믿었다면, 그것에 의문을 제기하지 않았을 테고, 우리의 지식을 진전시키지 못했을 것입니다. 아무도 의심을 제기하지 않았다면, 우리는 여전히 파라오를 숭배하고 거대한 거북이가 지구를 떠받친다고 생각하고 있을지도 모릅니다. 아인슈타인이 보여주었듯, 심지어 뉴턴이 발견한 것과 같은 가장 효과적인 지식조차도 결국 순진한 믿음에 불과했음이 증명될 수도 있습니다.

때로 과학은 모든 것을 설명하노라 자처한다는 비난을 받습니다. 과학자로서는 참 재미있는 비난입니다. 전 세계의 실험실에서 일하는 모든 연구자들이 알고 있듯이, 실상은 그 반대거든요. 과학을 한다는 것은 하루하루 자신의 한계와 씨름하며 알지 못하는 수많은 것들, 할 수 없는 수많은 일들과 대결하는 것을 의미합니다. 모든 것을 설명한다고 자처하기는요! 우리는 내년에 세른에서 어떤 입자를 보게 될지, 다음번에 망원경이 무엇을 보여줄지, 어떤 방정식이 세계를 참되게 기술할지를 모릅니다. 우리가 가지고 있는 방정식을 푸는 법을 모르기도 하고, 심지어 때로는 그 방정식이 의미하는 바를 이해하지 못하기조차 합니다. 우리는 우리가 연구하는 이 아름다운 이론이 정말로 옳은지를 알지 못합니다. 빅뱅 너머에 무엇이 있는지 모릅니다. 폭풍, 박테리아, 눈, 우리 몸의 세포들, 그리고 우리 자신의 생각이 어떻게 작동하는지 모릅니다. 과학자는 자신의 수많은 한계와 이해의 한계에 딱 붙어서 지식의 가장자리에서 살아가는 사람입니다.

그런데 우리가 아무것도 확신할 수 없다면, 과학이 말해주는 것에 어떻게 의지할 수 있는 것일까요? 대답은 간단합니다. 과학을 신뢰할 수 있는 것은, 그것이 확실한 대답을 주기 때문이 아닙니다. 과학을 신뢰할 수 있는 까닭은, 현재 우리가 가진 최선의 대답을 주기 때문입니다. 지금까지 찾아낸 최선의 대답 말입니다. 과학은 우리가 대면하고 있는 문제들에 관해 우리가 아는 최선의 것을 반영합니다. 과학이 배움에 열려 있고 기존의 지식에 의문을 던진다는 바로 그 사실 때문에, 과학이 제시하는 답이 우리가 손에 넣을 수 있는 최선의 것임이 보장됩니다. 더 나은 답이 발견되면, 그 새로운 답이 과학이 되는 것이죠. 아인슈타인이 더 나은 답을 찾아, 뉴턴이 틀렸음을 보여주었을 때, 그는 가능한 최선의 답을 주는 과학의 능력을 의문시한 것이 아니었습니다. 오히려 그 반대로 그는 그 능력을 확인한 것이었죠.

그러므로 과학의 답은 확정적이기 때문에 신뢰할 수 있는 것이 아닙니다. 현재 얻을 수 있는 최선의 답이기 때문에 신뢰할 수 있는 것입니다. 그리고 그 답이 우리가 가진 최선의 답인 까닭은, 우리가 그 답을 확정적이라고 여기지 않고, 언제나 개선 가능성을 열어놓고 있기 때문입니다. 바로 이러한 무지에 대한 의식이 과학에 특별한 신뢰성을 부여하는 것입니다.

그리고 우리에게 필요한 것은 확실성이 아니라 신뢰성입니다. 왜냐하면 우리에게 진정한 확실성은 없고, 우리가 어떤 것을 맹목적으로 믿지 않는 한 우리는 결코 확실성을 가지지 못할 것이기 때문입니다. 가장 신뢰할 수 있는 대답은 과학적인 답입니다. 과학은 확실한 해답이 아니라 가장 신뢰할 수 있는 답을 찾는 일이기 때문입니다.

과학이라는 모험은, 그 뿌리는 기존의 지식에 두고 있어도 그 영혼은 변화 속에 있습니다. 제가 지금까지 풀어낸 이야기 속의 과학은 그 뿌리는 수천 년 전까지 닿아 있고, 온갖 생각을 유산으로 받아왔지만, 동시에 더 나은 무언가가 발견될 때에는 기존의 것을 내던져버리는 데에 주저함이 없었습니다. 과학적 사고의 본성은 모든 선험적 사고와 모든 숭배와 손대서는 안 되는 모든 진리 따위를 참지 못하는 비판적이고 반항적인 태도입니다. 지식에 대한 탐구는 확실성을 먹고 자라나지 않습니다. 확실성의 근본적인 결여를 먹고 자라납니다.

이는 진리를 소유하고 있노라고 말하는 이들을 신뢰하지 않는다는 것을 의미합니다. 이 때문에 과학과 종교가 종종 충돌하게 되는 것이죠. 과학이 최종적인 해답을 알고 있다고 자처하기 때문이 아니라, 정확히 그 반대로, 궁극적인 해답을 알고 있고 '진리'에 도달하는 특전을 가지고 있다고 말하는 사람들을 과학 정신은 불신하기 때문입니다.

우리 지식의 실질적인 불확실성을 받아들이는 것은 무지가 가득한, 따라서 신비가 가득한 삶을 받아들인다는 것을 의미합니다. 우리가 대답을 알지 못하는(아마도 아직 모르는 것이겠지만, 아니면 누가 알겠습니까? 우리가 영원히 모를 수도 있을) 물음들과 더불어 살아가는 것이죠.

불확실성 속에서 살아가는 것은 어려운 일입니다. 한계를 깨닫고 불확실성 속에서 살아갈 바에야, 차라리 근거가 없더라도 확실성 쪽이 좋다는 사람들이 있습니다. 알고 싶은 것을 모두 다 알지는 못한 채로 살아가기를 받아들이기보다, 진실에의 용기를 받아들이기보다, 조상들이 믿어왔다는 단지 그 이유 때문에 어떤 이야기를 믿는 사람들도 있습니다.

무지는 두려운 것일 수 있죠. 두려움 때문에 우리는 위안을 주는, 불안을 달래주는 이야기를 할 수도 있습니다. 저 별들 너머에 마법의 정원이 있고 두 팔 벌려 우리를 맞아줄 인자한 아버지가 계신다는 이야기 같은 것을요. 이것이 사실인지는 중요하지 않습니다. 위안을 준다는 것이 중요하죠. 그래서 우리는 배움의 열망을 지워버리는 이런 이야기를 믿겠다고 결정할 수도 있는 겁니다.

이 세상에는 궁극적인 해답을 준다고 자처하는 사람들이 항상 있습니다. 실제로 세상은 '진리'를 안다고 말하는 사람들로 가득합니다. 조상으로부터 배웠기 때문에, 위대한 책에서 읽었기 때문에, 신에게서 직접 받았기 때문에 그렇다는 겁니다. 자기 안의 깊은 곳에서 찾았기 때문이라는 사람도 있습니다. '진리'를 갖고 있다고 자처하면서, 곤란한 문제에 부딪힌 사람에게 온갖 위안의 해답을 내놓기에 바쁜 사람과 조직은 늘 있어왔습니다. "두려워 말라, 그대를 사랑하는 사람이 있노라." '진리'의 보유자라고 자처하면서 세상에는 서로 다른 나름의 '진리'를 지닌 다른 진리 보유자들이 잔뜩 있다는 사실에 눈을 감는 사람도 늘 있어왔습니다. 하얀 옷을 입고 이렇게 이야기하는 예언자가 항상 있죠. "나의 말을 들으라, 내가 곧 진리다."

저는 그런 이야기들을 믿고 싶어 하는 사람들을 비판하려는 것이 아닙니다. 저마다 자신이 원하는 것을 믿을 자유가 있고 자신의 판단에 따라 원하는 일을 할 자유가 있으니까요. 질문을 던지기를 두려워하는 사람들은 아우구스티누스가 전하는 말을 따르는 것일 수도 있겠습니다. 아우구스티누스는 하느님이 세상을 창조하기 전에 무엇을 하고 있었을까, 하는 물음에 대해서 그가 들었던 대답 하나를 다소 농담조로 보고합니다. "깊은 신비를 조사하려는 너 같은 자들을 위해 지옥을 만들고 계셨다."[2] 이 장의 첫머리에 인용된 데모크리토스의 말에도 똑같이 '깊은'이 나오지만, 이 '깊은'은 우리에게 가서 진리를 찾으라고 말합니다.

저로서는, 우리의 무지를 직시하고 받아들여 그 너머를 보려고 하고, 우리가 이해할 수 있는 것을 이해하려고 노력하는 쪽이 더 좋습니다. 무지를 받아들이는 것이 미신과 편견에 빠지지 않는 길이기 때문만이 아니라, 무지를 받아들이는 것이 가장 진실하고 가장 아름다우며 무엇보다 가장 정직한 길이라고 생각되기 때문입니다.

더 멀리 보려고 더 멀리 가려고 노력하는 것, 그것은 삶을 의미 있게 만드는 놀라운 것들 가운데 하나인 것 같습니다. 사랑을 하는 것처럼, 하늘을 바라보는 것처럼 말입니다. 배우고 발견하고 싶은 호기심, 언덕 너머를 보고 싶은 바람, 사과를 맛보고 싶은 바람이 우리를

13-1 양자중력을 직관적으로 나타낸 그림

인간으로 만들어주는 것입니다. 단테의 율리시스가 동료들에게 말하는 구절에서처럼, 우리는 "짐승처럼 살기 위해서가 아니라 탁월성과 앎을 추구하기 위해 살도록" 만들어졌기 때문입니다.

세계는 조상들이 우리에게 해준 그 어떤 이야기보다도 더 특별하고 심오합니다. 우리는 가서 그것을 보고 싶습니다. 불확실성을 받아들이는 것은 신비감을 없애지 않습니다. 오히려 그 반대죠. 우리는 세계의 신비와 아름다움에 푹 빠져 있는 것입니다. 양자중력이 드러내 보여주는 세계는 새롭게 기묘하고 신비로 가득 차 있으면서도, 단순하고 투명한 아름다움을 지닌 정합적인 세계입니다.

그것은 공간 속에 존재하지 않으며 시간 속에서 펼쳐지지 않는 세계입니다. 상호작용하는 양자장들로만 이루어진 세계, 그 장들이 무리를 지어 상호작용하는 조밀한 연결망을 통해 공간, 시간, 입자, 파동, 빛을 만들어내는 그런 세계입니다.(그림 13-1)

이어져가네,

이어져가네, 가득하니 죽음과 삶

여린데 맞서는, 뚜렷한데 모르겠는.

그리고 시는 계속됩니다.

이 망루의 눈길을 아주 붙잡네.[3]

무한이 없는 세계, 최소 크기가 존재해서 그 이하로는 아무것도 없기 때문에 무한하게 작은 것이 존재하지 않는 세계. 공간의 양자가 시공 거품과 섞이고, 세계의 영역들 사이의 상관관계를 엮어내는 상호적인 정보로부터 사물의 구조가 태어납니다. 우리가 일련의 방정식으로 기술하는 법을 알고 있는 세계입니다. 어쩌면 수정을 해야겠지만 말이죠.

여전히 밝히고 탐구해야 할 것들이 남아 있는 광대한 세계입니다. 제가 가진 가장 아름다운 꿈은 이 책을 읽는 젊은 독자 중의 누군가가 항해를 떠나 빛을 밝히고 발견해내는 것입니다. 저 언덕 너머에 아직 탐험해보지 못한 또 다른 더 큰 세계가 기다리고 있으니까요.

감수의 글

저자 카를로 로벨리(Carlo Rovelli)는 이탈리아 태생의 물리학자로, 양자이론과 중력이론(일반상대성이론)을 결합하여 '루프양자중력'이라는 신개념을 만들고 우주의 본질을 새롭게 규명한 현대 우주론의 대가다. 특히 우주의 공간과 시간에 관해, 지금까지 정설로 받아들여진 아인슈타인의 일반상대성이론의 주장을 뛰어넘는, 공간과 시간의 양자적 본성에 관한 연구를 주도하고 있다. 그의 이러한 우주 탐구는 이미 일반인들에게도 알기 쉽게 소개됐는데, 바로 이탈리아에서 2014년에 출간된 이래 세계적인 베스트셀러가 된 《모든 순간의 물리학》이 그것이다.

이 책 《보이는 세상은 실재와 다르다Reality Is Not What It Seems》는 《모든 순간의 물리학》보다 앞서 2014년 초에 쓰인 책이다. 이 책에서 카를로 로벨리는 우리에게 보이는 것과 다른 사물의 근본 구조와 공간 및 시간에 대한 새로운 통찰을 바탕으로 양자 우주로의 여행을 떠난다. 사실 《모든 순간의 물리학》은 이 책의 내용을 간략하게 종합한 요약본이라 할 수 있다. 《모든 순간의 물리학》에서 나아가 더 많은 것을 알고 싶은 독자라면, 양자 우주로 더 깊은 여행을 떠나고 싶은 독자라면, 이 책이 더 많은 것을 안내해줄 것이다.

카를로 로벨리는 "이 책은 동료 물리학자들이 모두 동의하는 확실한 사실들에 관한 책이 아니다." "미지의 우주를 향해 나아가는 모험에 관한 책이다. 그것은 실재에 대한 우리의 제한되고 편협한 시각에서 벗어나, 사물의 근본 구조에 대한 점점 더 광대한 이해로 향해가는 여행이다."라고 스스로 밝히고 있다. 놀랍게도 이 여행의 첫 출발지는 고대 그리스다. 오늘날 우주를 탐구하는 물리학자들이 그토록 관심을 갖고 있는 사물의 구조, 우주의 공간과 시간에 관한 이야기가 고대 그리스의 자연철학자들에 의해 매우 뜻깊게 시작됐기 때문이다. 이어 카를로 로벨리의 여행은 현대 물리학과의 만남으로 이어진다. 뉴턴과 맥스웰의 고전 물리학을 거치고 아인슈타인의 상대성이론과 보어의 양자이론을 만나면서, 사물의 근본 구조와 시간과 공간의 실재성에 관한 기존의 편협한 시각에서 벗어날 수 있을 것으로 보았기 때문이다. 마지막으로 카를로 로벨리는 양자 우주라는 미지의 세계를 향한 힘든 여행을 준비한다. 시간은 존재하지 않고 공간은 알갱이화되어 있는, 우리 눈에 보이는 것이 진정한 실재가 아닌 미지의 세계로 향하는 여행이다. 무엇 하나 확실한 것은 없지만, 상호 무한한 신뢰를 바탕으로 우주의 본질에 관한 최선의 대답을 찾기 위함이다.

이 여행을 함께하다 보면 독자들은 놀라운 체험을 하게 될 것이다. 가장 난해하고 복잡한 최근의 물리학 이론들에 근거한 양자 우주를 이해하기 위해, 그리스 철학, 갈릴레이에서 아인슈타인까지의 과학의 역사, 단테의 《신곡》을 포함한 다양한 문학 작품들, 성당의 모자이크나 그림 등 예술 작품들을 함께 만나게 되기 때문이다. 일반인들에게 가장 최첨단의 물리 이론을 이해시키기 위한 카를로 로벨리만의 뜨거운 열정을 느낄 수 있을 것이다. 그런 의미에서 이 책은 《모든 순간의 물리학》과 마찬가지로, 현대 물리학을 모르는 사람들을 위한 간결하면서도 의미 있는 우주 이해의 좋은 길잡이가 될 것이라 확신한다.

이중원 (서울시립대 교수·과학 철학)

주석

01

1 밀로토스학파, 특히 아낙시만드로스의 과학 사상에 대해서는, Carlo Rovelli, *Che cos'è la scienza. La rivoluzione di Anassimandro*, Mondadori, Milano 2012.[국역본: 《첫 번째 과학자, 아낙시만드로스: 과학적 사고의 탄생》, 이희정 옮김, 푸른지식, 2017.]

2 레우키포스가 밀레토스 출신임을 심플리키우스가 보고하고 있지만(M. Andolfo, *Atomisti antichi. Frammenti e testimonianze*, Rusconi, Milano 1999, p. 103 참고), 확실치는 않다. 엘레아 출신이라는 보고도 있다. 밀레토스와 엘레아라는 언급은 레우키포스 사상의 문화적 뿌리와 관련해서 의미심장하다. 레우키포스가 엘레아의 제논에게 진 사상적 빚은 이어지는 절에서 다룰 것이다.

3 Seneca, *Naturales questiones*, VII, 3, 2d.

4 Cicero, *Academica priora*, II, 23, 73.

5 Aristoteles, *De generatione et corruptione*, A1, 315b 6 참고.

6 원자론에 대한 고대의 단편들과 증언들의 모음으로는 M. Andolfo, *Atomisti antichi*, 앞의 책. Salomon Luria는 데모크리토스에 관한 단편들과 증언들의 아름답고 멋진 모음집을 펴냈다(Democrito, *Raccolta dei frammenti*, tr. it. Bompiani, Milano 2007).

7 데모크리토스의 인본주의를 조명한 간략하고 흥미로운 최근의 저작으로 S. Martini, *Democrito: filosofo della natura o filosofo dell'uomo?*, Armando, Roma 2002.

8 플라톤, 《파이돈》, 97e.[국역본: 《파이돈》, 전헌상 옮김, 이제이북스, 2013.]

9 Richard Feynman, *The Feynman Lectures on Physics*, Vol. 1, eds. Robert Leighton and Matthew Sands (London, Basic Books, 2011).[국역본: 리처드 파인만, 《파인만의 물리학 강의 Volume 1》, 박병철 옮김, 승산, 2004.]

10 아리스토텔레스《생성소멸론(*De generatione et corruptione*)》A2, 316a 참고.

11 제논의 역설과 그 철학적 수학적 관련성에 관한 좋은 설명으로는 V. Fano, *I paradossi di Zenone*, Carocci, Roma 2012.

12 루크레티우스, 《사물의 본성에 관하여(*De rerum natura*)》, V. 76 이하.[국역본: 강대진 옮김, 《사물의 본성에 관하여》, 아카넷, 2012.]

13 같은 책, II, 990 이하.

14 같은 책, I, 6 이하.

15 같은 책, II, 16 이하.

16 Guido Cavalcanti, *Rime*, Ledizioni, Milano, 2012.

17 루크레티우스 저작의 재발견과 유럽 문화에 미친 영향에 관해서는 S. Greenblatt, *The Swerve: How the World Became Modern*, W.W. Norton, New York, 2011.[국역본: 스티븐 그린블랫, 《1417년, 근대의 탄생: 르네상스와 한 책 사냥꾼 이야기》, 이혜원 옮김, 까치, 2013.]

18 M. Camerota, 'Galileo, Lucrezio e l'atomismo', F. Citti, M. Beretta (eds.), *Lucrezio, la natura e la scienza*, Leo S. Olschki, Firenze 2008, pp. 141-175 참고.

19 R. Kargon, *Atomism in England from Hariot to Newton*, Oxford University Press, Oxford 1966 참고.

20 윌리엄 셰익스피어, 《로미오와 줄리엣》, 1막 4장.

21 루크레티우스,《사물의 본성에 관하여》, II, 112 이하.

22 피에르조르조 오디프레디(Piergiorgio Odifreddi)는 학교에서 사용하기 위한 루크레티우스의 저작에 관한 훌륭한 번역과 주석을 출간하였다(*Come stanno le cose. Il mio Lucrezio, la mia Venere*, Rizzoli, Milano 2013). 학교에서 이 책을 채택하고 이 특별한 저작이 더 널리 알려지면 좋을 것이다. Odifreddi에 정면으로 반대하는 독해로는 다음을 보라. V.E. Alfieri, *Lucrezio*, Le Monnier, Firenze 1929. 이 책은 작품의 시적인 강렬함을 강조하고 저자를 아주 고귀하면서도 신랄한 인물로 그리고 있다.

23 H. Diels, W. Kranz, eds., *Die Fragmente der Vorsokratiker*, Weidmann, Berlin 1903, 68 b 247.

02

1 Iamblichus Chalcidensis, *Summa pitagorica*.

2 Newton, *Opticks*(1704).

3 Isaac Newton, *Letters to Bentley* (Montana, Kessinger, 2010). H. S. Thayer, *Newton's Philosophy of Nature* (New York, Hafener, 1953), p. 54에서 인용.

4 같은 책.

5 Michael Faraday, *Experimental Researches in Electricity*, Bernard Quaritch, London, 1839-1855, 3 voll., pp. 436-437.

03

1 Simplicius, *Aristotelis Physica*, 28, 15.

2 플루타르코스(Plutarchus), *Adversus colotem*, 1109A6-9. 'φύσις'는 '자연'을 의미하며 '어떤 것의 본성'이라는 뜻을 담고 있다.

3 A. Calaprice, *Dear Professor Einstein. Albert Einstein's Letters to and from Children*, Prometheus Books, New York 2002, p. 140.

4 힐베르트가 연구하고 있었던 괴팅겐에는 당시 가장 유명한 기하학 학교가 있었다.

5 이 편지는 A. Fölsing, *Einstein: A Biography*, Penguin, London 1998, p. 337에 인용되어 있다.

6 E P. De Ceglia (eds.), *Scienziati di Puglia: secoli v a.C.-XXI, Parte 3*, Adda, Bari 2007, p. 18.

7 A. Calaprice, *Dear Professor Einstein*, 앞의 책, p. 208.

04

1 A. Einstein, 'Über einen die Erzeugung und Verwandlung des Lichtes betreffenden heuristischen Gesichtspunkt', in *Annalen der Physik*. 17, pp. 132~148.

2 자폐증적인 특징은 과학자들 사이에 꽤 퍼져 있다.(물론 그들은 아주 사교적이고 훌륭한 과학자들이긴 하다.) 아스퍼거 증후군이라고도 불리는 약한 형태의 자폐증은 일상생활에는 (크게) 지장이 없다. 심리학자들은 자폐적 상태와 과학적 능력 사이의 관계를 연구해왔다.(예를 들어 Baron-Cohen et al., 'The autism-spectrum quotient (AQ): Evidence for Asperger syndrome/high-functioning autism, males and females, scientists and mathematicians', in *The journal of Autism and Developmental Disorders*, 31, 1, 2001, pp. 5-17을 보라.) 과학 연구는 특히 이론적인 연구는 자신의 생각을 강력하게 밀고 가는 능력뿐만 아니라 커다란 집중력을 요한다. 이런 재능은 자폐적 성격에서 흔히 찾아볼 수 있는데, 그 바람에 종종 공감 능력과 사회성이 부족하게 되기도

한다. 사람들의 기이한 점을 고치려다가 개성을 없애버려 자신의 재능을 발휘하지 못하도록 만드는 일이 종종 있다.

3 디랙의 당혹스러운 성격에 대해 잘 서술한 훌륭한 전기로는, Graham Farmelo, *The Strange Man: The Hidden Life of Paul Dirac*, Basic Books, 2009.

4 루크레티우스《사물의 본성에 관하여》, 2권 218행.

5 양자역학의 이러한 관계적 해석에 대한 깊은 논의는 (훌륭한) 온라인 백과사전인 *The Stanford Encyclopedia of Philosophy*의 'Relational quantum mechanics' 항목을 보라. http://plato.stanford.edu/achives/win2003/entries/rovelli/ 혹은 C. Rovelli, 'Relational Quantum Mechanics', *International Journal of Theoretical Physics*, 35, 1637, 1996, http://arxiv.org/abs/quant-ph/9609002.

6 B. van Fraassen, 'Rovelli's world', In *Foundations of Physics*, 40, 2010, pp. 390-417; M. Bitbol, *Physical Relations or Functional Relations? A Non-metaphysical Construal of Rovelli's Relational Quantum Mechanics*, Philosophy of Science Archives, 2007, http://philsci-archive.pitt.edu/3506/; M. Dorato, *Rovelli's Relational Quantum Mechanics, Monism and Quantum Becoming*, Philosophy of Science Archives, 2013, http://philsci-archive.pitt.edu/9964/, and *Che cos'è il tempo? Einstein, Gödel* e *l'esperienza comune*, Carocci, Roma 2013.

05

1 장의 측정 가능성에 관한 닐스 보어와 레온 로젠펠트의 유명한 작업은 'Det Kongelike Danske Videnskabernes Selskabs', in *Mathematiks-fysike Meddelelser*, 12, 1933.

2 Matvei Bronštejn, 'Quantentheorie schwacher Gravitationsfelder', in *Physikalische Zeitschrift der Sowjetunion*, 9, 1936, 140~57. 그리고 'Kvantovanie gravitatsionnykh voln', in *Pi'sma v Zhurnal Eksperimental'noi I Teoreticheskoi Fiziki*, 6, 1936, 195~236 참고.

3 E Gorelik, V. Frenkel, *Matvei Petrovich Bronštein and Soviet Theoretical Physics in the Thirties*, Birkhauser Verlag, Boston 1994. 참고. "Bronštejn"은 트로츠키의 진짜 성이기도 하다.

4 휠러 자신의 목소리로 이 비유를 들을 수 있다. http://www.webofstories.com/play/9542?o=MS.

5 브라이스 드위트가 이 일화를 회상하고 있는 사이트. http://www.aip.org/history/ohilist/23199.html.

07

1 《사물의 본성에 관하여》 I, 462-463.

2 그레그 이건(Greg Egan)의 허가 하에 게재함.

3 "[…] 모든 다른 기본입자들은 하나의 보편적인 물질로 환원될 수 있는데, 이는 에너지 혹은 물질 어느 쪽으로 불러도 된다. 그리고 어떤 입자도 다른 입자보다 우선하지 않으며 더 근본적인 것으로 여겨서도 안 된다. 이러한 관점은 아낙시만드로스의 교의에 상응하며, 나는 현대 물리학에서 이것이 올바른 관점이라고 확신한다." 베르너 하이젠베르크,《물리학과 철학: 현대과학의 혁명》, (뉴욕, 하퍼 앤 로, 1962).

4 윌리엄 셰익스피어,《한여름 밤의 꿈》, 5막 1장.

08

1 루뱅 조르주 르메트르 기록보관소 저작권 소유.

2 바티칸 웹사이트에 연설문이 있다.
http://www.vatican.va/holy_father/pius_xii/speeches/1951/documents/hf_p-xii_spe_9511122_di-serena_it.htmltop.

3 S. Singh, *Big Bang*, HarperCollins, London 2010, p. 362. 참고.

4 프란체스카 비도토(Cortesia Francesca Vidotto)의 허락 하에 게재.

09

1 A. 아쉬테카, I. 아구요, W. 넬슨의 허가를 받아 게재.

12

1 이 두 가정에 대한 상세한 논의는 C. Rovelli, 'Relational Quantum Mechanics', in *International Journal of Theoretical Physics*, 35, 1637, 1996, http://arxiv.org/abs/quant.ph/9609002.

2 Cicero, *Academica priora*, II, 23, 73.

13

1 디오게네스 라에르티우스(Diogenes Laertius), 《유명한 철학자들의 생애와 가르침》에서 인용.

2 Augustinus, *Confessiones*, XI, 12[국역본, 최민순 옮김, 《고백록》, 바오로딸, 2010.]

3 M. Luzi, *Dalla torre*, in Dal fondo delle campagne, Einaudi, Torino, 1965, p. 214.

참고문헌

Alfieri, V.E., *Lucrezio*, Le Monnier, Firenze 1929.

루크레티우스의 성격과 시에 대한 낭만적 해석. 매력적이긴 하지만 인물 재구성은 아주 신뢰할만하지는 않다. 그러나 시적 감수성만큼은 훌륭하다. 이와 반대편에 있는 해석을 Odifreddi가 제시하고 있다(아래를 참고).

Andolfo, M. (ed.), *Atomisti antichi*. *Frammenti e testimonianze*, Rusconi, Milano, 1999.

고대 원자론에 관한 포괄적인 모음집. 언어적 비유의 중요성을 강조한 서론이 흥미롭다.

Aristoteles, *La generazione e la corruzione*, Tr. it. Bompiani, Milano, 2013.

데모크리토스의 사상에 관한 정보를 끌어낼 수 있는 아리스토텔레스의 저작.

Bitbol, M., *Physical Relations or Functional Relations? A Non-metaphysical Construal of Rovelli's Relational Quantum Mechanics*, Philosophy of Science Archives, 2007, http://philsci-archive.pitt.edu/3506/.

관계적 양자역학에 관한 칸트적인 해석과 주석.

Baggott, J., *The Quantum Story: A History in 40 Moments*, Oxford University Press, New York, 2011.

오늘날까지 양자역학의 주요 발전 단계에 대한 아름답고 완벽한 재구성. [국역본: 짐 배것, 《퀀텀스토리(양자역학 100년 역사의 결정적 순간들)》, 박병철 옮김, 반니, 2014]

Bojowald, M., *Once Before Time: A Whole Story of the Universe*, New York, Alfred A. Knopf, 2010. [국역본: 마르틴 보요발트, 《빅뱅 이전: 시간과 공간, 그리고 우주는 어떻게 만들어졌는가》, 곽영직 옮김, 김영사, 2011.]

루프양자중력을 우주의 기원에 적용하는 문제를 설명하고 있다. 저자 자신이 처음 적용한 이들 중의 한 사람이다. 빅뱅 이전에 일어났을 수도 있는 우주의 '빅 바운스'에 관한 해설도 담겨 있다.

Calaprice, A., *Dear Professor Einstein*. *Albert Einstein's Letters to and from Children*. Prometheus Books, New York, 2002.

아인슈타인과 여러 어린이들 사이에 오간 재미있는 편지들 모음.

Democritus, *Raccolta dei frammenti*. Interpretazione e commentario di S. Luria. Tr. it. Bompiani, Milano, 2007.

데모크리토스에 관한 단편들과 증언들의 완전한 모음집.

Diels, H., Kranz, W. (eds.), *Die Fragmente der Vorsokratiker*. Weidmann, Berlin, 1903.

G. Reale, *I presocratici*. *Bompiani*, Milano 2006.

고대 그리스 사상가들에 관한 단편과 증언들에 대한 고전적 참고문헌.

Dorato, M., *Rovelli's Relational Quantum Mechanics, Monism and Quantum Becoming*. Philosophy of Science Archives, 2013, http://philsci-archive.pitt.edu/9964/.

양자역학의 관계적 해석에 관한 이탈리아 철학자의 논의.

Dorato, M., *Che cos'e il tempo? Einstein, Godel e l'esperienza comune*. Carocci, Roma, 2013.

특수상대성이론을 중심으로 한, 아인슈타인이 수정한 시간 개념에 관한 정확하고 완벽한 논의.

Fano, V., I *paradossi di Zenone*. Tr. it. Carocci, Roma, 2012.

제논 패러독스가 제기하는 문제의 현실성을 강조하는 훌륭한 저작.

Farmelo, G., *The Strangest Man: The Hidden Life of Paul Dirac, Quantum Genius*, London, Faber, 2009.

아인슈타인 이후의 위대한 물리학자들의 삶과 당혹스러운 성격에 대해 포괄적이면서도 잘 읽히는 설명을 제시하는 책.

Feynman, Richard, *The Feynman Lectures on Physics*, eds. Richard B. Leighton and Matthew Sands (3 vols.), London, Basic Books, 2011. [국역본: 리처드 파인만, 《파인만의 물리학 강의》 Volume 1-3, 박병철 옮김, 승산, 2004-9.]

미국의 위대한 물리학자의 기초물리학 강의록. 지성으로 번뜩이는 독창적이고 생생한 저서. 물리학에 관심이 있는 학생이라면 놓치지 말고 읽어야 할 책이다.

Fölsing, A., *Albert Einstein: A Biography*, Penguin, New York, 1998.

폭넓고 완전한 아인슈타인 전기.

Gorelik, G., Frenkel, V., *Matvei Petrovich Bronstein and Soviet Theoretical Physics in the Thirties*, Birkhauser Verlag, Boston, 1994.

양자중력 연구를 시작했고 스탈린에 의해 처형된 젊은 러시아 물리학자 브론슈테인에 관한 역사적 연구.

Greenblatt, S., *The Swerve: How the World Became Modern*, W.W. Norton, New York, 2011. [국역본: 스티븐 그린블랫, 《1417년, 근대의 탄생: 르네상스와 한 책 사냥꾼 이야기》, 이혜원 옮김, 까치, 2013.]

루크레티우스의 재발견이 근대 세계의 태동에 미친 영향을 재구성한 책.

Heisenberg, W., *Fisica e filosofia*, Tr. it. il Saggiatore, Milano, 1961. [국역본: 베르너 하이젠베르크, 《하이젠베르크의 물리학과 철학》, 구승회 옮김, 온누리, 2011.]

양자역학의 진정한 창시자가 과학 철학의 일반적 문제에 대해 성찰한다.

Kumar, M., *Quantum: Einstein, Bohr and the Great Debate about the Nature of Reality*, Icon Books, London, 2009. [국역본: 만지트 쿠마르, 《양자 혁명 – 양자물리학 100년사》, 이덕환 옮김, 까치, 2014.]

양자역학의 탄생과 특히 이 새 이론의 의미에 대한 보어와 아인슈타인 사이의 긴 대화에 대한 상세하고 아름다운 설명.

Lucretius, *La natura delle cose*, Tr. it. Rizzoli, Milano, 1994. [국역본: 루크레티우스, 《사물의 본성에 관하여》, 강대진 옮김, 아카넷, 2012.]

고대 원자론의 발상과 정신을 전해주는 주요 저작.

Martini, S., *Democrito: filosofo della natura o filosofo dell'uomo?* Armando, Roma, 2002.

자연과학자이자 인본주의자로서의 데모크리토스의 이중적 면모를 조명하는 학교용 교과서

Newton, I., *Il sistema del mondo*, Tr. it. Boringhieri, Torino, 1969.

뉴턴의 잘 알려지지 않은 저작. 이 책에서 뉴턴은 그의 위대한 저작(《프린키피아》)에서보다 훨씬 덜 전문적인 방식으로 보편적 중력이론을 설명한다.

Odifreddi, P, *Come stanno le cose, Il mio Lucrezio, la mia Venere*, Rizzoli, Milano, 2013.

루크레티우스의 시의 아름다운 번역. 폭넓은 주석이 달려 있으며 루크레티우스의 과학적이고 현대적인 면모를 강조한다. 이상적인 학교 교과서. Alfieri와 거의 반대되는 해석이 흥미롭다.(위를 참고.)

Platon, *Fedone o sull'anima*, Tr. it. Feltrinelli, Milano, 2007. [국역본: 《파이돈》, 전헌상 옮김, 이제이북스, 2013.]

지구가 구형임을 명시적으로 말하는 현존하는 가장 오래된 문헌.

Rovelli, C, 'Relational quantum mechanics', In *International Journal of Theoretical Physics*, 35, 1637, 1996, http://arxiv.org/abs/quant-ph/9609002.

양자역학의 관계적 해석을 소개하는 논문.

Rovelli, G, *Che cos'e il tempo? Che cos'e lo spazio?*, Di Renzo, Roma, 2000.

나의 개인적인 과학적 여정을 되짚어보고 이 책에서 자세히 논의된 몇 가지 아이디어들의 탄생을 간단히 설명한 긴 인터뷰의 기록.

Rovelli, C, 'Relational quantum mechanics', In *The Stanford Encyclopedia of Philosophy*, http://plato.stanford.edu/archives/win2003/entries/rovelli/.

양자역학의 관계적 해석을 사전의 항목으로 요약한 글.

Rovelli, C, *Quantum Gravity*, Cambridge University Press, Cambridge, 2004.

양자중력에 관한 전문서. 물리학의 배경이 없는 이에게는 추천하지 않는다.

Rovelli, C, 'Quantum gravity', in Butterfield, J., Earman, J. (eds.), *Handbook of the Philosophy of Science, Philosophy of Physics*, Elsevier/North-Holland, Amsterdam 2007, pp. 1287-1330.

철학자들을 상대로 한 긴 논문. 양자중력의 현재 상태에 대한 상세한 논의와 미해결 문제들과 다양한 접근법을 다루고 있다.

Rovelli, C., *Che cos'e la scienza. La rivoluzione di Anassimandro*, Mondadori, Milano, 2012. [국역본: 《첫번째 과학자, 아낙시만드로스: 과학적 사고의 탄생》, 이희정 옮김, 푸른지식, 2017]

최초의 위대한 과학자 아낙시만드로스의 사상을 재구성하고, 이후의 과학 발전에 미친 영향을 정리한 저서. 또한 과학적 사고의 탄생과 본성에 관한 성찰로서, 과학의 특성, 종교적 사고와의 차이, 과학의 한계와 힘에 대해 다루고 있다.

Smolin, L., *The Life of the Cosmos*, Oxford University Press, New York, 1999.

멋진 책. 스몰린이 물리학과 우주론에 대한 자신의 생각을 설명한다.

Smolin, L., *Three Roads to Quantum Gravity*, Basic Books, New York 2002. [국역본: 리 스몰린, 《양자중력의 세 가지 길》, 김낙우 옮김, 사이언스북스, 2007.]

양자중력과 그 미해결 문제에 대한 입문서.

Van Fraassen, B., 'Rovelli's world'. in *Foundations of Physics*, 40, 2010, pp. 390-417.

위대한 분석 철학자 중 한 사람이 관계적 양자 해석에 관해 논의한다.

보이는 세상은 실재가 아니다

2018년 4월 9일 초판 1쇄 | 2025년 1월 3일 39쇄 발행

지은이 카를로 로벨리 **옮긴이** 김정훈 **감수** 이중원
펴낸이 이원주

책임편집 조아라
기획개발실 강소라, 김유경, 강동욱, 박인애, 류지혜, 이채은, 최연서, 고정용
마케팅실 양근모, 권금숙, 양봉호, 이도경 **온라인홍보팀** 신하은, 현나래, 최혜빈
디자인실 진미나, 윤민지, 정은예 **디지털콘텐츠팀** 최은정 **해외기획팀** 우정민, 배혜림, 정혜인
경영지원실 강신우, 김현우, 이윤재 **제작팀** 이진영
펴낸곳 쌤앤파커스 **출판신고** 2006년 9월 25일 제406-2006-000210호
주소 서울시 마포구 월드컵북로 396 누리꿈스퀘어 비즈니스타워 18층
전화 02-6712-9800 **팩스** 02-6712-9810 **이메일** info@smpk.kr

ISBN 978-89-6570-620-5 (03400)

이탈리아 태생의 세계적인 이론 물리학자. 양자이론과 중력이론을 결합한 '루프양자중력'이라는 개념으로 블랙홀을 새롭게 규명한 우주론의 대가로, '제2의 스티븐 호킹'이라고 평가받는다. 1956년 이탈리아 베로나에서 태어나 1981년 볼로냐대학교에서 물리학 학사와 석사 학위를 받고, 1986년 파도바대학교에서 박사 학위를 받았다. 현재 프랑스 엑스마르세유대학교 이론물리학센터 교수이자 프랑스 대학연구협회 회원으로 활동하고 있다. 지은 책으로는 국내에서 출간된 베스트셀러 《모든 순간의 물리학(Sette brevi lezioni di fisica)》을 비롯하여, 《만약 시간이 존재하지 않는다면?(Et si le temps n'existait pas?)》《시간의 질서(L'ordine del tempo)》 등이 있다.

이 책은 일반상대성이론을 양자이론과 통합한 새로운 시각에서 현대 물리학계의 최신 흐름을 담아내고 있다. 20세기 물리학의 혁명을 일으킨 핵심 이론은 물론, 가장 최근에 도입된 참신한 아이디어들까지 그 근원과 여정을 아름답고 섬세하게 다루며 우주를 새로이 이해하도록 한다. 여러 가지 이론들을 나열해 설명하기보다는 정반합의 변증법적 변화를 묘사하듯, 우주에 관한 새로운 그림을 향해 서로 영향을 주고받거나 결합하여 새로운 이론이나 아이디어로 나아가는 과정을 극적으로 잘 설명했다. 지금껏 어디에서도 볼 수 없었던, 숨 막힐 듯 아름다운 '실재의 광경'을 보여줌으로써 우리가 살고 있는 이 세계가 무엇으로 구성되어 있는지 탐색하도록 이끈다.

이탈리아에서 2014년에 출간된 이 책은 출간된 이래 영국, 프랑스, 스페인 등 전 유럽에서 장기 베스트셀러 1위를 기록했으며, 그의 책들은 과학 책으로는 이례적으로 전 세계에 걸쳐 100만 부 이상이 팔려나갔다. 세계 각국의 유력 언론으로부터 '올해의 책'으로 선정되며 대중성과 작품성을 동시에 인정받는 과학 밀리언셀러로 평가받는다.